1569년 메르카토르 세계지도의 인문학

1569년 메르카토르 세계지도의 인문학

개정판 1쇄 발행 2023년 8월 31일

지은이 손 일

펴낸이 김선기
펴낸곳 (주)푸른길
출판등록 1996년 4월 12일 제16-1292호
주소 08377) 서울시 구로구 디지털로 33길 48 대륭포스트타워 7차 1008호
전화 02-523-2907, 6942-9570-2
팩스 02-523-2951
이메일 purungilbook@naver.com
홈페이지 www.purungil.co.kr

ISBN 978-89-6291-065-0 93980

이 도서는 2015년 대한민국학술원에서 선정한 우수학술도서입니다.

1569년 메르카토르
세계지도의 인문학

푸른길

Why Mercator?

"에필로그는 있는데 프롤로그는 안 씁니까?" 초고를 대충 읽어 본 후배 교수의 첫 반응이었다. 이 책 416페이지 내내 메르카토르 이야기이고, 서론에서도 장황하게 도입글을 써 놓았으니 프롤로그가 뭐 필요 있겠느냐며 이제 메르카토르로부터 벗어나고 싶다고 대답했다. 하지만 "Why Mercator?" 벨기에 신트니클라스(Sint-Niklaas)시에 있는 메르카토르 박물관 관장이 필자에게 던진 이 질문이 또다시 부담이 되었다. 물론 그는 "어떤 이유로 메르카토르라는 주제로 책을 쓰게 되었느냐"라고 물은 것이겠지만, "라틴어도 읽지 못하는 동양인 주제에, 그것도 서양 고지도학에 대한 훈련이 전무한 지형학자가 16세기 천재 지도학자의 삶을 쓴다는 것이 가당하기나 하느냐"며 나무란다는 느낌을 지울 수 없었다. 따라서 이렇게 책을 쓰게 된 이야기나 메르카토르를 선택한 배경을 밝히는 것도 나쁘지 않겠다는 생각에 형식에 관계없이 써 보기로 했다.

제법 나이 든 교수들끼리 모이면 흔히 하는 말이 있다. "이러다가는 책 한 권도 못 내고 제대할 것 같아." 이때 책이란 대학 교재가 아니고 학술서를 말하는데, 쉽게 이야기해서 지도 교수 없이 박사 학위 논문 한 번 더 쓴다고 생각하면 된다. 말이 박사 학위 논문이지, 젊은 시절 인생 걸고 공부하던 시절에도 쉽지 않았던 것을 아무도 시키지 않는데 쓰기란 쉽지 않다. 설령 웬만히 잘 썼다 하더라도 시장의 반응은 냉담할 것이 뻔하고, 심지어 가르치는 학생도 동료 교수도 그냥 주지 않으면 결코 돈을 지불하면서까지 사 보지 않는다. 게다가 교수 업적 평가에서 저서에 대한 평가가 어영부영 쓴 논문 한 편 정도에 불과하니, 이 핑계 저 핑계 대면서 세월 보내다가 정년 퇴임식장을 향한다.

책을 쓰려면 쓸 만큼 읽어야 한다. 따라서 두꺼운 책을 쓰려면 그만큼 많이 읽어야 한다. 나이 들어 이제 책을 써야지 하면서 컴퓨터를 켜면 막상 쓸 것이 없다. 이전에 읽은 것은 기억이 가물거리고, 기억이 난다 하더라도 구닥다리가 된 지 이미 오래되었다. 새로 읽자니 유행을 알 수 없고, 눈은 침침하고 허리도 어깨도 아프니 슬그머니 컴퓨터를 끈다. 논문과 달리 책은 일반 독자도 염두에 두어야 하니 정제된 이야기만 쓸 수 없다. 이것저것 끌어들여 포괄적 배경 지식을 독자들과 공감할 수 있도록 가능하다면 암암리에, 하지만 의도적으로 독자들을 훈련시켜야 한다. 그러니 많이도 읽어야 하지만 읽은 내용을 정밀하게 구조화할 수 있어야 한다. 그렇지만 교수에게 글 쓰는 훈련을 시켜 주는 곳은 없다.

이나마 책을 쓸 수 있었던 데는 몇 가지 이유가 있었다. 첫 번째는 우연히 가담하게 된 연구 용역의 연구비 정산에서 책값 영수증에는 이의를 달지 않았고, 공무원 복지보험 정산을 위해 단과 대학 행정실에 영수증을 제출할 때도 책값 영수증이 가장 당당했다. 그러니

책을 살 수밖에 없었고, 책을 사자니 일간신문 토요일자 책소개 기사를 보지 않을 수 없었다. 그러던 중 『레오폴드왕의 유령』이나 『그레이트 게임』과 같은 내 기호에 맞는 책을 찾아내면서 밤을 새우며 책을 읽을 수 있는 인내력이 생겨났다. 정말 우연한 기회로 40대 후반 들어 책 읽는 교수가 된 것이다. 그러면서 좋다고 생각되는 문장을 옮겨 쓰기 시작했고, 조금씩 고쳐 쓰면서 점차 내 스타일의 문체를 만들어 갔다. 이러한 습작은 무려 5년이나 지속되었는데 책장 한쪽 구석에는 그때 썼던 노트들이 제법 된다.

두 번째는 40대 후반 들어 대학을 옮길 수 있는 행운을 얻은 것이다. 막상 옮겨 가니 입사 동기들과는 나이 차가 너무 나서 같이 놀 수 없었고, 같은 또래의 고참들은 학내 정치에 문외한인 필자와 어울릴 수가 없었다. 그러니 외톨뱅이가 되어 연구실 고독을 즐기지 않을 수 없었고, 그 긴긴 시간을 메우고 그나마 품위를 유지할 수 있는 길은 독서밖에 없었다. 그러다 50대 초반이 되면서 처음으로 풀타임 대학원생 둘을 받았는데, 그들에게 보여 줄 것이라고는 아침부터 저녁까지 책 읽는 모습뿐이었다. 학생들도 오로지 책만 읽으니 그것이 오히려 족쇄가 되어 늘 감시당하는 기분이었다.

40대 초반, 당시 전공이라며 내걸고 있던 지형학으로는 20년도 더 남은 정년까지 버틸 자신이 없었다. 유럽, 미국, 호주를 구경한 후라 코딱지만한 나라에서 지형학에 인생을 거는 것은 무의미하다고 판단했다. 대학에 강의도 개설되어 있고, 상업용 지도 수요도 만만치 않으며, 국가 기관에서 지도를 제작해 보급하고 있지만, 정식으로 지도학을 전공한 학자가 하나도 없다는 사실에 고무되어 지도학이라는 새로운 길을 찾아 나섰다. 논문을 많이 생산할 수 있는 주제로 통계 지도를 선정했고, 스스로 지도학자임을 선언한다는 명분으로 지도학 책 하나를 번역하자고 선택한 것이 바로 마크 몬모니어(Mark Monmonier) 교수의 『지도와 거짓말(How To Lie with Maps)』이었다. 책을 낸 뒤 그 책 내용 중 가장 인상적이었던 메르카토르 도법에 대한 페터스(Peters)의 논쟁을 주제로 논문을 한 편 썼다. 이 당시까지만 해도 메르카토르에 관한 책을 쓰리라고는 꿈에도 생각하지 않았다.

대학을 옮겨 새로운 강의에 전전긍긍하고 있던 어느 날 출판사로부터 전화 한 통을 받았는데, 『지도와 거짓말』 번역자가 맞는지 확인하더니 몬모니어 교수의 또 다른 책 하나를 번역해 줄 수 있는지를 물었다. 이렇게 해서 번역되어 나온 책이 바로 『지도전쟁: 메르카토르 도법의 사회사』이다. 마침 이즈음 크레인(Crane)과 테일러(Taylor)의 메르카토르 평전이 나와 내친김에 그중에서 비교적 번역이 용이했던 테일러의 책을 번역했는데, 『메르카토르의 세계』가 그 책이다. 하지만 테일러 책에 대한 시장의 반응이 너무 냉담해서 지금도 출판사 창고 한구석을 차지하고 있다고 한다.

이후 메르카토르보다는 카를 5세의 신성로마제국, 헨리 8세에서 엘리자베스 1세로 이어지는 잉글랜드, 술레이만 1세의 오스만튀르크, 인물로는 존 디, 로버트 더들리, 오라녀 공 빌럼, 프랜시스 드레이크 등등 16세기 유럽 역사와 인물들에 대해 마구 읽었다. 필자가 16세기 유럽을 만나는 방식은 유럽 지도를 넓게 펼쳐 놓고 오늘은 잉글랜드에서 프랜시스 월싱엄을 만나고, 내일은 오스만튀르크에서 술레이만 1세를 만나는 식이었다. 역사학자 입장에서는 이런 식의 독서로는 아무것도 이룰 수 없다. 하지만 필자는 역사학자도 아니고 더군다나 그런 주제로 논문을 쓸 필요도 없다. 16세기 유럽사에 관한 책들이 한 권 한 권 책장에 쌓이기 시작했고, 다국적·다층적·다면적 사실들이 실타래처럼 얽혀 아무것도 모르는 것과 마찬가지의 상태에 이르게 되었다. 당시는 백두대간과 산맥 논쟁에 끼어들어 논문 쓰고 발표하면서 동분서주할 때라 낮에는 지킬 박사, 밤에는 하이드로 살면서 16세기 이야기의 끝을 놓지 않았다.

산맥 논쟁이 끝나 책장을 정리하면서 16세기 책들도 함께 정리했는데, 그동안 읽은 내용을 그냥 묻어 버리기에는 본전 생각이 났다. 하지만 어떻게 시작해야 할까 엄두도 나지 않아 안타까운 시간만 흘러가고 있는데, 한국연구재단에 인문 저술 지원 사업이 있다는 것을 알고는 그동안 읽었던 것을 정리해 신청을 했다. 그 이후 더 많은 책을 찾고 읽었다. 그중 야마모토 요시타카의 『16세기 문화혁명』이 가장 인상적이었고, 너무 내용이 방대해 독파할 수는 없었지만 월러스틴(Wallerstein)의 『근대세계체제』도 도움이 되었다. 올해 초 번역된 제리 브로턴(Jerry Brotton)의 『욕망하는 지도』도 원고를 수정하고 보완하는 데 많이 참고했다.

이 책에 전념하여 메르카토르 탄생 500주년이 되던 해인 2012년에 발간하지 못한 것이 못내 아쉽다. 하지만 이 책 집필의 중압감에 못 이겨 잠깐잠깐 다른 책으로 외도하면서 한숨 돌리느라 그랬을 뿐이다. 지난 5년 동안 이 책을 집필하면서 도중에 우리나라 산맥 체계를 처음으로 정리한 고토 분지로(小藤文次郎)의 『조선기행록』(2010)을 번역했고, 그동안 찍은 사진을 모아 설명을 붙인 『앵글 속 지리학 상·하』(2011) 2권을 펴냈으며, 남들 몰래몰래 읽고 있던 마리우스 잰슨(Marius Jansen) 교수의 『사카모토 료마와 메이지 유신』(2014)도 번역 출간했다. 이제 부족하지만 나름 최선을 다한 이 책을 세상에 내놓는다. 뒷머리에 가린 100원짜리 동전 크기의 원형탈모증 흉터 2개가 최선을 다했다는 증거가 될지 모르겠지만.

2014년 6월

손 일

차례

Gerhardus Mercator

1569년 메르카토르 세계지도의 인문학

제1장

서론

이 이야기는 500년 전에 태어난 어느 한 유럽 인이 만든 세계지도에 관한 것이다. 이 지도는 그 제작 원리의 특별함 때문에 지금까지 세상 사람들의 주목을 받아 왔고, 그 제작 원리는 창안한 이의 이름을 따서 메르카토르 도법이라고 불린다. 그가 바로 헤르하르뒤스 메르카토르(Gerhardus Mercator)■[1]이며, 1512년에 태어나 1594년 82세를 일기로 세상을 떠났으니 16세기를 오롯이 살다 간 인물이다(그림 1-1). 그는 현재 벨기에에 속해 있는 뤼펠몬데(Ruppelmonde)에서 태어나 스

그림 1-1 | 메르카토르 초상 메르카토르 1595년 『아틀라스』에 실려 있는 것으로 메르카토르 나이 62세이던 1574년에 프란스 호겐베르크(Frans Hogenberg)가 그렸다.

헤르토헨보스('s-Hertogenbosch)와 루뱅(Louvain)에서 공부했고, 다시 안트베르펜(Antwerpen)과 루뱅에서 지도 제작자로 활동하였다. 생애 후반 독일 뒤스부르크(Duisburg)로 이주하여 지도에 관한 자신의 마지막 정열을 불사르다 생을 마감하였다. 메르카토르를 여기서 굳이 유럽 인이라고 표현한 이유는 이처럼 유럽 각지에서 다양한 이력을 쌓았기 때문만은 아니다. 그는 탐험과 대항해 시대의 서막을 알린 16세기에 당시 최고의 학문적·경제적 가치를 지닌 지리 정보를 유럽 전역에 걸친 자신의 네트워크를 통해 수집했고, 이를 이용해 지도 제작 기업을 일으킨, 요즘 식으로 말하자면 벤처 사업가였던 셈이다. 더군다나 이 책의 주제인 그의 획기적인 지도 투영법 덕분에 유럽 인 주도의 빠르고 안전한 대항해 시대가 가능해졌으며, 그 결과 유럽 중심의 세계화를 이루는 데 크게 공헌했기 때문이다.

이 획기적인 지도는 그가 종교 탄압을 피해 1552년 뒤스부르크로 이주한 후 17년이 지난 1569년에 제작되었다. 메르카토르 도법[2]이라는 이름으로 알려진 이 장방형 세계지도는, 사각형 테두리 속 경위선망이 가로세로로 수직으로 만나는 것이 특징이다. 하지만 이 경위선망을 자세히 들여다보면 수직 경선의 경우 그 간격이 일정하지만, 수평 위선의 간격은 고위도로 갈수록 넓어지며 극지방은 투영법의 한계로 표현할 수도 없다.[3] 일반적으로 새로운 투영법을 개발할 때면 각도·면적·거리·방향이라는 4가지 지도 속성을 가능하면 실제와 같게 표현하려고 애쓰지만, 특별한 경우를 제외하고는 거의 모든 지도가 한 가지 속성만을 만족시키면서 제 기능을 다하고 있다. 메르카토르의 1569년 세계지도 역시 각도를 제외한 면적·거리·방향 모두를 희생시키면서 제작되었다. 여기서 각도란 지도 상에서 임의의 두 지점을 이은 직선과 지도에서 직선인 경선과 이루는 각(방위각)을 말하며, 메르카토르 세계지도에서 이 각을 읽은 후 그 각에 나침반을 맞추어 항해한다면 원하는 목적지에 도달할 수 있다. 결국 이 지도 덕분에 대항해 시대에 보다 안전하고 정확한 원양 항해가 가능해졌던 것이다.

본격적인 이야기에 들어가기 전에 우선 독자들의 이해를 돕기 위해 이 책 제목『네모에 담은 지구』에 대한 설명이 필요할 것 같다. 여기서 '네모'란 메르카토르의 1569년 세계지도의 외곽선이 장방형임을 의미하고, '~에 담은 지구'란 그 틀 속에 구체인 지구 표면을 기하학적 혹은 수학적 원리에 따라 옮겨 놓은 투영법을 말한다. 기원후 2세기 프톨레마이오스 이전에 이미 몇몇 장방형 도법이 나와 있기는 했으나, 프톨레마이오스 이후 메르카토르의 이 지도가 나오기 직전까지 창안된 투영법의 외곽선은 원, 타원, 부채꼴, 심장형 등이 대부분이었다. 물론 메르카토르의 1569년 세계지도가 나온 이후 지금까지 개발된 지도들 역시 장방형과는 거리가 멀었다.

그럼에도 불구하고 일반인들이 지닌 지구에 대한 가장 일반적인 이미지는 직사각형이며, 이는 현대 인쇄술의 특성이 반영된 결과이기도 하다. 다시 말해 한 장짜리 문서가 지도든 아니든 상관없이 그 문서는 일반적으로(컴퓨터 화면처럼) 직사각형이며, 이러한 사각형의 이미지는 지도책을 포함한 일반 서적의 한 페이지 또는 펼친 양쪽 페이지에 잘 들어맞는다. 따라서 다른 외형을 가진 지도보다는 장방형의 지도가 선호되었고, 그것이 일반인의 지도 인식에 영향을 주었던 것이다(블랙, 2006). 모서리가 둥근 지도에 비해, 사각형 지도의 모서리 부근에 나타나는 왜곡 정도는 상대적으로 극심할 수밖에 없다. 하지만 이러한 극심한 왜곡에도 불구하고 메르카토르의 1569년 세계지도는 인쇄술의 발달과 제책의 편리성, 벽걸이 지도로서의 균형감, 더 나아가 이 지도의 기능적 특성■4 등등이 장점으로 작용하여 지금까지 명맥을 유지해 오고 있으며, 우리 인류의 '네모 세계관'을 지배하고 있다. 우리는 위선과 경선을 곡선이 아닌 직선으로 인식하고 지구는 모서리가 직각이며 분명한 테두리가 있다는 시각적 오류를 부지불식간에 간직하고 있다.

유럽이 중세라는 굳게 닫힌 세계에서 벗어나 근대로의 일보를 내딛게 된 원동력은 여러 곳에서 찾을 수 있다. 멀리 마르코 폴로에 의해 아시아 세계가 소개된 것을 시작으로 르네상스로 대별되는 정신적·물질적·문화적 대변혁, 그리고 콜럼버스의 신대륙 발견을 계기로 시작된 새로운 세계에 대한 대탐험의 시대 개막에 이르기까지. 유럽은 이러한 원동력을 바탕으로 인쇄술의 발달, 고답적인 가톨릭으로부터의 해방, 항해술과 상업의 발달 등 그 이전과는 판이하게 다른 새로운 시대를 맞이하게 되었다. 특히 메르카토르가 살았던 16세기는 봉건 체제와 절대 왕정, 구교와 신교, 농업 생산력의 회복과 도시의 발달 등 구체제와 새로운 질서가 병존하는 혼돈과 변화의 시대였으며, 유럽 인들은 이러한 위기를 극복하면서 점차 과학 혁명과 자본주의를 발전시켜 나갔다.

16세기 과학사에서 메르카토르와 같은 중요한 인물들에 대한 이야기를 하자면, 그 배경이 되는 르네상스에 관해 언급하지 않을 수 없다. 다방면에서 천재적 재능을 보인 메르카토르 역시 르네상스, 특히 16세기 안트베르펜(Antwerpen)을 중심으로 하는 저지 국가들의 지적·경제적·문화적 번영과 괘를 같이하였다. 15세기 여러 학자들과 예술가들은 자신의 시대를 이전과 다르게 인식했다. 시민적 인본주의의 주창자이기도 한 피렌체의 인문학자 마테오 팔미에리(Matteo Palmieri, 1406~1475)는, "우리 시대는 희망과 가능성으로 가득 찬 새로운 시대로, 지난 1,000년 동안 보아 왔던 어느 것보다 하늘이 부여한 더 풍요로운 정신세계를 이미 누리고 있다."라고 지적한 바 있다.■5 이는 당대 사람들이 인식한 르네상스의 일면을 엿볼 수 있는 대목이다. 한편 르네상스에 대한 전통적인 해석에 따르면, 르네상스란 서구 역사의 모든 측면에서 긍정적인 변화가 결정적으로 급속하게 일어난 시기를 말한다. 물론 역사학계에서 르네상스라는 개념이 과연 유효한 것인가에 대한 논의가 없는 것도 아니며, 또한 급격한 정신적·물질적·문화적 변화의 배경은 무엇이며, 그것의 시작을 언제로 정할 것인가에 대한 논의도 다양하다(Caferro, 2011). 그럼에도 불구하고 중세와 근대의 전환기를 설명하는 역사적 개념으로서 르네상스를 대신할 대안이 부재한 것도 사실이다.

그렇다면 르네상스라는 새로운 변혁과 이 책의 주제인 지리학 및 지도학은 어떤 관계가 있을까? 우선 프톨레마이오스의 『지리학』이 유럽에 다시 소개된 사건이 지니는 지도학적 의미에 대해 주목해 보자. 이탈리아 르네상스의 인문주의 역사학자 겸 역사지리학자인 플라비오 비온도(Flavio Biondo, 1388~1463)는, 이탈리아의 지리와 고대 역사에 관한 글■6에서 기원후 412년부터 1412년까지의 1,000년을 중세라고 지칭했다. 그가 지적한 중세 마지막 해인 1412년은 야코포 안젤리(Jacopo Angeli)가 프톨레마이오스의 『지리학』을 라틴 어로 번역한 1409년과 대략 일치한다. 마파문디(Mapa Mundi)로 대표되는 중세

1569년 메르카토르 세계지도의 인문학

지도는 종교적이고 비기하학적이며 중심지향적인 데 반해, 기원후 2세기경에 프톨레마이오스가 제안한 지도는 세속적이고 측량·투영·축척의 과정을 거쳤으며, 지표 공간의 등가성을 중시하였다. 여기서 우리는 두 지도가 갖고 있는 세계관과 지도관에서 극단적인 단절을 확인할 수 있다. 어쩌면 프톨레마이오스가 이 시기에 다시 소개되었다는 사건 그 자체가 역사 일반에서 인정하는 르네상스라는 시대정신이 지도학에 도래할 수 있었던 결정적인 계기가 아니었나 미루어 짐작해 볼 수 있다. 그 후 지리학과 지도학은 신대륙 발견과 해외 팽창이라는 미증유의 새로운 환경을 맞이하면서 세계화에 적극적으로 기여하는 시대정신의 상징물 가운데 하나로 자리 잡게 되었고, 제국주의 첨병 학문으로 복무하면서 19세기 들어 절정을 맞이하였다.

16세기 지리학과 지도학 분야에서 가장 뛰어난 한 사람을 꼽으라면, 우리는 서슴지 않고 바로 이 책의 주인공인 메르카토르를 꼽을 것이다.[7] 이를 반증이나 하듯, 2007년 *The History of Cartography* 시리즈의 하나로 르네상스 시대 지도학에 관한 책(Volume 3, Part 1, 2)이 발간되었다.[8] 이 책은 2권으로 되어 있으며 무려 2,000쪽이 넘는 방대한 분량인데, 색인만도 120쪽이 넘는다. 색인에 나열된 인물의 수는 정확하게 헤아릴 수 없으나 수천이 넘으며, 이 중에서 메르카토르는 15, 16, 17세기 전 시대를 걸쳐 지도, 지구의, 아틀라스 등 다양한 지도학 장르에서 인용된 덕분에 색인에서 가장 큰 부분을 차지하고 있다. 그는 단지 우리에게 친숙한 1569년 세계지도의 제작자일 뿐만 아니라, 당대 최고의 지구의 제작자, 과학 기구 제작자, 지도 제작자, 투영법 발명가, 서예가, 연대기 집필가, 아틀라스 편집자 겸 발행인 등 다방면에 걸쳐 천재성을 발휘한 인물이었다. 메르카토르는 미켈란젤로나 라파엘로와 같이 회화나 건축에서 흔히 언급되는 르네상스 식 만능인의 또 다른 전형으로 볼 수 있다.

메르카토르의 1569년 세계지도의 지도학적 의미에 대해서는 여러 가지 측면에서 살펴볼 수 있다. 그 한 가지 측면이 바로 수량화(數量化)이다. 앨프리드 W. 크로스비(Alfred W. Crosby, 2005)는 자신의 저서『수량화 혁명』에서, 고대 지중해 문명의 몰락과 더불어 추상적 수학과 실용적 측량학의 결합이라는 프톨레마이오스, 에라토스테네스 식의 연구 방법(수량화)이 사라짐에 따라 중세 지도에서 수량화의 전통이 사라졌다고 지적했다. 그러나 포르톨라노(Portolano)의 등장과 더불어 프톨레마이오스의『지리학』이 르네상스 초기 다시 소개되면서 지도학에 수량화는 부활되었고, 이러한 분위기 속에서 수학·천문학·측량학·판각술로 무장한 메르카토르가 등장하면서 지도학은 수량화라는 아이디어에 재도전하게 되었다는 것이 그의 설명이다. 새롭게 부활한 수량화 전통의 핵심이 바로 메르카토르의 1569년 세계지도였던 것이다. 또한 그는 스승인 헤마 프리시위스(Gemma Frisius)가 발명한 삼각측량 기법을 실제 자신의 지도 제작에 도입하기도 했다. 다시 말해 메르카토르는 지도를 철학적 그림이나 조잡한 회화물에서 벗어나 수량화를 통해 보다 유용한 실용적 도구로 전환시킴으로써, 지도학이 근대적 그리고 과학적 시대로 진입할 수 있는 길을 열었던 것이다.

지도 발달사적 측면에서 메르카토르 도법은 당시의 세계지도 제작 관행과 비교하면 여러 측면에서 다른 점을 발견할 수 있다. 당시

1569년 메르카토르 세계지도의 인문학

는 새로이 소개된 프톨레마이오스 투영법의 영향을 받아 원추 도법, 그중에서도 심장형 도법이 유행하던 시절이었으며, 메르카토르 자신도 1538년 이중 심장형 도법을 이용해 양반구로 분리된 세계지도를 제작한 바 있다. 하지만 1569년 세계지도는 그리스 시대 투영법의 원조 격인 장방형 도법을 다시 끄집어 든 것이다. 그뿐만 아니라 이 지도에서는 중세 기독교권의 지도와는 달리 지도 중심에 예루살렘을 두지 않았다. 이에 대해 제러미 블랙(2006)은 "메르카토르는 유럽인들에게 가장 중요하게 보였고, 또 가장 쉽게 지도화할 수 있었던 유럽을 자신이 제작한 지도의 중앙 위쪽에 배치했고……."라고 지적했다. 이는 펠리페 2세(Felipe II) 치하에서 에스파냐가 건설하게 될 최초의 세계 제국을 미리 그려 본 것일 수도 있으며, 근자에 와서 메르카토르의 세계지도가 유럽 중심적이라고 비난받는 이유이기도 하다.

물론 그 이후 19세기까지 새로이 개발된 투영법 중에서 장방형 도법은 거의 없다. 게다가 당시까지 투영법 대부분은 자, 각도기, 컴퍼스만으로 작도가 가능한 것이었으나, 메르카토르 도법의 정확한 경위선망 구축은 당시로는 고급 수학인 삼각함수의 미적분에 의해서만 가능했다. 물론 메르카토르가 자신의 경위선망을 작도를 통해 시행착오를 거치면서 구축한 것이 아니라 수학적 방법에 의존해 구축했다는 증거나 기록은 없다. 실제로 수학적 해법은 지도가 제작된 지 30년이 지난 1599년에 잉글랜드 수학자 에드워드 라이트(Edward Wright)에 의해 제시되었다.

20세기 최고의 지도 투영법 학자인 스나이더(Snyder, 1993)에 따르면, 고대로부터 메르카토르 도법이 발명된 1569년 전까지 14가지의 투영법이 있었고, 18세기 말에는 32가지, 19세기 말에는 85가지로 늘어났으며, 20세기 말까지 265가지의 투영법이 개발되었다고 한다. 이처럼 많은 투영법이 새로이 소개되면서 항해도 제작의 기본 투영법으로 이용되어 오던 메르카토르 도법의 역할이나 인기가 감소한 것은 어쩌면 당연한 일인지도 모른다. 현재 그의 1569년 세계지도는 박물관에 남아 있는 3부의 복제품밖에 없어, 그 원형은 사라지고 흔적만 전해지고 있다. 세계지도로서 장방형 도법의 부적절성에 대한 지도학자들의 적극적인 반대와 새로운 도법의 등장으로, 일부 학교 교실에 걸린 1569년 세계지도를 제외하고는 이제 메르카토르 지도는 아틀라스나 주제도의 바탕 지도에서 거의 찾아볼 수 없게 되었다. 또한 메르카토르 도법은 400여 년이라는 긴 세월 동안 새로운 과학적 요구에 맞추어 횡축(橫軸) 메르카토르 도법, 사중심 메르카토르 도법, 우주 사중심 메르카토르 도법 등으로 변신하면서 이제 처음 제작될 당시의 의도나 명성뿐만 아니라 그 의미마저 점점 사라지고 있다.■9

한편 메르카토르 도법의 역사적 의미와 그 효용성에 관한 지도학적 판단이나 세인들의 인식을 무색하게 하는 사례가 하나 있으니, 그것은 바로 1970년대와 1980년대에 벌어졌던 아르노 페터스(Arno Peters)에 의한 지도전쟁■10이다. 페터스는 메르카토르 세계지도의 최대 약점인 극단적 면적 확대를 빌미로 삼아 지도 정보의 객관성과 주관성에 대한 논의, 지도의 과학주의와 해체주의에 대한 논의 사이를 교묘하게 파고들었다. 이러한 페터스의 전략적·선정적 공격은 일반인들을 지도에 대한 회의주의에 빠뜨렸다. 페터스는 세계인, 특히 제

　　　　　　　1569년 메르카토르 세계지도의 인문학

3세계에 대해 가장 공평한 자신의 지도와 유럽 중심적·식민제국주의적 메르카토르 지도를 극적으로 대비시키면서, 정확성이라는 기술적 관점이 아니라 지도의 상대적 가치에 근거한 지도 본질에 대한 논의를 촉발시켰다. 어쨌든 이러한 선전전 덕분에 페터스의 지도가 20세기 후반 가장 영향력 있는 지도의 하나가 되었음은 주지의 사실이다. 또한 무지의 소산이든 언론 때문이든 아니면 권력 욕구 때문이든 페터스가 촉발한 지도전쟁 덕분에 잊혀 가던 메르카토르의 세계지도가 새롭게 세인의 관심을 받게 되었고, 지도학이 논쟁의 무대에 서서 대중의 관심을 끌어들이면서 기존 지도학계에 충격을 준 것만은 사실이다.

페터스의 망령은 여전히 진행 중이다. 페터스의 사후 발표된 친페터스적인 여러 편의 논문(Kaiser and Wood, 2003; Vujakovic, 2003 등)뿐만 아니라 백악관을 둘러싼 정치 드라마 '웨스트 윙(The West Wing)'의 한 에피소드(2001년 2월 28일 방송분)에도 페터스의 이야기가 등장한다. 이 드라마는 1999년부터 미국 NBC 방송에서 방영되었으며, 국내 모 케이블 TV에서도 방영된 바 있다. 그 에피소드에서는 '사회적 평등을 위한 지도학자들의 단체'라는 한 가상 조직의 로비스트들이 대통령 보좌관들을 부추겨, 대통령이 미국의 모든 공립 학교에서 그 지도를 사용하도록 입법화하게끔 유도하는 음모가 극화되었다. 스나이더의 지적처럼 결국 이 논쟁은 의미 있는 생산적인 논쟁으로 이어지지 않고 두 진영의 감정의 골만 깊게 만들고 말았다. 왜냐하면 양 진영 모두 수사적인 논쟁을 통해 상대방이 주관적 그리고 내재적 분열주의적 성향을 갖고 있음을 비난했고, 자신의 과학적 그리고 객관적 특성만을 강조하는 편협함에 머물렀기 때문이다.

2002년 니콜라스 크레인(Nicholas Crane)은 메르카토르의 평전 *Mercator: The Man Who Mapped the Planet*을 발간하여 세인의 주목을 받았다. 곧이어 논픽션 작가인 사이먼 윈체스터(Simon Winchester)■11는 이 책의 서평을 2003년 1월 23일자 『뉴욕타임스』(이 책 〈부록 2〉 참조)에 실었는데, 이 글에서는 메르카토르에 대한 짧은 이력뿐만 아니라 이른바 지식인이라고 자처하는 사람들이 메르카토르 도법에 대해 어떤 식으로 인식하고 대처하는가를 적나라하게 보여 주었다. 1970년대 페터스 도법의 등장으로 메르카토르 도법에 대한 근거 없는 비판도 마치 서양 중심주의, 제국주의에 대한 비판인 양 자연스럽게 받아들여졌고, 여기 사이먼 윈체스터의 글 역시 페터스 도법 지지자들이 주장하는 논조의 연장선상에 있었다. 그는 여느 비판자와 마찬가지로 메르카토르 도법의 극단적인 면적 확대에 대해 신랄하게 비판한 후, 이번에는 잘못된 증거를 들면서 메르카토르 지도의 유럽 중심주의에 대한 비판으로 이어 갔다.

이 모든 왜곡이 모자랐던지, 메르카토르는 북반구로 이 지도를 꽉 채웠다. 이는 순전히 그의 의도에서 비롯된 것이었다. 그는 위에서 3분의 2가 되는 지점에 적도를 놓아 자신의 조국 플랑드르가 해도에서 아주 위엄 있는 자리를 차지하도록 했다.

이어서 이 서평 마지막에 "왜 당신 책에는 페터스 도법 지지자와 같은 이야기가 없느냐"라고 비판하면서, 윈체스터는 저자 크레인의 세계관과 가치관에 개입하고 있다. 그는 메르카토르가 자신의 지도로 세인들의 세계관에 개입한 것을 극도로 비판하면서도, 정작 자신이 저자 크레인의 세계관에 개입하는 마찬가지의 우를 범하고 있다는 사실을 간과하고 말았다.

서구에서 페터스 논쟁이 시작되자 우리 신문지상에도 페터스 지도가 소개되기도 했고 중등학교 지리부도에 페터스 지도가 실리기도 했다. 하지만 국내 지리학계에서는 이 논쟁의 의미에 대해, 그리고 메르카토르 도법의 한계에 대해 아무런 논의도 없었다. 지금도 벽걸이 지도 시장에서는 여전히 메르카토르 세계지도가 주종을 이루고 있다. 또한 TV 뉴스 시간 앵커들의 배경화면이나 뉴스 시작을 알리는 도입 화면 그래픽에는 어김없이 메르카토르 도법으로 그린 세계지도가 등장하고 있다

메르카토르 도법과 관련된 국내 일화가 하나 있다. 국토지리정보원은 2006년 8월 13일자 보도문에서 "광복 61주년을 맞아 그동안 민간 업체가 자체 제작해 판매해 오던 동해·독도 표기 국영문 세계지도를 관계 기관과 협조해 만들었다."라고 밝혔는데, 이 지도의 투영법이 다름 아닌 메르카토르 도법이었다. 지리 정보에 관한 한 신뢰할 수 있는 국가 기관이 직접 나서서 벽걸이용 세계지도를 제작하겠다는 의욕은 분명 환영할 만한 일임에 틀림없다. 그러나 지도학자들이 벽걸이용 지도로는 더 이상 사용하지 말아야 한다고 주장하는 투영법 중 첫 번째로 손꼽히는 메르카토르 도법을 국가 기관이 처음 제작하는 세계지도에 사용했던 것이다. 이는 메르카토르 도법이 등장한 1569년 이래 무려 400년 이상 동안 이 도법의 영향력과 유용성의 끝없는 부침의 역사를 제대로 이해하지 못한 결과인 동시에, 지도학자 심지어 지리학자 한 명 없이 국토지리정보원을 운영하고 있는 무모함을 국민들 앞에 낱낱이 밝힌 꼴이었다.

하지만 일은 더욱 진전되어 2007년 4월에는 교육용 세계지도를 30만 부 제작하여 각급 학교 교실에 배포하겠다는 또 다른 계획을 국토지리정보원이 발표했다. 필자를 비롯한 몇몇 학자들의 반대(중앙일보, 2007년 5월 10일자, 33면, 오피니언: 이 책의 〈부록 3〉 참조)에도 불구하고 사업이 강행된 결과 벽걸이용 낱장 지도가 전국 모든 학교에 배포되었다. 물론 이들 지도가 교실 한 곁을 어떤 모습으로 차지하고 있는지 확인할 길은 없지만, 한 장에 800원에도 못 미치는 조악한 이 지도가 어떤 과정을 거치면서 사라질지 충분히 상상할 수 있다. 최근 국토지리정보원은 메르카토르 도법을 버리고 로빈슨 도법(Robinson projection)을 우리나라 세계지도 제작을 위한 표준 투영법으로 채택했다.■12 국토지리정보원은 로빈슨 도법에 의거해 세계 여러 나라 언어로 된 세계지도를 제작·배포하고 있으며, 인터넷으로도 받아볼 수 있다. 물론 로빈슨 도법은 앞에서 말한 4가지 지도 속성 중 어느 하나도 실제와 같지 않은 전형적인 절충 도법이다. 대부분의 국내 용역 사업이 그러하듯 이 사업에 대한 사후 평가는 이루어지지 않았고, 페터스 논쟁이나 메르카토르 도법에 관한 이야기는 여기까지가 끝이다.

다시 이야기를 메르카토르로 돌려 보자. 메르카토르는 젊은 시절 받았던 종교 재판의 후유증으로 루터파 기독교인들에게 비교적 관대했던 독일 뒤스부르크로 이주해 42년을 보냈고 그곳에서 사망했다. 메르카토르의 생애에 관한 몇 안 되는 평전이나 전기는 일차적으로 발터 김(Walter Ghim)이라는 사람이 쓴 짧은 전기■13에서 비롯된다. 그는 메르카토르의 친구이자 이웃이며, 당시 뒤스부르크의 시장이었다. 이 전기는 별도의 책으로 발간된 것이 아니라, 메르카토르가 사망한 다음 해인 1595년에 그의 아들 뤼몰트(Rumold)와 손자 미카엘(Michael)이 완성한 『아틀라스(Atlas)』의 최종본 부록에 실린 글이다. 어쩌면 짧은 전기라기보다는 추도문에 가깝다. 발터 김에 관해서는 전해지는 것이 거의 없으나, 그가 메르카토르의 추모사를 썼다는 이유로 지도학자들에게 영원히 기억되는 인물로 남게 되었다. 라틴 어로 된 이 글은 17세기 초 프랑스 어판, 독일어판 『아틀라스』가 각각 발간되면서 프랑스 어와 독일어로 번역된 바 있으며, 1969년 오슬리(A. S. Osley)에 의해 이탤릭체에 관한 메르카토르의 다른 글과 함께 영어로 번역되었다.

> ……(『연대기』를 완성한 이후)…… 학자, 여행자, 선원들이 스스로 볼 수 있는 아주 정확한 대형 세계지도 제작에 착수했는데, 새롭고 편리한 방법으로 구를 평면에 투영했다. 이는 원을 사각형화하는 작업과 아주 흡사하기 때문에, 형식을 갖춘 증거가 부족한 것을 제외하고는 아무것도 부족한 것이 없다고 그가 이야기하는 것을 종종 들었다. 이 방대한 작업을 하면서 그는 아무런 도움이나 보조를 받지 않았으며, 가장자리 일부를 제외하고는 지도 전부를 스스로 판각했다. 그의 노력에 대한 신의 보답으로 그는 이 훌륭한 작업을 이곳 뒤스부르크에서 완성했다. 그는 이 지도를 자신의 자애로운 주군인 클레베의 공작 윌리엄 공에게 헌정하는 것이 옳고 적절하다고 생각했다.

이 글은 발터 김의 추모사에서 1569년 세계지도에 관해 언급한 부분이다. 그의 글은 총 31개 문단으로 되어 있으며, 이 글은 그중 한

문단이다. 이 지도가 메르카토르에게 불멸의 이름을 가져다주었다는 측면에서 보면, 글의 내용이 너무나 빈약하고 분량도 소략하기 그지없다. 더군다나 투영법에 대한 전문적인 설명이나 제작 동기에 관한 언급도 없다. 어쩌면 발터 김의 지도학적 능력에 그 원인이 있을 수 있으나, 실제로 메르카토르는 이 지도를 제작했던 1569년 이전에 이 지도에 관해 아무런 언급도 하지 않았을 뿐만 아니라, 이 지도를 제작한 이후 한 번도 이 투영법에 대해 언급한 적이 없다는 사실에 우리는 주목해야 할 것이다. 이에 대해 근대 지도학적 관점에서 메르카토르 도법을 연구했던 홀(Hall, 1878)은, 1569년 세계지도는 메르카토르의 나머지 업적들과는 완전히 분리된 독립적인 업적이라고 지적한 바 있다.

심지어 어떤 이는 메르카토르가 이 지도를 인쇄기에서 꺼낸 순간부터 이 지도에 대해 깡그리 잊었다고 주장하기도 했다. 이는 전적으로 사실이 아니다. 그는 스스로 1569년 세계지도의 인쇄본을 재편집하여 낱장 지도를 만들기도 했고, 특정 개인을 위한 지도모음집에 1569년 세계지도의 일부가 삽입되기도 했기 때문이다. 하지만 1569년 세계지도를 제작하고 난 후 그 스스로 어떤 지도나 책자에서도 이 투영법이나 지도에 관해 어떠한 언급도 하지 않았던 것만은 분명한 사실이다. 어쩌면 그가 죽기 오래전부터 지도 제작 역사상 가장 획기적이며 위대한 기술적 진보 중 하나를 내팽개치거나 단순히 잊은 것이 아닌가 생각된다. 오직 발터 김의 언급만이 메르카토르가 자신의 친구들에게 그것에 대해 이야기했다는 것을 입증하기 위해 남아 있을 뿐이다.

그는 다른 것에 우선순위를 두고 있었다. 즉 그는 나이가 들면서,

예를 들어 '네모에 지구를 담는' 그리고 '그 지도가 항해에 도움이 될 것이라는' 등의 단순한 지도 제작 작업보다는 『연대기』를 포함한 지식의 중세적 총합이라는 방대한 프로젝트에 몰두했는데, 자신의 『아틀라스』도 이러한 프로젝트의 일환으로 제작되었다. 하지만 그는 이 프로젝트를 완성하지는 못했다. 그가 살아생전에 발간한 1578년과 1589년 지도모음집(이때까지 아틀라스라는 이름을 사용하지 않았다)에는 1569년 세계지도 어느 한 부분도 포함되어 있지 않았다. 자신의 지도학 업적의 완결판인 『아틀라스』 최종본은 그가 사망한 다음 해인 1595년에 아들 뤼몰트와 손자 미카엘에 의해 발간되었다. 이 아틀라스에 실린 수많은 지도 가운데 단지 4개 지도에서 1569년 세계지도를 그린 메르카토르 도법의 흔적을 찾아볼 수 있다.

1569년 세계지도가 제작되고 나서 1년 후인 1570년에 근대적 의미에서 세계 최초의 아틀라스인 오르텔리우스(Ortelius)의 『세계의 무대 (Theatrum Orbis Terratum)』가 발간되었으며 절찬리에 판매되었다. 메르카토르의 절친한 친구이기도 했던 오르텔리우스는 이 지도집에 1569년 세계지도의 일부를 이용해 북극 지방 지도를 실었는데, 이것이 메르카토르의 1569년 세계지도가 이용되기 시작한 최초의 사례였다. 1574년에는 안트베르펜의 지도 제작업자 판 던 퓌터(van den Putte)에 의해 1569년 세계지도의 목판 복사본 세계지도가 제작되었다. 다음에 이야기하겠지만 메르카토르의 1569년 세계지도는 잉글랜드의 북방 항로 탐험에 극적으로 기여하면서 잉글랜드 인들의 절대적인 관심을 끌었다. 또한 수학자 에드워드 라이트에 의해 메르카토르 도법의 위선 간격이 수학적으로 해석되었다.■14 그 결과 1590년대 들어서면서 잉글랜드에서는 블런드빌(Blundville), 라이트

(Wright), 혼디위스(Hondius), 해클루트(Hakluyt) 등에 의해 메르카토르 도법을 이용한 세계지도가 발간되기 시작했다. 이처럼 1569년 세계지도는 주변 친구들로부터 열렬한 찬사를 받았지만, 정작 본인은 그 지도로부터 아무런 금전적 이익을 구하지 않았다. 메르카토르는 자신의 도법 발명에 토대가 되는 이론을 설명하기 위해 어떤 이론적 해설이나, 자신의 도법이 제대로 작동한다는 것을 증명하기 위한 어떤 수학적인 공식도 제공하지 않았다. 어쩌면 그는 단지 과학적 호기심으로 그것이 그저 그렇게 된다는 것만 알고 그것을 지도로 나타낸 것뿐이었는지도 모르겠다.

그럼에도 불구하고 메르카토르는 여전히 우리 곁에 있다. 4세기 이상이 지난 오늘날에도 그의 '네모에 지구 담기' 작업은 우리들의 지배적인 세계관으로 남아 있다. 이 지도 역시 다른 지도와 마찬가지로 나름의 한계를 지니고 있다. 하지만 세 번째 밀레니엄이 시작된 지금까지도 적절하게 교육을 받은 대부분의 사람들에게 세계지도를 떠올려 보라고 하면, 그것은 지난 400여 년 동안 지리상의 발견을 고스란히 담아 놓은 사각형의 지구, 바로 메르카토르 도법에 의한 1569년 세계지도인 것이다. 최근 부산에 설립된 국립해양박물관에는 17세기 중반 로버트 더들리(Robert Dudley)가 제작한 『바다의 비밀(Dell'Arcano del Mare)』■15이라는 제목의 해양 아틀라스가 한쪽 구석에 덩그렇게 전시되어 있다. 이 아틀라스는 메르카토르 도법으로 제작된 지도들을 편집·수록한 세계 최초의 해양 아틀라스라는 점에서 세계적으로 희귀한 보물임에 틀림없다. 풍설에 따르면 박물관 측은 이 아틀라스를 구입하기 위해 무려 10억 원가량을 지불했다고 한다. 이 아틀라스와 함께 유리 상자 속 구석을 차지하고 있는 조잡하

1569년 메르카토르 세계지도의 인문학

고 짧은 설명문 어디에도 메르카토르에 대한 이야기는 없다. 더군다나 16세기 영욕으로 점철된 잉글랜드 최고의 가문이자 지도 제작 및 해외 탐험의 후원자였던 더들리 집안[16]에 대한 설명도 없다. 그냥 아쉽기만 하다.

이 책에서 필자는 대략 다음과 같은 차례로 이야기를 이끌어 갈 예정이다. 메르카토르가 살았던 16세기 유럽은 르네상스, 종교 개혁과 반종교 혁명, 카를 5세의 제국주의와 자본주의의 탄생, 신대륙의 발견과 지도학의 발달 등등 대변혁의 소용돌이 속에 있었다. 제1장 서론에 이어 제2장에서는 메르카토르가 활약했던 16세기의 유럽, 그중에서도 현재의 네덜란드와 벨기에에 있었던 저지 국가들의 사회적 · 경제적 · 문화적 배경을 살펴보고, 이와 관련된 16세기 유럽의 지리학 및 지도학의 발달에 대해 언급하려 한다. 제3장에서는 한걸음 더 나아가 〈네덜란드 속담〉, 〈절제: 측량자들〉, 〈영아살해〉 등 메르카토르와 동시대를 살았던 저지 국가 화가 피터르 브뤼헐(Pieter Bruegel)의 3가지 그림을 통해, 상업지도학의 근간이 되는 16세기 네덜란드의 지적 · 문화적 · 과학적 배경에 대해 이야기하고자 한다. 이와 같은 논의는 이 시기 안트베르펜을 중심으로 한 저지 국가들에서 근대 지도학, 특히 상업지도학이 급속히 발달하게 된 배경과 그 과정에서 이 글의 주인공인 메르카토르의 역할을 이해하는 데 큰 도움이 될 것으로 판단된다. 한편 제4장에서는 그의 삶을 간략히 조명할 예정이다. 신성로마제국, 잉글랜드, 프랑스 등 당시 강대국의 군사적 · 외교적 · 경제적 갈등의 한복판에 있으면서 유럽의 화약고이자 번영의 상징이었던 플랑드르 지방에서 보낸 메르카토르의 전반부

삶과 뒤스부르크로 이주한 후 당대 최고의 지도학자로서 각광을 받던 메르카토르의 후반기 삶의 여정을 살펴보려 한다.

제5장에서는 독자들의 이해를 돕기 위해 투영법에 관한 일반 이론을 비교적 상세히 다룰 예정이다. 우선 일반인에게는 생소할 수 있으나 여러 도법의 특징을 그래픽으로 비교하는 것을 가능케 한 니콜라 오귀스트 티소(Nicolas Auguste Tissot)의 티소 지수를 소개하고자 한다. 이어서 메르카토르 도법의 최대 특징인 고위도로 갈수록 위선의 간격이 넓어지는 원리와 그것의 수학적 해석에 대해 다루려 한다. 부분부분 삼각함수와 미적분이 도입되지만 난해한 고급 수학이 아니어서 고등학생 수학 실력이면 충분히 이해할 수 있을 것으로 예상된다. 또한 그것을 이해하고 실제 수학적으로 정리하려 한 에드워드 라이트, 토머스 해리엇(Thomas Harriot), 헨리 본드(Henry Bond) 등의 역할에 대해서도 다룰 예정이다. 마지막으로 최단 항로를 찾기 위한 메르카토르 도법과 심사 도법의 상호 보완 관계도 다룰 예정이다. 물론 이 부분을 건너뛴다 해도 이 책 전체 줄거리를 이해하는 데는 큰 지장이 없다. 제6장에서는 메르카토르의 1569년 세계지도에 실린 주기들을 통해 이 지도의 제작 의도와 메르카토르 스스로 소개한 항해도로서 이 지도의 이용 방법에 대해 살펴보려 한다. 이에 덧붙여 항정선(航程線)에 관한 페드루 누네스(Pedro Nunes)의 언급과 에르하르트 에츨라우프(Erhard Etzlaub)의 Romweg 지도(1500년)와 나침반 지도(1511년) 등의 예를 통해 도법의 개발에 있어 메르카토르의 독창성 문제, 다시 말해 도법의 원조 논쟁에 대해서도 다루려 한다. 뒤이어 메르카토르 도법이 세상에 소개된 이후 400여 년 동안, 이 투영법의 부침에 대해 간략히 소개할 계획이다.

메르카토르의 지리학, 특히 그의 1569년 세계지도는 당시 유럽 국가들 가운데 유독 잉글랜드에서만 국가의 운명을 논하는 자리에서 주목을 받았다. 왜? 이것이 제7장과 제8장의 주제이다. 1560년대에 이르면 남쪽 바다, 다시 말해 유럽에서 향료 제도[즉 말루쿠(Maluku) 제도]에 이르는 무역 항로와 무역 거점 모두 에스파냐와 포르투갈에 의해 완전히 장악되었다. 심지어 에스파냐는 이미 인도 항로를 장악한 포르투갈과의 분쟁을 피하기 위해 남아메리카에서 태평양을 건너 필리핀까지의 항로를 개척하였다. 이 무렵 오르텔리우스의 세계지도(1564년), 메르카토르의 세계지도(1569년), 오르텔리우스의『세계의 무대』에 수록된 세계지도(1570년) 등 북방 항로를 긍정적으로 그려 놓은 세계지도가 계속해서 쏟아졌으며, 그중 가장 주목을 받은 것은 바로 메르카토르의 1569년 세계지도였다. 하지만 역설적인 것은 주목의 대상이 항정선을 직선으로 표시할 수 있어 최상의 항해도라고 지금까지 평가받고 있는 메르카토르 도법으로 제작된 바탕 지도가 아니라, 그 지도 왼편 하단에 삽입도 형식으로 자리 잡은 북극 지방을 나타내는 작은 지도였다는 사실이다.

　이러한 배경 속에서 제7장에서는 존 디(John Dee)와 메르카토르의 만남, 그 후 계속된 학문적 교류, 나아가 잉글랜드 북방 항로 탐험의 초기 역사에 대해 다루려 한다. 이를 통해 메르카토르의 지리학이 어떻게 잉글랜드에 전해지게 되었는가를 알 수 있을 것이다. 이 장에서는 우선 잉글랜드 북방 탐험에 관한 한 최고의 이론가인 존 디의 학문적 배경을 살펴보고, 다음으로 잉글랜드에서 시도되었던 1570년 이전의 북방 탐험 역사를 1550년 이전과 그 이후로 나누어 살펴보려 한다. 이는 1570년대 이후 계속된 좌절에도 불구하고 집요하게 계속되는 잉글랜드의 북방 탐험 역사를 이해하는 배경지식이 될 수 있을 뿐만 아니라, 왜 잉글랜드에서 국가적 운명을 논하는 자리에 메르카토르의 지식, 그중에서도 1569년 세계지도가 관심의 대상이 되었는가를 이해할 수 있는 근거가 될 것이다.

한편 제8장에서는 1570년대 당시 잉글랜드 내부 사정, 태평양에서 에스파냐와 포르투갈의 경쟁, 그리고 메르카토르와 존 디를 중심으로 하는 북방 항로에 대한 지리학적 논쟁 등의 관점에서, 1570년대 이후 집중된 잉글랜드의 북방 항로 탐험을 총체적으로 살펴보려 한다. 한편 유럽 변방의 후진국인 잉글랜드는 북방 항로 탐험 이후 월터 롤리(Walter Raleigh)의 북아메리카 식민 이주, 캐번디시(Cavendish)의 세계 일주, 에스파냐 아르마다(Armada)의 격침 등 여러 대사건을 거치면서 점차 대영제국의 면모를 갖추어 나간다. 이 과정에서 메르카토르 그리고 존 디와 관련된 지리학적·지도학적 지식이 어떻게 기여했는가를 살펴보는 또 다른 부수적 효과도 얻을 수 있을 것이다.

메르카토르의 1569년 세계지도는 잉글랜드의 북방 항로 탐험과 식민지 정책에 힘입어 매력적인 항해도로 인식된 이래 근자에 이르기까지 최고의 지도로 각광을 받았으며, 현재에도 항해도의 기본 투영법으로 이용되고 있다. 또한 메르카토르 도법의 원리가 응용된 횡축 메르카토르 도법이 개발되면서 대축척 지도의 제작에 이용되고 있고(국토지리정보원에서 제작되는 우리나라의 기본도 역시 이 도법을 사용하고 있다), 사중심 메르카토르 도법이 개발되면서 한때 각종 항공 지도 제작에도 이용되었다. 제9장에서는 최고의 지도로 각광 받다가 최근 들어 이 지도가 지닌 면적 왜곡이라는 결정적인 약점 때문에 외

면당하고, 마침내 아르노 페터스라는 지도학 문외한이 이미 그 생명이 다한 메르카토르 도법을 희생양으로 삼아 자신의 정치적 견해를 설파하는 지도전쟁에 대해 이야기하려 한다. 지도가 그저 과학적 산물이 아니라 정치적 도구로 활용될 수 있음을 극적으로 보여 주는 지도전쟁의 사례를 통해 지도가 가지고 있는 상징성, 정치성, 문화성에 대해 살펴보려 한다.

이 책에서 말하려는 메르카토르의 1569년 세계지도 이야기는 제9장까지가 끝이다. 혹시 더 관심이 있는 독자들이나 혹시 있을 제2, 제3의 국내 메르카토르 연구자를 위해 3편의 부록을 책 말미에 첨부하였다. 〈부록 1〉에서는 메르카토르의 친구이자 메르카토르가 말년을 보낸 뒤스부르크의 시장이었던 발터 김이 기술한 전기를 번역해 수록했다. 앞서 밝혔듯이 이 글은 전기라고 하기에는 너무 짧아 추모사에 가깝다. 이 글은 메르카토르의 유작인 1595년 『아틀라스』에 수록된 글인데, 메르카토르의 생애를 일목요연하게 정리했다는 점에서, 그리고 지금까지 메르카토르의 삶에 대한 전기나 평전의 기본적인 자료라는 점에서 그 의미가 크다. 한편 〈부록 2〉는 2002년에 발간된 니콜라스 크레인의 평전 *Mercator: The Man Who Mapped the Planet*에 대해 2003년 사이먼 윈체스터가 『뉴욕타임스』에 실은 서평 「세계관을 왜곡해 비난받아 마땅한 지도 제작자(The Mapmaker to blame for Distorted Worldviews)」를 번역한 것으로, 이 글에서는 1970년대부터 지식인들 사이에 풍미하던 메르카토르 도법에 대한 페터스 식 비판의 일면이 단적으로 드러나 있다. 마지막 〈부록 3〉은 2007년 5월 10일 중앙일보 오피니언란에 필자가 실은 글이다. 이 역시 면적 확대라는 메르카토르 도법의 약점을 지적하면서 국토지리정보원의 무지를 비판하고 있다. 하지만 이제 와 다시 이 글을 보니 메르카토르 도법에 대한 대안 제시나 페터스 식 문제 제기에 대한 극복 등 지리학자로서의 소명 의식은 어디에서도 찾아볼 수 없어 부끄럽기 짝이 없다. 다행히 2012년 젊은 지도학자들에 의해 로빈슨 도법이 우리나라 인근의 소축척 지도의 기본 투영법으로 제시되었고, 이에 따라 지도가 제작된 바 있다.

1. 헤르하르뒤스 메르카토르의 아버지 이름은 휘베르트 더 크레머르(Hubert de
Cremer)로, 메르카토르의 어릴 적 이름은 헤라르뒤스 더 크레머르(Gerhardus de
Cremer)였다. 당시는 "이름을 라틴 어로 바꿈으로써 품위를 더하는 것이 학자
집단에서, 심지어 가난한 학생들 사이에서 관례였다. ……라틴 어화된 낭랑한
음색의 메르카토르 혹은 머천트는 미천한 플랑드르 어로 행상인이라는 뜻의 더
크레머르(de Cremer)보다 헤르하르뒤스의 야망에 더 어울렸다. 그는 루뱅에서
대학 생활을 시작하면서 새로운 이름을 선택할 때, 출생해서 성장기를 보낸 곳
을 회상하면서 Gerhardus Mercator Ruppelmondanus라는 이름을 지었다."(테
일러, 2007, pp.84~85)
한편 우리나라 국토지리정보원에서 발간하는 기본도 중 하나인 1:25,000 지도
에 사용된 투영법은 'Transverse Mercator Projection(TM 도법)'으로, 이를 '평면
직각 도법', '횡단 메르카토르 도법'으로 부르다가 최근에는 '횡단 머케이터 도
법'으로 표시해 놓았다. 외국어를 현지 발음대로 적는 것을 원칙으로 하는 국립
국어원 기준에 따르자면 '횡단 메르카토르 도법'으로 다시 바꾸는 것이 올바른
표현이라고 하겠다. 참고로 영미권에서는 그의 이름을 제라드 머케이터(Gerard
Mercator)로 발음하고 있다.

2. 지도 투영법, 투영법, 도법은 모두 projection을 번역한 용어이다. 투명한 지구
를 둘러싼 경위선망에 빛을 투여하여 얻은 그림자가 지도에 표시된 경위선망
이 된다는 것이 투영법의 기본 원리이다. 이때 빛을 투여한다는 점이 강조되어
이 원리를 projection으로 명명한 것이라고 판단된다. 지금까지 세상에 알려진
200여 개의 투영법 중에서 이렇게 제작된 지도는 거의 없고 대부분 복잡한 수
학적 계산에 의해 경위선망이 구축된다. 이 책에서는 단독으로 사용할 때 투영
법 혹은 지도 투영법으로, 그리고 메르카토르 도법 혹은 심사 도법과 같이 합성
어로 사용할 때는 ○○ 도법으로 용어를 통일하고자 한다.

3. 이러한 특성 때문에 점장 도법(漸長圖法)이라고 부르기도 하는데, 여기서 '점장' 이란 점점 더 길어지는 위선 간격의 특성을 의미한다.

4. 메르카토르는 자신의 지도에 '항해용으로 개정하고 고안된, 세계 대륙에 관한 새롭고 향상된 설명(Nova et aucta orbis terrae description ad usum navigantium emendate et accomodata)'이라는 긴 이름을 붙였는데, 이는 자신의 지도가 단순히 연구용이나 장식용이 아니라 순전히 항해용으로 사용되도록 고안되었음을 말하고 있다.

5. 이 글[*Libro della vita civile*(Florence: Heirs of Flippo Giunta, 1529)]은 D. Woodward(2007)의 논문 "Cartography and the Renaissance: Continuity and Change"에서 재인용한 것으로, 국내 다른 책(임영방, 2003, 『이탈리아 르네상스의 인문주의와 미술』)에서 이와 유사한 내용의 팔미에리의 글을 소개하면 다음과 같다. "자, 사려 깊은 사람들이여, 이 새로운 시대에 태어나도록 한 신에게 감사드리자. 희망과 기약에 찬 이 새로운 시대는 그 이전 천년의 기간에서보다도 더 훌륭한 재능을 가진 많은 인재들을 배출하고 있다."(마테오 팔미에리, 1430, *Della vita civile*)

6. *Historiarum ab inclinatione Romanorum imperii decades(History of Italy from the Decline of the Roman Empire)*, 1439~1453에 있는 글을 W. Cafero(2011)에서 재인용.

7. 필자에게 시대를 막론하고 위대한 지리학자 셋을 꼽으라면, '프톨레마이오스 (2세기)' — '메르카토르(16세기)' — '훔볼트(18-19세기)'를 들겠지만, 이에 동의하지 않는 사람도 많을 것이다.

8. 고대 지도 탄생부터 20세기 지도 발달사까지 망라할 예정인 *The History of Cartography* 시리즈는 현재 르네상스 시대 지도 발달사(Vol. 3)까지 완성되어 있다. 자세한 서지 사항은 다음과 같다. *The History of the Cartography:*

Cartography in Prehistoric, Ancient, and Medieval Europe and the Mediterranean, Vollume. 1, 1987; *The History of Cartography: Cartography in the Traditional Islamic and South Asian Societies*, Volume 2, Book 1, 1992; *The History of Cartography: Cartography in the Traditional East and Southeast Asian Societies*, Volume 2, Book 2, 1995; *The History of Cartography: Cartography in the Traditional African, American, Arctic, Australian*, Volume 2, Book 3, 1998; *The History of Cartography: Cartography in the European Renaissance*, Volume 3, Part 1, 2, 2007 등이 발간되었으며, 향후 발간 예정인 책은 다음과 같다. *The History of Cartography: Cartography in the European Enlightment*, Volume 4; *The History of Cartography: Cartography in the Nineteenth Century*, Volume 5; *The History of Cartography: Cartography in the twentieth Century*, Volume 6.

9. 하지만 현재 우리나라 국립해양조사원에서 발행하는 항해도 및 전자 해도, 그리고 우리나라를 비롯해 미국, 영국 해군이 사용하는 항해도는 메르카토르 도법을 이용해 제작되고 있다.

10. 메르카토르 도법에 대한 페터스의 공격과 이에 호응하는 친페터스 측 반응, 그리고 이에 반대하는 반페터스 측 대응을 M. Monmonier(2004)가 자신의 저서 *Rhumb Lines and Map Wars*에서 '지도전쟁'이라는 용어로 구체화하였다. 이 책은 필자가 『지도전쟁: 메르카토르 도법의 사회사』(2006, 책과함께)라는 이름으로 번역하여 출간하였다.

11. 사이먼 윈체스터는 옥스퍼드 대학 지질학과 출신으로 전 세계를 발로 뛰면서 자료를 수집하는 저널리스트이자 논픽션 작가이다. 우리나라에 번역되어 소개된 책으로는 『교수와 광인』(2000), 『세계를 바꾼 지도』(2003), 『크라카토아』(2005), 『영어의 탄생』(2005) 등이 있다.

12. 이상일·조대헌·이건학, 2012, "태평양 중심의 세계지도 제작을 위한 최적의

지도 투영법 선정", 한국지도학회지 12(1), pp. 1~20과 이상일·조대헌, 2012, "대한민국 주변도 제작을 위한 최적의 지도 투영법 선정: GIS-기반 투영 왜곡 분석", 한국지도학회지 12(3), pp. 1~16을 참조할 것.

13. 발터 김의 전기는 이 책 〈부록 1〉에 번역되어 있다.

14. 에드워드 라이트가 메르카토르 도법의 해법에 대한 저작권을 주장하면서 자신의 저서 *A Certain Error*에 위선 간격 표를 실어 발간한 해는 1599년이지만, 이 해법을 완성한 것은 1592년이다. 1594년 블런드빌(Blundville)은 자신의 저서 *Exercise*에 라이트의 위선 간격 표를 게재하였다. 따라서 1590년대 중반부터는 메르카토르 도법의 해법이 잉글랜드 지식인들 사이에서는 일반화되었다고 볼 수 있다.

15. 여기 로버트 더들리는 엘리자베스 1세의 시종장이자 숨겨진 애인이었던 레스터 백작 로버트 더들리(1532~1588)가 아니라 같은 이름을 쓰는 그의 의붓아들 로버트 더들리(1574~1649)를 말하며, 이 해양 아틀라스 『바다의 비밀』은 토스카니 대공 페르디난트 1세(Ferdinand I)의 해군고문관으로 재직하면서 제작한 것이다.

16. 더들리 집안에 대한 간략한 내용은 이 책 제6장에 소개되어 있다.

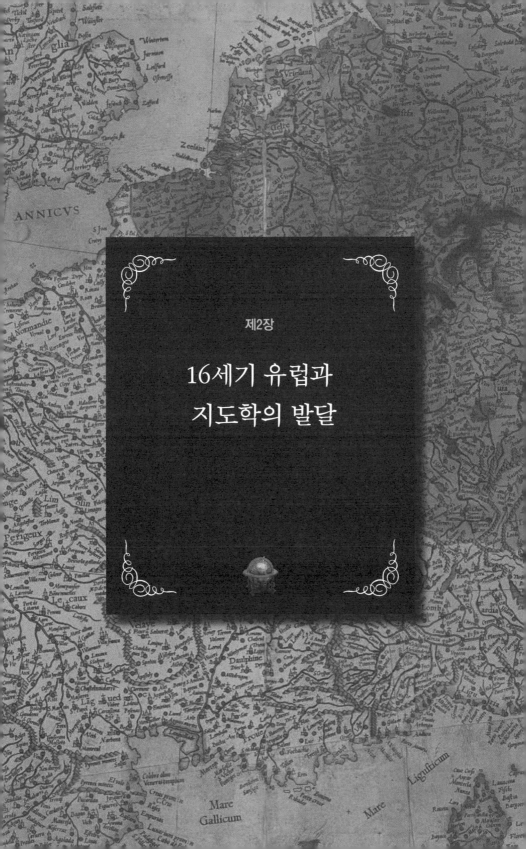

제2장

16세기 유럽과
지도학의 발달

16세기 유럽 일반

앞으로 언급해야 할 종교 혁명과 프로테스탄티즘의 필연적인 출현을 이해하고 싶은 독자는 지금까지 개관되어 온 여러 가지 요인에 대한 유난히 복잡한 상호 작용을 명심해야 한다. 즉 교회의 쇠퇴, 세속적·휴머니즘적 감정의 성장, 공식적인 성직자 이외의 평신도 신앙의 확산, 교회를 포함하여 군주들에 대한 봉건적인 여러 세력들의 저항, 교황의 무기력과 교회의 종교 회의에 대한 그들의 두려움, 독일의 극심한 분열, 터키 족의 위협, 스페인의 열정, 카를 5세의 탁월성과 유럽의 여타 특히 프랑스와 놀라운 합스부르크 제국에 의한 흡수와 질식사에 대한 공포 등이 그것이다(파머·콜튼, 1988, p.100).

위 글은 16세기 종교 개혁의 배경을 이해하는 데 도움이 될 뿐 아니라 16세기 유럽 그 자체를 이해하는 데도 마찬가지이다. 하지만 지적한 대로 너무 복잡하다. 그렇다면 16세기 유럽을 어떻게 이해해야 할까? 이는 쟁쟁한 역사학자에게도 숙제지만, 역사에 문외한이나 다름없는 필자에게는 넘을 수 없는 높다란 장벽임에 틀림없다. 더군다나 저지 국가(低地國家)■1라는 서유럽 변방의 작은 공간, 그곳에서 지도학 장르의 하나로 새롭게 발달한 상업지도학, 그리고 이에 결정적인 기여를 한 지도학계의 거장 메르카토르, 이 모두를 아우르는 일이 쉽지 않은 과제임에 틀림없다. 핵심에 바로 도달할 수 없으면 이 이야기, 저 이야기 맞추어 보면서 나름대로의 얼개를 제시해야겠지만, 최종적으로는 독자들의 상상력에 의존할 수밖에 없을 것이다.

중세 말기는 생존의 위기와 체제의 위기로 특징지을 수 있다(이영림 외, 2011). 12, 13세기부터 시작된 인구 증가로 유휴지까지 개간이 가능해짐에 따라 농업 생산이 늘어났고, 그에 따라 인구도 폭발적으로 증가하였다. 하지만 인구 증가에 따른 생산성 감소에 기근과 흑사병까지 겹쳐 농업 생산 기반이 무너졌으며, 그 결과 주민들은 생존의 위기에 내몰렸다. 늘 그러하듯이 생존의 위기는 다시 방아쇠가 되어 봉건제라는 지배 질서를 무너뜨렸고, 더욱이 가톨릭교회가 주도하던 정신세계마저 흔들리면서 유럽 세계는 체제의 위기를 맞이하게 되었다. 이러한 사회 전반의 위기는 14, 15세기까지 이어졌지만, 인구가 이전 상태로 회복되고 농업과 상공업이 되살아나면서 유럽을 짓누르던 위기감은 서서히 사라졌다.

대략 1450년부터 시작된 유럽의 경기 상승은 프랑스와 잉글랜드를 비롯한 유럽 전 지역의 오랜 교역 중심지 모두에 활기찬 번영을 가져다주었다. 특히 유럽의 척추라고 일컫는 지역(플랑드르, 남부 독일, 북부 이탈리아)의 도시들과 함께 지리상의 발견으로 신대륙으로부터 막대한 부를 가져올 수 있었던 에스파냐와 포르투갈의 여러 도시도 당연히 여기에 포함되었다. 이 지역들이 정확하게 카를 5세(Karl V) 치하의 에스파냐 합스부르크(Habsburg) 제국의 영토였다는 사실도 퍽 인상적이다(월러스틴, 2006). 이처럼 위기는 새로운 질서, 다시 말해 구조적인 사회 변화의 출발점이 되었고, 그 결과 과학 혁명과 자본주의로 대별되는 근대 유럽의 기본 요소들이 서서히 생겨나기 시작했다. 그 출발점이 바로 16세기였던 것이다(Cameron, 2009).

그렇다고 이 책에서 관심을 보이는 16세기가 정확하게 1500~1599년까지를 의미한다고 말할 수는 없다. 월러스틴(2006)은 "16세기가 언제 시작되고 언제 끝났는가 하는 것은 그 세기를 바라보는 민족적 관점에 따라 다양하게 나타난다. 그러나 유럽세계경제 전체를 놓고 볼 때, 우리는 1450~1650년을 의미 있는 시대 구분으로 간주한다." 라고 말하면서 브로델의 주장을 수용하였다. 실제로 페르낭 브로델 (Fernand Braudel, 1961)의 글 제목■2이 의미하는 바와 같이 1450~1650 년은 유럽의 팽창과 자본주의 생산 양식이 본격적으로 시작된 시기 로 볼 수 있다. 하지만 이 책에서 말하려는 16세기는 시어도어 래브 (2008a)가 지적한 대로 '1500년을 전후로 한 몇십 년간의 긴장'을 말 하는데, 그는 "르네상스의 새로운 관심사들에 대한 논리적 귀결들이 기는 하겠지만 결국 르네상스의 이상들을 파괴하는 일련의 결정적 인 사건들이 전개되었다."라고 말한 바 있다.

한편 유럽세계경제(European world-economy)에 대한 월러스틴(2006) 의 정의는 16세기 유럽이라는 독창적인 공간■3을 이해하는 또 다른 단초를 제공하고 있다.

15세기 말에서 16세기 초에 유럽세계경제라 할 만한 것이 생겨났다. 그 것은 제국은 아니었지만 대제국만큼이나 넓었으며, 제국과 같은 몇 가지 특징을 지니고 있었다. 하지만 그것은 제국과는 다른 새로운 것이었다. ……그것은 제국, 도시 국가, 민족 국가 등과 달리 경제적 실체이지 정치 적 실체가 아니다. 사실 정확히 말해서 그것은 그 범위(경계선을 말하기 어 렵다) 안에 제국들, 도시 국가들 그리고 이제 막 등장하는 '민족 국가들'을 담고 있다. 그것은 하나의 세계 체계이다. ……그리고 그 체계의 부분들 사이를 잇는 기본적인 연결점이 경제적인 것이기 때문에, 그것은 하나의 '세계경제'이다.

1569년 메르카토르 세계지도의 인문학

16세기의 시간적·공간적 범위를 어떻게 규정하든, 16세기는 이후 근대 국가의 3가지 기틀이 되는 자본주의, 국민 국가, 과학 혁명의 전초가 확립되는 시기로 볼 수 있다. 16세기가 되면서 농업 생산성이 회복되었다고는 하지만 농업 체계는 원래의 그것으로 돌아가지 않았다. 봉건제의 붕괴로 농민은 영주에게 예속되던 농노의 신분에서 벗어날 수 있었지만, 그렇다고 지주가 된 것은 아니었다. 영주들은 자신들의 지위와 부가 점차 쇠락해지는 것을 더 이상 보고만 있을 수 없어, 공유지에 대한 자신의 권리를 주장하면서 그 유명한 인클로저 운동(enclosure movement)■4처럼 대토지 경영에 돌입하였다(이영림 외, 2011). 여기에 기술 혁신과 상업적 영농 방식이 더해지면서 농업 생산성이 높아지고 잉여 생산물도 생겨나게 되었다. 잉여 생산물은 당연히 교역의 확대로 이어지는데, 그 결과 기존의 도시들이 새롭게 활기를 띠거나 새로운 도시들이 등장하였다. 물론 당시 도시들이 교역 확대에 의해서만 성장했던 것은 아니다. 대토지 경영의 결과로 토지를 잃은 농민들이 살길을 찾아 도시로 이주하면서, 유럽 전역의 도시들은 그 수와 규모에서 급속하게 팽창하였다.■5 이는 다시 상업 자본 및 금융 자본의 발달로 이어지면서, 자본주의라는 새로운 경제 체제의 기틀이 마련되었다.■6

하지만 16세기부터 유럽세계경제가 가능해진 것이 단지 유럽 내 교역 확대의 결과, 다시 말해 자가발전의 결과라고만 볼 수 없다. 이와 관련해 15세기 말 유럽에서는 유럽 경제의 세계화와 관련된 두 가지 획기적인 사건이 있었다. 하나는 크리스토퍼 콜럼버스(Christopher Columbus)가 대서양을 건너는 대담한 여행을 시도한 것이고, 다른 하나는 포르투갈이 아프리카 해안선을 따라 남하하다가 마침내 인도양 한복판에 도달한 사건이다. 골드스톤(2011)의 지적처럼, 이 두 가지 사건 중 특히 콜럼버스의 여행이 특별한 이유는 "아메리카에는 거대한 광산과 창고가 있었고 유럽 인들은 그곳에서 아시아와의 통상을 크게 확대할 수 있을 만큼 충분한 황금과 은을 얻었다. 유럽 인들은 조금도 양심의 가책을 느끼지 않고 막대한 부를 그 소유주인 아메리카 원주민으로부터 약탈했다." 결국 유럽 인의 입장에서만 본다면 아메리카 원주민들의 극단적인 희생을 바탕으로 '긍정적 외부 경제'의 효과를 누린 셈이 된다.

경제 체제의 변화■7와 더불어 정치 체제인 봉건제 역시 위협을 받게 되었다. 16세기는 영주들이 몰락하고 대신에 국왕 중심의 전국 단위 통치 구조가 고착화되면서, 강력한 절대주의 국가들이 등장하기 시작하였다. 특히 16세기 전반에는 잉글랜드의 헨리 8세(Henry VIII), 프랑스의 프랑수아 1세(François I), 에스파냐와 신성로마제국의 카를 5세(Karl V), 오스만튀르크의 술레이만 1세(Süleyman I) 등 강력한 권력을 행사하는 전대미문의 군주들이 등장하면서 절대 왕정의 시대를 열었다. 이와 더불어 교황의 권력과 권위는 상대적으로 위축되었음은 물론이다. 절대 군주들은 관료제, 권력의 독점, 정통성의 창출, 신민의 등질화 등의 방식으로 자신들의 힘을 강화시켜 나갔다. 이러한 정치적 변화의 기원은 다양한 곳에서 찾을 수 있겠지만, 래브(2008a)는 가장 주된 요인으로 전쟁의 규모와 비용이 폭발적으로 증가한 것을 들었다. 실제로 이 시대 군주들이 새로운 재정적 원천을 손에 넣기 위해 더 많은 관리를 고용했던 가장 주된 이유는 바로 전쟁을 효과적으로 수행하기 위해서였다. 결국 이를 위해 세금은 인상되어야 했고 더 강력한 관료제가 필요했으니, 국가가 지닌 정치적 의사 결정과 통제력의 중앙 집중화는 피할 수 없는 길로 접어들었다.

한편 그 이전 세기만 해도 전성기를 구가하던 이탈리아 도시 국가들이 16세기 들어 몰락의 길을 걷게 된 것도 이러한 거대 세습 군주 국가들의 등장과 무관하지 않다. 사실 이들 도시들은 토지 소유에 기반을 두지 않고 교역을 무기로 번영■8을 구가하고 있었다. 하지만 1494년부터 1559년까지 이탈리아 반도의 패권을 둘러싼 프랑스와 에스파냐 간의 끝없는 전쟁■9, 그리고 1453년 콘스탄티노플(Constantinople) 함락 이후 동지중해로 진출하려는 오스만튀르크와의 해상 쟁패에 휘말리면서 마지막 남은 해상 제국 베네치아(Venezia)마저 몰락의 길을 걷게 되었다. "강국이란 전쟁이건 평화건 마음대로 할 수 있는 국가를 말하는 것입니다. 우리 베네치아 공화국은 이제는 이미 그런 처지가 아니라는 것을 인정할 수밖에 없습니다." 이는 16세기 베네치아 외교관 프란체스코 소란초의 말을 시오노 나나미(2013)의 글에서 재인용한 것이다. 즉 도시 국가의 시대가 끝나고 군주제 대국가군이 등장하는 16세기를 맞이해, '질'이 아니라 '양'이, '외교'가 아니라 '힘'이 지배하는 시대에 그것을 갖지 못한 자의 비애를 이 글은 절절히 표현하고 있다. 다시 말해 세상이 완전히 바뀐 것이었다.

가톨릭교회는 중세 내내 이단 논쟁에 시달리면서 급기야 유럽 대륙 전체를 종교적으로 총괄하던 통합적 권위를 상실하고 말았다. '카노사(Canossa)의 굴욕'(1077년)에서 보았듯이 교황권이 절정에 다다랐던 시기도 있었다. 그러나 절대 왕권이 형성되면서 교황의 권위는 점차 그 빛을 잃게 되었는데 수장령(首長令)을 반포해 국교회(國敎會)를 설립한 잉글랜드의 헨리 8세가 대표적인 사례라고 할 수 있다.

1517년 가톨릭교회의 관행과 면죄부 판매에 대한 마르틴 루터(Martin Luther)의 비판을 시작으로 기존의 가톨릭교회에 대한 다양한 형태의 종교 개혁이 시도되었다. 하지만 이에 반발한 가톨릭 지지자들의 반종교 개혁은 16세기 내내 피비린내 나는 종교 전쟁으로 이어졌다. 초창기 종교 개혁이 권위를 상실한 중세의 제도에 대한 불만과 머나먼 과거에 대한 존경으로 시작되었다는 측면에서, 르네상스 운동과 그 괘를 같이한다고 볼 수 있다(래브, 2008a). 하지만 이후 한 세기 동안 지속된 종교 전쟁의 결과는 철저히 파괴적이었다. 한 가지 예를 들자면, 펠리페 2세(Felipe II)는 1566년 저지 국가의 칼뱅주의자들이 일으킨 성상(聖像) 파괴 운동을 진압하기 위해 저지 국가 총독으로 알바(Alba) 공작을 파견했다. 알바 공작은 이를 진압하고는 '피의 위원회'라는 별명의 특별 법정에 12,000명을 죄인으로 내세웠고, 이 중 1,000명 이상을 처형했을 정도였다(하르트, 2009).

16세기 종교 갈등의 중심에는 에스파냐와 신성로마제국의 수장인 카를 5세와 그의 아들 펠리페 2세가 있었다. 카를 5세는 가톨릭의 열렬한 수호자를 자처하면서 재위 35년(1521~1556)간 유럽 전역에서 끊임없이 전쟁을 벌였다. 하지만 1555년에 맺어진 아우스브루크(Ausbruch) 조약[10]은 유럽의 '종교적 통일'을 이루려는 카를 5세의 꿈이 수포로 돌아갔음을 상징적으로 보여 주는 사건인데, 그는 다음 해인 1556년에 퇴위하고는 어느 수도원에 은거하였다. 그 뒤를 이어받은 펠리페 2세(재위 1556~1598) 역시 에스파냐의 가톨릭 십자군을 이끌고 특히 프랑스, 잉글랜드, 저지 국가를 상대로 피비린내 나는 종교 전쟁을 벌였다. 이러한 분투에도 불구하고 프랑스는 위그노(Huguenot)가 지배하는 나라가 되었고, 잉글랜드는 프로테스탄트 국가가 되었으며, 네덜란드는 독립을 쟁취했고, 레판토(Lepanto) 해전에서 패한 오스만튀르크는 여전히 동지중해 해상권을 유지할 수 있었다. 하지만 에스파냐는 그 당당하던 무적함대 아르마다(Armada)가 영국 해협에서 침몰하고 말았다. 16세기 황금시대를 구가했던 에스파냐는 종교적 통일을 기치로 영토의 유지 및 확장을 위한 끝없는 전쟁에 몰두하다가 결국 모든 것을 잃고 말았다.

한편 종교 개혁의 여파로 종교에 매몰되었던 여러 사회적·문화적 요소들이 독자적으로 발전하기 시작했다. 이는 비잔틴 제국의 몰락과 함께 이슬람권에서 지키고 있던 그리스-로마 문명의 유산이 이탈리아를 필두로 서유럽에 전파된 것에 힘입은 바가 컸다. 그 결과 르네상스라고 총칭되는 새로운 문화와 예술이 발전했고, 이는 다시 서유럽의 새로운 힘의 원천이자 결과인 과학과 기술의 발전, 이른바 과학 혁명으로 이어졌다. 이처럼 농업 체제 변화와 도시 발달, 절대왕정과 종교 개혁, 과학 혁명 등 16세기 이전과 전혀 다른 정치·경제·사회·문화적 양상은 근대로 나아가는 변화의 요인인 동시에 근대 그 자체를 구성하는 하나의 요소가 되었다.

16세기는 구체제와 신체제가 혼재된 이중성의 시대였다. 발전과 혁신의 뒷면에 상존한 불안정성 때문에 16세기 유럽은 부글거리고 덜컹거렸지만 그래도 살아남았고 궁극적으로는 번영하였다. 크로스비(2005)는 이러한 번영의 근거로 시각과 수량화에 기초한 새로운 모델을 제시하였다. 즉 "새로운 모델은 실제를 검토하는 새로운 방식뿐만 아니라 새로운 인식의 틀 같은 것을 제공했다. 알고 보니 그것은 지극히 강건한 것이었고, 인류에게 전례 없는 수준의 힘을 제공했으며, 수많은 사람들에게는 우주를 깊이 있게 이해할 수 있으리라는 신념과 그로부터 생기는 위안을 가져다주었다."라는 것이다.

하지만 이 장의 주제와 관련된 안트베르펜(Antwerpen)을 비롯한 저지 국가의 상업 도시 발달과 같은 국지적인 문제는, 새로운 모델과 같은 거대 이론보다는 한층 더 세속적인 관점이 요구된다. 즉 신대륙 발견과 절묘한 결혼 정책을 시작으로 한 세기 이상 이어진 에스파냐 합스부르크 제국의 절대적인 영향이 그것이다. 특히 1492년 에스파냐로부터 추방된 유대 인의 일부가 이들 저지 국가의 도시들에 정착함으로써 도시의 상업 및 금융업 발달에 크게 기여하는 것도 이러한 과정의 한 단면으로 볼 수 있다(홍익희, 2013). 실제로 에스파냐 합스부르크 제국은 잉글랜드와 프랑스를 제외한 전 유럽과 신대륙, 나아가 필리핀과 인도네시아 일부, 한때는 포르투갈까지 거느리고 있던 초거대 제국이었으며, 이 초거대 제국의 정치적·상업적 중심지가 바로 저지 국가였던 것이다. 물론 이러한 상업적 매력은 이 지역을 두고 16세기 후반 내내 잉글랜드, 프랑스, 에스파냐 간에 외교적·군사적·정치적 쟁투가 벌어지고, 저지 국가 사람들이 독립을 위해 결사 항전의 소용돌이에 빠져드는 이유가 되었다.

16세기 지리학의 발달

이미 제1장에서 지적했듯이, 유럽의 천문학과 지리학은 15세기에 이르러 새로운 모습으로 부활하였다. 즉 천문학과 지리학에도 르네상스의 바람이 불어닥친 것이다. 그 첫 번째 계기는 고대 과학의 정

1569년 메르카토르 세계지도의 인문학

점에 서 있던 프톨레마이오스의 저술이 재발견된 것, 아니 새롭게 소개된 것에서 찾을 수 있다. 이는 중세 가톨릭적 지구관과 우주관을 불식시키고, 근대적인 수리천문학[11]과 수리지리학을 탄생시키는 출발점이 되었다. 두 번째 계기로는 포르투갈이 국가적 프로젝트로 추진한 아프리카 서안 탐험 항해를 들 수 있다. 15세기 초반 엔히크(Henrique)로부터 시작된 이 사업은 결국 1세기도 지나지 않아 아프리카 남단을 돌아 인도에 이르는 새로운 항로의 발견으로 이어졌다. 이 두 가지 계기를 바탕으로 이론적 연구와 경험적 관측의 결과가 통합되면서 측지학과 항해술에 응용될 수 있었고, 이는 다시 근대 지도학과 지리학이라는 새로운 학문 그 자체를 만들어 낼 수 있었던 것이다(야마모토, 2010).

그리스 시대 저작인 프톨레마이오스의 『지리학』은 중세 유럽에는 거의 알려져 있지 않았다. 15세기 초 비잔틴 제국의 불안정을 기화로 많은 지식인들이 서유럽으로 피신했고, 이때 프톨레마이오스의 『지리학』을 비롯한 많은 책들이 전해지면서 새롭게 주목을 받기 시작했다. 이때 소개된 『지리학』의 제1권은 총론이고, 제2권부터 제7권까지는 각 지역의 간단한 기술 및 약 8,100개 지점의 위도와 경도 값의 목록이며, 제8권에는 그 뒤 만들어진 것으로 보이는 몇 장의 지역 지도가 포함되어 있었다(Berggren and Jones, 2000). 이 책이 이탈리아의 야코포 안젤리에 의해 라틴 어로 처음 번역된 것은 15세기 초(1409년)인데, 당초에는 지도 없이 본문만 번역되었다. 하지만 15세기 후반기 들어 지도와 함께 수고본(手稿本) 형태로 소개되면서 르네상스 시대 많은 학자들로부터 각광을 받았다(그림 2-1). 인쇄본은 1475년과 1477년에 비첸차(Vicenza)와 볼로냐(Bologna)에서 출판되

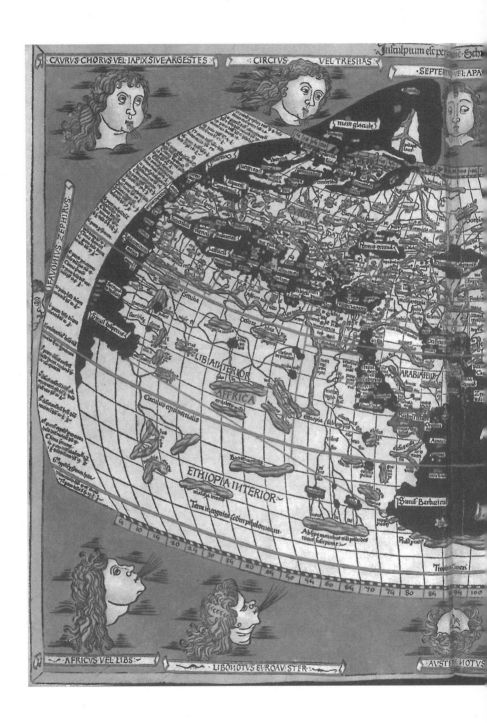

　　　　　　　　1569년 메르카토르 세계지도의 인문학

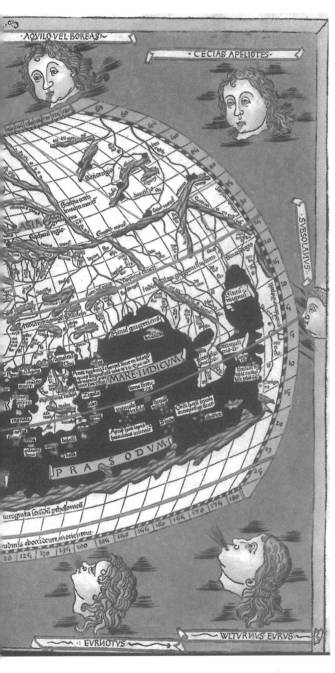

그림 2-1 | 프톨레마이오스의 지도
1482년 울름(Ulm) 판 『지리학』에 수록된
지도로, 프톨레마이오스의 제2도법을
근간으로 했다.

었고, 이후 이탈리아와 독일의 여러 도시에서 계속해서 출판되었다 (Dalché, 2007). 『지리학』의 최초 인쇄본이 나온 후 1세기 동안 발간된 '중요한 지도 출판물'의 대다수는 이 프톨레마이오스의 『지리학』에서 비롯된 갖가지 판본들이었다. 메르카토르 역시 1578년에 자기 나름의 프톨레마이오스 지도집을 제작한 바 있었다.

프톨레마이오스의 『지리학』에 담긴 지리 지식 및 지도는 제작 당

그림 2-2 | 헤리퍼드 마파문디 영국 헤리퍼드 대성당 소장

1569년 메르카토르 세계지도의 인문학

시(2세기경) 알려진 지역 전체를 대상으로 삼았는데, 이것들은 『지리학』이 유럽에 새롭게 소개될 당시의 세계관이나 지식과는 판이하게 달랐다. 프톨레마이오스의 지도는, 가톨릭교회의 세계관이 반영된 헤리퍼드 마파문디(Hereford Mappa Mundi, 그림 2-2)로 대표되는 중세 티오(TO) 지도나 선원들의 경험에 의거해 제작된 '포르톨라노(Portolano) 지도'[12](그림 2-3)와는 차원이 다른, 지구 전체에 관한 실질적이고도 과학적인 지도였다. 이 지도가 나타내는 영역의 넓이나 지명의 개수, 위치의 정확성은 당시 타 지도의 그것과는 비교를 불허했다. 그뿐 아니라 8,100개에 달하는 각 지점의 위치를 위도와 경도라는 평면 좌표를 이용해 기술했을 뿐만 아니라, 구면을 평면에 투영하는 기법(투영법)을 이론적으로 고찰했다는 점에서도 중세의 지도들과는 큰 차이를 보였다. 따라서 15세기 초반에 이루어진 프톨레마이오스의 재발견이 "콜럼버스의 신대륙 발견보다도 더 격렬하게 인간의 정신을 흔들어 놓았다."라고 말한 19세기 어느 지도학자의 견해는 결코 과장된 것만은 아니다. 다시 말해 16세기에 부활한 프톨레마이오스의 새로운 지리학은 단순히 문헌학적 연구 대상에만 머물지 않고, 새로운 지리적 발견 그리고 보다 정밀해진 관측을 바탕으로 수정하고 확충해야 할 살아 있는 지리학으로 부활하였다.

한편 유럽에서 천문학이 실제 응용이라는 측면에서 항해술 및 지리학과 인연을 맺게 된 것은 '항해 왕자' 엔히크(Henrique)에 의해 시도된 인도 항로 프로젝트와 관련이 있다. 아비스(Aviz) 왕조를 연 주앙 1세(João I)의 삼남 엔히크는 21세 되던 1415년에 이슬람교도들이 지배하고 있던 아프리카 북부 연안의 주요 무역항 세우타(Ceuta)를 공략했다. 이런 과정에서 막대한 전리품을 획득했으며, 포로들로부

1569년 메르카토르 세계지도의 인문학

그림 2-3 | 포르톨라노 지도
프랑스 파리 국립박물관 소장

터 아프리카 대륙의 내부와 연안에 관한 귀중한 정보를 얻을 수 있었다. 포르투갈이 아프리카 서안 탐험에 나선 데는 여러 이유가 있었겠지만, 무엇보다도 가장 수지가 맞는 동방 무역[레반트(Levant) 무역]에 참여하려는 의도가 가장 큰 이유였을 것이다. 당시 지중해를 중심으로 한 레반트 무역은 베네치아나 제노바와 같은 이탈리아 도시 국가들이 독점하고 있었으며, 오스만튀르크 역시 점점 그 세력을 넓혀 가고 있던 터라 포르투갈로서는 기존의 경로가 아닌 새로운 활로가 필요했던 것이다. 이러한 배경을 바탕으로 1418년 아프리카 대륙 서안을 따라 대서양을 남하하는 포르투갈의 탐험 항해가 시작되었다. 이는 계획적이고 조직적으로 시행된 유럽 최초의 탐험이었으며, 조선 기술의 향상은 물론이고 항해 기술의 혁신도 함께 동반되었다.

엔히크 사망(1460년) 이후 포르투갈의 탐험 사업은 일시 정체기를 맞이했지만, 1481년 주앙 2세가 즉위하면서 다시 본궤도에 올랐다. 엔히크에서 주앙 2세로 이어진 국가 프로젝트인 아프리카 서안 탐험과 인도 항로 개척은 당시로서는 유례없는 새로운 연구 스타일을 낳았다(야마모토, 2010). 즉 특정 목적을 수행하기 위해, 첫째로 천문학, 수학, 지리학에 정통한 학자와 지식인을 모아 싱크 탱크(think tank)를 조직했고, 둘째로 여기에 상인과 여행자들로부터 얻은 관련 정보를 집중시켰으며, 셋째로 항해를 위한 기술 혁신, 즉 원양 항해를 위한 선박과 항법을 연구했다. 마지막으로, 그 목적의 실현을 위해 유능한 선원들을 모아 교육시키고 선단을 조직해 몇 차례에 걸친 탐험 항해를 실제로 계획적이고 조직적으로 추진했다. 이런 사업이 국가 권력의 주도로 이루어졌으며, 이는 연구 목적에서나 추진 방식에서나 그 이전 중세 대학이 하던 것과는 차원이 달랐다. 이러한 노력들이 결실을 맺어 16세기 초·중반 포르투갈은 역사상 최고의 황금기를 구가하였다.

한편 15세기 국가 주도로 이루어진 포르투갈 항해의 결과와 그것과 관련된 천문학, 수학, 지리학이 함께 어우러져 그 정점을 이룬 실제 사례가 바로 16세기 초반에 제작된 칸티노(Cantino) 세계지도라고 할 수 있다(그림 2-4). 칸티노 세계지도의 근대성을 이야기하기 전에 우선 중세식 마파문디의 결정판이라고 할 수 있는 프라 마우로(Fra Mauro) 세계지도■13(그림 2-5)에 관해 살펴보자. 1459년에 제작된 프라 마우로 세계지도는 고답적인 TO 지도에서 벗어나 세 대륙의 위치와 방향, 그리고 해안선을 비교적 정확하게 묘사하고 있다. 오지 도시아키(2010)는 다음 4가지 관점에서 프라 마우로 세계지도가 기존의 마파문디와 차별성을 보인다고 설명했다. ①지중해에서 흑해에 이르는 내륙 해역 일대의 정확성, ②유럽을 반도로 표현, ③인도양을 대양으로 표현, ④기니(Guinea) 만의 만입(灣入)이다. 여기서 가장 획기적인 사실은 ③인데, 바스쿠 다 가마(Vasco da Gama)가 인도에 도착한 1498년 이전에 이미 인도양의 존재를 인지하면서 인도양이 환해(環海)라는 프톨레마이오스의 개념을 극복했다는 점이다. 당시 베네치아가 이슬람과의 중계 무역을 통해 아프리카, 인도, 동남아시아, 심지어 중국과도 교역을 하고 있었기 때문에 베네치아의 수도사였던 프라 마우로가 교역의 주 무대인 인도양에 관한 정확한 정보를 얻을 수 있었던 것으로 생각해 볼 수 있다. 하지만 프라 마우로 세계지도는 여전히 중세적·기독교적 세계관을 간직한 지도일 뿐이다.

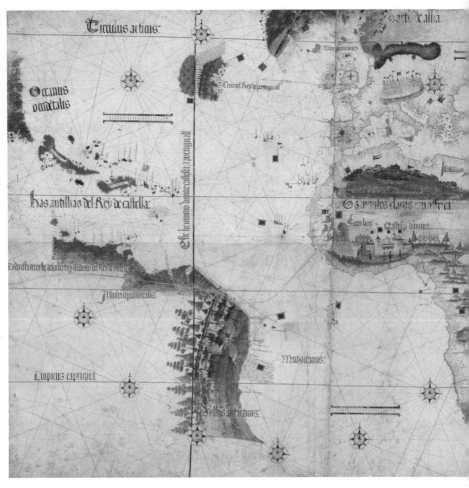

그림 2-4 | 칸티노 세계지도 이탈리아 모데나 시 에스텐세 도서관 소장

    칸티노 세계지도는 프라 마우로 세계지도가 제작된 지 반세기 만인 1502년에 제작되었는데, 이 지도가 지닌 혁신적 그리고 기능적 특성, 다시 말해 근대성이라는 관점은 전자의 세계지도와는 그 차원을 달리했다. 이에 대해 오지 도시아키(2010)는 "세계지도의 역사에서 칸티노 세계지도[14]는 세계관에 기초한 세계도에서 측량에 기초

                                          1569년 메르카토르 세계지도의 인문학

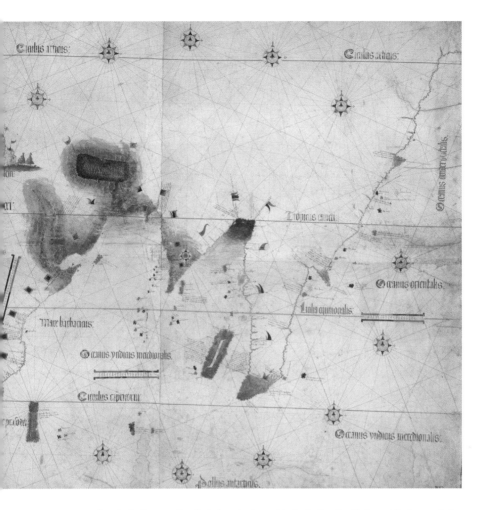

한 세계지도로의 전환을 알리는 획기적인 지도"라고 밝히고 있다. 오지 도시아키는 계속해서 다음과 같이 설명했다.

칸티노 세계지도는 기존의 세계관이나 우주론에서 지도의 구도를 찾지 않고 스스로의 경험을 기초로 하여 지도의 구도를 만들어 냈다. ……
칸티노 세계지도는 도면 전체에 엷은 청색의 가는 직선으로 위선과 경선

그림 2-5 | 프라 마우로 세계지도 이탈리아 베네치아 산마르코 국립박물관 소장

을 긋고, 그 교차점에 방위문자판에 해당하는 컴퍼스 로즈(해도상의 원형
방위도, 방사선도)를 배치했다. 방위문자판에서는 엷은 적색과 청색의 가는
선을 교차시켜 32방위를 나타내는 32분위선을 방사한다.

여기서 위선과 경선은 정확한 위치를 동정하기 위함이며, 방위문
자판은 해도로서의 기능을 지도에 더했다. 바로 이러한 혁신성 그리
고 기능성이 칸티노 세계지도를 이전의 세계지도와 뚜렷이 구분해
준다.

　　　　　　　　　1569년 메르카토르 세계지도의 인문학

이뿐만 아니라 이 지도의 근대성은 지도의 내용과 신속한 편집에서도 찾아볼 수 있다. 이 지도에서 돋보이는 점은 도법의 정확한 원리는 알 수 없으나 그리스 시대 널리 이용되었던 원통 도법(cylindrical projection)을 다시 들고나왔다는 점이다(이 책의 핵심인 메르카토르의 1569년 세계지도 역시 원통 도법에 의해 제작되었다). 이는 중세를 지배하던 원형의 세계관을 탈피하겠다는 의지의 일면으로 볼 수 있다. 또한 이 지도 원편에 앵무새가 그려진 육지는 브라질을 나타낸다. 브라질이 포르투갈 탐험가 페드루 알바레스 카브랄(Pedro Álvares Cabral)에 의해 발견된 것은 1500년의 일로, 브라질의 크기 및 위치 등에서 부정확하기는 하지만 2년 후 제작된 칸티노 지도에 브라질이 곧바로 등장하였다(하우드, 2014). 실제로 이 육지는 존재 그 이상의 의미를 지니고 있다. 즉 대서양에 또 다른 육지(대륙)가 존재하며, 이 육지가 또 다른 바다(태평양)에 의해 아시아 대륙과 분리되어 있다는 사실을 포르투갈이 인지하고 있었음을 이 지도를 통해 판단할 수 있다. 게다가 새로이 발견된 육지가 1494년 수정된 토르데시야스(Tordesillas) 조약■15 경계선의 동쪽에 있어 그 육지가 포르투갈의 것임을 분명히 밝히고 있다.

포르투갈이 발견된 지 2년밖에 되지 않은 육지를 바로 지도에 포함시켰다는 사실은 현재의 지도 갱신 주기로 보아서도 그 신속함에 놀라울 따름이다. 이는 당시 포르투갈이 신항로 개척, 신대륙 발견, 해양 제국 건설을 놓고 라이벌 에스파냐와 얼마나 치열하게 경쟁을 벌였는지를 말해 준다. 곧이어 1507년 제작된 발트제뮐러(Waldseemuller)의 세계지도■16에서는 칸티노 세계지도에 표시된 새로운 육지가 아메리카로 명명되었고 새로운 대륙으로 인정받았다. 아메리카 대륙은 이후 제작된 거의 모든 세계지도에서 크기, 위치, 해안선의 디테일 등이 점차 개선되면서 확고한 지리 지식으로 자리 잡아 나갔다. 결국 칸티노 세계지도는 프톨레마이오스의 아시아, 유럽, 아프리카라는 3대륙 체계에서 벗어난 최초의 세계지도라는 점에서, 그리고 탐험과 측량의 결과가 실질적으로 반영된 근대 지도학의 서막을 열었다는 점에서 그 의의가 크다고 하겠다. 게다가 공교롭게도 대항해 시대가 본격적으로 시작된 16세기 벽두인 1502년에 이 지도가 제작되었다는 점에서도 또 다른 의미를 찾을 수 있다.

한편 16세기 지리학과 지도학의 발달을 문화사적인 관점에서 살펴볼 수 있다. 버크(Burke, 1987)에 따르면 16세기 이탈리아에는 두 개의 문화와 두 가지 전문적인 훈련 방식이 존재했다고 한다. 직인(職人) 문화와 지적 문화, 이탈리아 어 문화와 라틴 어 문화, 그리고 공방에 기초를 둔 훈련 방식과 대학에 기초를 둔 훈련 방식이 그것이다. 당시의 선진적 미술가들은 회화나 건축에 학문적 근거를 부여함으로써 두 문화의 경계를 뛰어넘어 문화의 이중 구조를 타파하려고 노력했다. 이는 길드(guild)의 속박을 벗어나 자립적 예술가로서 스스로의 지위를 확립해 가는 과정과 병행하면서 진행되었다. 결국 16세기 르네상스는 아카데미즘과 아무런 인연도 없이 성장한 직인들이 자신의 직업을 이론화하고 이를 스스로의 언어(속어)로 공표함으로써, 그 이전의 인문학적 르네상스와는 질적으로 구분된다. 결국 16세기 문화 혁명[17]은 단지 기능인에 불과하다며 천대받던 화가나 조각가와 같은 예술가들로부터 시작되었으며, 의학, 해부학, 식물학, 광산업, 야금술, 시금법, 수학, 군사 기술, 기계학, 역학 그리고 천문학과 지리학에 이르기까지 사회 전반에 걸쳐 영향을 미치면서 17세기 과학 혁명의 바탕이 되었던 것이다(야마모토, 2010).

과학사학자 헨리(Henry, 2008)는 자신의 저서 *The Scientific Revolution and the Origins of Modern Science*에서 "16세기는 여러 측면에서 과학 혁명이 준비됐던 시기"이며, 이러한 준비 작업은 당시 문자 문화에서 소외당했던 예술가나 직인들에 의해 주도되었다고 설명했다. 이는 앞서 지적한 야마모토의 16세기 문화 혁명의 의미와 그 괘를 같이한다. 계속해서 헨리는, 예술가와 직인들이 저술 활동을 통해 학문 세계의 경계를 뛰어넘었다는 것은 다음 3가지 측면에서 그 의미를 찾을 수 있다고 주장했다. 즉 라틴 어를 구사하는 엘리트들의 지식 독점을 무너뜨렸다는 점, 중세 이후의 전통이었던 자유 학과와 기계적 학과의 분리·단절을 극복했다는 점, 마지막으로 순수한 지적 작업으로 간주되던 이론적 연구와 손 기술 좋은 사람이 하는 일 정도로 치부되던 실험적 연구의 결합이 촉진되었다는 점이다. 이러한 지적·기술적 변혁은 지리학 및 지도학 분야도 예외가 아니었다. 수학, 천문학이라는 사변적(思辨的) 과학이 응용 기술인 측량학, 인쇄술과 결합하고 나아가 서체학, 판각술 등 예술과 결합하면서 16세기 지리학과 지도학은 그 이전과 다른 새로운 학문 분야로 자리 잡게 되었다. 바로 이러한 변혁의 한가운데 있었던 인물이 다름 아닌 이 책의 주인공인 메르카토르였던 것이다.

근대 지리학과 지도학은 이론과 사실이 결합된 실용적인 특성을 지니고 있다. 특히 안트베르펜을 중심으로 한 지리학과 지도학은 프톨레마이오스의 지리학과 천문학을 바탕으로 한 이탈리아와 독일의 이론 지도학, 그리고 에스파냐의 신대륙 발견 과정에서 얻게 된 각종 경험적 지리 지식이 결합된 결과로 볼 수 있다(Koeman et al., 2007). 게다가 신대륙 발견과 식민지 개척이라는 시대적 화두에 발맞추어 지리 정보가 지니는 상업적 가치가 한층 높게 인식되면서, 지식 산업으로서 지도 제작, 즉 상업지도학이 대두하게 된 것이다. 다시 말해 생산 및 판매 도시로서 안트베르펜과 연구 도시로서 루뱅(Lovrain)이 요즘 말하는 산업 클러스터를 이룬 셈이다. 여기에 덧붙여 에스파냐 합스부르크 대제국의 역할도 확인할 수 있다. 당시 제국의 정치 중심지는 황궁이 있던 브뤼셀(Brussel)이었고, 상업 중심지는 에스파냐의 세비야(Sevilla)에 이어 새로운 중심지로 등장한 안트베르펜이었으며, 학문의 중심지는 저지 국가에서 가장 오래된 대학이 있던 루뱅이었다. 이들 세 도시는 현재 벨기에 국경 안 지근거리에 있어, 16세기 권력, 자본, 정보, 지식의 총본산이라고 할 수 있다. 바로 이 중심에서 메르카토르가 나고, 자라고, 배우면서 상업지도학이라는 새로운 영역을 개척해 나갈 수 있었다.

1. 독일어로 Niederland, 영어로 Low Countries를 우리말로 '저지 국가(低地國家)'로 바꾼 것으로, 일부에서는 네덜란드 제방이라는 표현도 사용한다. 셸드(Scheldt) 강, 뫼즈(Meuse) 강, 라인(Rhein) 강의 하류 삼각주 저지에 위치한 오늘날의 네덜란드, 벨기에, 프랑스 북부와 독일 서부를 말한다. 15세기 말 막시밀리안 1세(Maximilian I)의 합스부르크가로 귀속되기 전에는 프랑스 속령 부르고뉴 공국(Duché de Bourgogne)의 땅이었다. 이후 카를 5세(Karl V), 펠리페 2세(Felipe II)의 에스파냐 합스부르크 제국의 식민지로 있다가 1581년 북부 7개 주는 네덜란드 공화국으로 독립했고, 나머지 남부의 10개 주는 여전히 에스파냐의 식민지로 있다가 18세기에는 오스트리아, 프랑스의 지배하에 있었다. 1830년에 현재의 영세 중립국(永世中立國) 벨기에로 독립했다. 따라서 간혹 저지 국가와 네덜란드를 혼동해서 쓰기도 하는데, 저지 국가라고 할 때는 대개 네덜란드 공화국이 독립되기 이전을 말한다.

2. Braudel, Fernand, 1961, "European Expansion and Capitalism: 1450-1650", in *Chapters in Western Civilization Ⅱ*, 3rd ed., New York: Columbia University Press, pp.245~288.

3. "나는 과거에 분리되었던 두 개의 체제가 연결됨으로써 16세기의 유럽 세계가 비로소 등장했다고 이해하는 것이 가장 타당하다고 생각한다. 두 개의 체제란, 북이탈리아 도시들을 중심으로 한 그리스도교권의 지중해 체제와 북유럽 및 서북부 유럽의 플랑드르-한자 무역망이며, 이 두 개의 체계가 결합함으로써 등장한 새로운 유럽 세계에 한편으로는 엘베 강 동쪽, 폴란드 및 동유럽의 일부 다른 지역들이 추가되었고, 다른 한편으로는 대서양 제도와 신대륙의 몇몇 지역들이 덧붙여졌다."(월러스틴, 2006, p.111)

4. 인클로저 운동은 잉글랜드의 특수한 사례일 수 있으나, 중세의 농촌 경제가 붕

괴되고 새로운 근대적 농업 체계, 나아가 자본주의 발달의 또 다른 출발점이 되었다는 점에서 의미가 있다. "대자본가적으로 농업을 경영하던 젠트리(gentry) 계층과 자영농인 요먼리(yeomanry) 등이 형성되었고, 이들은 농촌 산업을 선재 제도나 매뉴팩처 형태로 발달시키는 데 중심적인 역할을 담당하였다. 그뿐만 아니라 이들은 도시의 자본가 및 모험 상인으로도 활동하였고 큰 재산을 모은 일부는 의회에 본격적으로 진출하기도 했다. 한편 이들과는 달리 생활 터전을 잃게 된 농민들은 도시로 이동하여 노동자나 빈민 계층이 되었다."(이장수, 2004, p.62)

5. 여기 제2장 주에 소개한 글은 디시인사이드 '역사 갤러리'에 올려진 글로, 제목은 '16세기 유럽의 도시 빈곤 문제에 대하여'이다. 16세기 도시 인구 급증과 도시빈곤 문제를 다룬 글인데, 이 글의 저자는 단지 '로르카(Lorca)'로만 되어 있고, 저자나 글에 대한 별다른 정보를 찾을 수 없었다. 글이 훌륭해 일부를 발췌하기보다는 전문을 싣는 것이 16세기에 대한 독자들의 이해를 도울 것이라는 판단에 아주 약간의 수정을 거쳐 저자의 양해 없이 이 책에 실었다. 혹시 저작권 문제로 이의가 있다면 연락주시기 바란다.

   http://gall.dcinside.com/board/view/?id=history&no=405295

   동서고금을 불문하고 사회의 가장 큰 문제점 중 하나였던 도시 빈곤은 유럽에서 16세기에 들어 구체적이고도 대대적인 사회 문제로 발전하였다. 이때부터 유럽의 각 도시들에서 빈민들이 유랑하거나 대규모 슬럼을 형성하면서 사회 불안을 조성하는 현상과 각종 질병들이 구체적으로 기록되기 시작했으며, 이는 나아가 당대의 종교적·정치적 문제와도 연결되어 종교 전쟁, 내전 등 역사적 사건들의 큰 사회적 배경이 되었다.
   16세기 도시 인구 자체의 폭등은 도시 빈곤 문제의 직접적인 배경이었다. 1500년에는 러시아와 오스만 제국령을 제외한 유럽에는 인구 1만 명이 넘는 도시가 154개가 있었으나, 1600년에는 220개로 늘어났고, 도시 인구 자체는 100년 사이 6160만 명에서 7800만 명으로 증가했다. 구체적인 사례를 들면 1500년 암스테르담의 인구는 14,000명이었으나 1600년에는 65,000명으로 증가했고, 런던은 4만 명에서 20만 명, 파리는 10만 명에서 22만 명으로 증가했다.

여기서 주목해야 할 점은 일반적인 인식과는 달리 이 시기 유럽의 도시들과 도시 인구 다수는 잉글랜드, 네덜란드, 프랑스와 같이 17세기에 들어 경제적으로 다른 지역을 압도했던 지역들이 아니라, 주로 이탈리아와 이베리아 반도들에 집중되어 있었다는 것이다. 16세기에 유럽 전체 도시 인구의 50%는 이탈리아와 이베리아의 도시들에 있었고, 33%는 프랑스와 독일계 지역들 그리고 스위스에 있었으며, 나머지 16% 정도만 스칸디나비아 반도, 잉글랜드, 네덜란드의 도시들에 살고 있었다. 특히 리스본의 경우 100년 만에 인구가 3만 명에서 10만 명을 넘어 3배 이상이라는 당대 최고의 경이적인 인구 팽창을 이루었다. 이러한 이베리아 반도 도시들의 팽창은 일반적으로 회자되는 이베리아 반도의 사회적 낙후성의 반례라고도 볼 수 있다. 그러나 이러한 지역적인 문제를 넘어서 이러한 이베리아 반도의 사례는 그 시대 유럽에서 도시 인구 자체의 폭등에 비해 도시 경제의 성장에는 별다른 진전이 없었으며, 당대의 도시 발전은 시기상조인 도심 부르주아 자본주의 발전이 아니라, 유럽 세계의 팽창으로 인한(신대륙 정복 등) 신규 부의 소거 지대 형성이라는 문맥에서 해석되어야 한다는 점을 상기시킨다.

16세기 유럽 도시 인구 폭등의 원인을 살펴보면, 일반적으로는 그 시대 유럽 세계의 팽창과 더불어 무역업과 제조업에 종사하는 인구가 늘었다는 것을 예로 든다. 그러나 앞서 언급한 도시 인구 팽창의 속도를 그 인구를 부양하는 도시 경제가 따라잡지 못했다는 점을 상기하면, 수적으로는 도시 직종 종사자보다 도리어 동시대 영주들과 봉건 귀족들의 권력이 흑사병, 전쟁 등으로 인한 일시적인 약화에서 회복하여 농촌에 대한 지배권을 재확립하는 것을 피해 많은 농촌 인구가 도시로 몰려들었다는 것이 더 주된 원인이라고 할 수 있다. 즉 이 시대 도시 인구의 증가는 원래의 도시 인구 자체가 증가한 것보다는 유입된 유동 인구가 폭등한 것이다. 그러나 이렇게 도시에 유입된 많은 농촌 인구의 경우 대부분 빈털터리인 상태로 도시에 왔다는 점에서 도시 빈곤 문제가 시작된다.

이 시대는 아직 농업 혁명으로 유럽의 농업 생산물이 증가하기 이전의 시대이고, 여전히 대부분 국가들이 인구수에 비해 부족한 농업 생산량 문제에 시달리던 시대였다. 이러한 여건에 도시로 향한 인구 유출로 인해 농업 인구가 감소

한다는 것은(물론 절대적인 농업 인구수 자체는 16세기에 걸쳐 증가했지만, 도시의 비정상적인 증가에 비하면 미미한 수였다) 필요 생산량과 직결된 문제였고, 게다가 이 시대에 지속된 전쟁으로 인한 국가의 식량 공출과 더불어 더욱 심각한 농업 생산량 미달을 초래하였다. 게다가 이 시대의 전쟁은 대규모의 전문 용병단의 도입, 군인수 자체의 폭등, 근대적 무장의 생산 등으로 이전의 전쟁들에 비해 훨씬 더 많은 국부를 소모했으며, 이 부담 또한 인구의 대부분인 농가가 지게 되어 결국 더 많은 농가가 생활고를 견디지 못하고 부에 대한 막연한 기대로 도시로 떠나는 악순환을 초래하였다. 결국 이러한 농업 인구의 유출, 국부의 지속적인 소모로 인해 생긴 식량 생산의 미달은 이미 부양할 수 없는 수의 인구를 떠안은 채 자급자족 능력이 없던 도시의 서민 경제에 치명적인 타격을 주게 된다. 이러한 악순환 때문에 결국 유럽의 도시들은 16세기부터 본격적인 대규모 도시 빈민 문제에 시달리게 되는데, 이에 대한 당대의 기록들을 두 개 살펴보자.

1528년 베네치아의 기근에 대하여 사누도(Sanudo)라는 상인의 일기에서: "1528년 2월 20일, 나는 오늘 이 도시의 기근 문제를 보여 주는 참혹한 일에 관하여 적는다. 도시에 항상 있었던 빈민들은 둘째 치고, 최근 부라노(Burano)에서 누더기만 걸친 빈민들이 떼거리로 몰려와 길거리에서 구걸을 하고 있다. 그들 대부분은 비첸차(Vicenza)와 브레시아(Brescia) 지방 출신인데, 이들 수가 어찌나 많은지 교회에서 예배 한 번 열릴 때마다 중간에 거지들이 적선을 부탁하는 일이 적어도 열 번은 족히 있고, 가게에서 무언가 구입하려고 지갑을 열 때마다 누군가 와서 구걸하는 것을 피할 수 없을 정도이다. 저녁 늦게는 이들이 집집마다 떼로 돌아다니며 구걸을 하며, "나 굶어 죽고 있소!"라는 호소가 안 들리는 길거리가 없을 정도임에도 불구하고, 정부에서는 아무런 조치도 취하지 않고 있다."

같은 해 4월, 소설가 루이지 다 포르토(Luigi Da Porto): 『로미오와 줄리엣』 원작 소설의 저자)의 빈첸자 시에서의 기록: "200명에게 기부를 하면 그 갑절의 숫자가 또 몰려들고, 거리나 광장, 교회에서 거지들 떼거리가 몰려오는 일 없이 걸어 다닐 수가 없을 지경이다. 눈이 마치 보석 안 달린 반지처럼 퀭한 그들의 얼굴에는 배고픔 자체가 쓰여 있고, 그들의 신체는 오직 뼈의 형상만이 남아 있을 뿐이다." 이러한 도시 빈곤의 폭발적인 증가는 당대 지식인들에 의해 지배적인 기독교 철학 자체와 연관된 문제로 연결되었다. 즉 자선을 통한 이웃 사랑이 핵심적인 요소 중 하나인 기독교 사회에서 어떻게 이러한 참극이 일어날 수 있느냐는 것이다. 이렇게 배고픈 사람들이 넘쳐 나는 상황에 어찌 교회와 국가는 기독교인의 의무를 설파하고, 상류층은 신대륙 부의 유입과 제조업의 발달로 낭비와 사치를 누릴 수 있는 것인가? 이러한 철학적 문제는 빈곤이 불러온 사회 불안과 더불어 국가적인 조치를 취함에까지 이르러, 1522년 뉘른베르크의 빈곤법을 시작으로 하여 1540년대까지 점차 유럽의 대도시들은 하나둘씩 빈곤과 관련된 법안들을 통과시키게 되었다. 그러나 국가적 차원의 조치라고 할지언정 이러한 해결 시도는 도시 빈곤의 근본적인 해소와는 거리가 멀었다. 해결 방안이라고 도입한 빈민 구제소의 유랑 생활보다 열악한 시설과 노예제에 가까운 빈민들의 착취는 둘째 치고, 근본적으로 위정자들의 도시 빈민 문제에 대한 생각은 나태의 문제 수준을 벗어나지 못했다는 것이 문제였다.

당장 어떤 빈민이라고 노동을 해서 생계를 꾸릴 수 있었다면 노동을 하지 않겠는가만, 16세기 유럽의 도시 빈곤은 본질적으로 앞에 언급한 '인구 과잉과 그에 못 따라가는 도시 경제'의 문제와 직결되어 있었다. 즉 식량비와 생활비는 폭등하는데 도시 노동자들의 임금은 오르지 않으니 멀쩡한 직업을 가지고 있었던 사람들도 하는 수 없이 유랑을 하게 되는 현상이 팽배했던 것이다. 단적인 예로 1500년에 비해 1600년에 들어서는 빵 값이 독일계 국가들에서는 2배, 오스트리아와 북부 네덜란드에서는 3배, 남부 네덜란드(현재 벨기에), 에스파냐, 잉글랜드, 폴란드에서는 4배, 프랑스에서는 무려 6.5배 폭등하는 현상이 이어졌던 것이다. 결국 당대 도시 빈곤은 식량비가 폭등하니 돈이 있었던 사람들도 결국 입에 풀칠하는 것이 힘겨워지고, 남는 재화가 없으니 도시의 공산품을 살 돈은 없고, 공산품이 팔리지 않으니 더 많은 도시 인구가 직장을 잃어 빈민으로 전락하고, 먹일 입은 또 더 늘었으니 식량 값은 더 오르는 악순환의 연속이 그 본질이었다. 이러한 현상을 잘 보여 주는 예를 들자면, 100년 사이 인구가 2만 명에서 4만 명으로 증가한 아우크스부르크(Augsburg)에서는 1560년대부터는 건설업에 종사하는 노동자의 임금으로는 3인 가족의 생계를 부양할 수 없었던 것으로 나오며, 스트라스부르(Strasbourg)에서는 15세기 말 평균 임금으로는 50kg의 밀을 벌기 위해 60시간을 노동하면 되던 것이 100년 후에는 200시간 이상으로 증가하는 경이적인 사례가 있었다.

16세기는 유럽 세계의 팽창과 확대로 인해 새로운 부가 유럽으로 대규모 유입되었으나, 유럽 인구 대부분에게는 오히려 전 시대에 비해 사는 것이 훨씬 더 가혹해진 시대였다. 이 문제의 근본에는 새로 유입된 부가 전쟁이나 상류층의 독점, 그리고 경제 체제 자체의 미발달로 인구 대다수에게는 내려가지 않았다는 점이 있었으며, 무엇보다 기존에 있었던 빈곤이 앞의 도시 빈곤 문제처럼 다른 사회적·경제적 요소와 연결되어 더 큰 빈곤을 낳는 악순환이 지속되었다. 16세기의 전근대 유럽에서 자본주의는 아직 제대로 된 발전을 이루지 않았지만, 자본주의 사회에서 우리가 흔히 보는 문제들은 이미 충분히 사회 전반에 확산되어 있었던 것이다.

6. 당시의 상황을 인식하면서 당장에 자본주의라는 용어를 만들어 낸 것은 아니지만, 당대 사람들 역시 무슨 일이 벌어지고 있는지 의식하고 있었다. 예를 들어 래브(2008b)가 지적했듯이, "자신이 살고 있던 사회가 직면한 주요 사안이라면 거의 빠뜨리지 않고 논평을 했던 셰익스피어가 그 단어가 아직 발명되기도 전이지만 자본주의 관한 희곡(베네치아의 상인)을 썼고 그 배경으로 자본주의 핵심적 발상지인 베네치아를 삼았다는 것은 놀랄 일도 아니다"(pp.94~95).

7. 국가 단위의 시장에서 생산자는 소비자의 규모를 예상하면서 작물이나 상품을 생산하는 것이 아니며, 소비자 역시 생산자에 대한 의식 없이 단지 시장에 공급된 상품을 구입할 뿐이다. 그 결과 시장의 규모와 영역이 확대되면서 국가 단위의 상품 경제는 더욱 대규모화되고, 이는 다시 영토 국가라는 새로운 통치 단위의 안정에 기여하게 된다.

8. 시오노 나나미(2013)에 의하면, 도시 국가의 1인당 생산성은 대단히 높아서, 인구가 10만~20만 명 미만인 베네치아 공화국의 세입은 인구 1600만 명의 터키의 그것과 거의 같았고, 한때는 프랑스나 잉글랜드의 국왕들이 피렌체 은행으로부터 융자를 받지 않고서는 전쟁 하나 치러 낼 수 없을 정도였다고 한다.

9. 16세기 서유럽을 이해하자면 이탈리아를 두고 끊임없이 벌어졌던 프랑스와 에

스파냐 사이의 전쟁을 이해하는 것이 필수적이다. 월러스틴(2006)에 의하면 "북부 이탈리아의 도시 국가들은 중세 말기에 유럽 대륙에서 공업과 상업과 같은 경제활동이 가장 '앞서 있던' 중심지들이었다. 이 도시 국가들이 이제 더 이상 원거리 무역을 독점하지는 않았을지라도 그들은 축적된 자본과 경험으로 볼 때 여전히 강력했고, 따라서 세계 제국이 되기를 원하는 세력은 그들에 대한 지배권을 확보할 필요가 있었다." 또한 이러한 경제적 동기 이외에도 로마 황제로부터 부여되는 정치적·상징적 권위를 얻기 위한 측면도 무시할 수 없었을 것이다.

10. 1555년 프랑스의 원조를 받는 루터파 제후들과 자유도시, 그리고 카를 5세의 신성로마제국 사이에 맺어진 조약으로 "군주의 종교가 그 지방을 지배한다."라는 이 한마디로 조약의 성격을 알 수 있다. 지배자나 자유도시가 루터주의를 결정한다면 모든 인민은 루터파가 되어야 했고, 마찬가지로 가톨릭 국가들에서는 모두가 가톨릭교도가 되어야 했다(파머·콜튼, pp.108~109). 결국 종교상으로는 프로테스탄티즘의 대승리임에 분명하나, 독일의 정치와 헌정 문제에서는 더욱 분립적인 국가들의 모자이크로 독일이 해체되는 하나의 계기가 되었다.

11. 남부 독일 뉘른베르크(Nürnberg)의 사례를 통해 16세기 문화 혁명의 한 단면을 엿볼 수 있다. 뉘른베르크는 15세기 말에서 16세기에 걸쳐 관측에 근거한 천문학의 발상지였다. 또한 코페르니쿠스(Copernicus)와 티고 브라헤(Tycho Brahe)의 천문학 혁명, 나아가 근대 자연과학의 등장을 선도했다는 점에서 뉘른베르크는 특별한 비중을 지니는 곳이다. 그 발단은 레기오몬타누스(Regiomontanus)가 뉘른베르크를 천체 관측 기지로 삼은 것에서 출발한다. 이렇게 해서 뉘른베르크와 그 인근의 잉골슈타트(Ingolstadt) 및 아우크스부르크(Augsburg)에서는 천체 관측을 위한 장치, 항해와 측량을 위한 기기, 그리고 지도와 지구의 제작에 종사하는 이른바 수리기능인(mathematical practitioner)을 배출하였다. 현존하는 가장 오래된 지구의 제작자 마르틴 베하임(Martin Behaim) 역시 16세기 뉘른베르크를 대표하는 수리기능인 중 한 명인 것이다. 최고의 수학과 천문학 지식을 터득한 이들은 직인 작업에 대한 이해와 관심을 가지고 있었을 뿐 아니라, 스스로 직접 수작업에 종사했던 기술자들이었다. 그들의 활동 또는 그들과 직인 사이에 이루

어진 협동 작업은 전혀 새로운 연구 방식을 낳았고, 당시까지 아직 등장하지 않았던 학문 영역을 개척했던 것이다(야마모토, 2010, pp.503~509).

12. 포르톨라노 지도는 13세기 말부터 등장한 지중해 중심의 해도(海圖)이다. 주로 벨렘이라고 부르는 무두질한 동물(대개 양) 가죽에 그려진 전형적인 포르톨라노 지도는 서쪽을 향해 점점 좁아지는 동물의 목 쪽에는 지중해의 대서양 쪽이, 반대편에는 동지중해 쪽이 그려져 있다. Wallis and Robinson(1987)은 포르톨라노 지도의 특징을 4가지로 요약했다. ① 작은 원의 원주에서 출발해 서로 교차하는 항정선 망이 자세히 그려져 있다. ② 해안의 지명은 세밀한 해안선과 서로 겹치지 않도록 항상 내륙 쪽으로 해안에 대해 직각 방향으로 쓰여 있다. ③ 색상으로 분류된 지명과 풍향인데, 좀 더 중요한 지명은 적색으로 표시하여 검은색으로 된 덜 중요한 주변의 지명과 차별화했다. ④ 지도의 가시성을 위해 기능적 일반화를 시도했는데, 불규칙한 해안선 중에서 미세한 것은 없애고, 만과 곶은 과장했으며, 암초나 모래톱은 가위표나 점 부호를 사용했다.

13. 프라 마우로의 세계지도 원도는 아마도 리스본(Lisbon) 대화재 때 소실되었을 것이며, 현재 베네치아의 산마르코(San Marco) 국립도서관에 소장된 것은 마우로가 자기 주변에 남긴 복제본일 것으로 보고 있다. 복제본이라고 해도 가로 196cm, 세로 193cm나 되는 거대하고 거의 정사각형에 가까운 도폭의 내접원 안에 그려진 화려한 원형 지도이다.

14. 1502년에 제작된 칸티노 세계지도는 포르투갈의 인도 항로 발견(1498년)에 대한 이탈리아 도시 국가들의 두려움에서 비롯되었다고 한다. 이탈리아 북부 페라라(Ferrara) 시의 공작(에스테가)은 칸티노라는 스파이를 포르투갈 궁정에 잠입시켜 그곳 지도사로부터 한 장의 지도를 제작해 가져오게 하였다. 그후 1598년 페라라 시가 로마 교황령으로 편입되자 에스테가는 이웃 모데나(Modena)로 옮기면서 이 지도를 가져갔을 것으로 보고 있다. 1859년 시민 폭동으로 궁전에서 유출되었고 다행히도 1868년 정육점의 천막으로 사용되고 있던 것을 에스텐세 도서관의 관장이 발견하여 현재 모데나 시의 에스텐세(Estense) 도서관에 소장

1569년 메르카토르 세계지도의 인문학

되어 있다. 이 지도는 세로 105cm, 가로 200cm 크기의 장방형 세계지도인데, 당시에 거의 사용하지 않던 원통 도법으로 그려진 것이 특징이다.

15. 토르데시야스 조약은 에스파냐와 포르투갈 간의 영토 분쟁을 해결하기 위해 로마 교황의 중재로 1494년 6월 7일 에스파냐의 토르데시야스에서 맺은 조약이다. 카보베르데(Cabo Verde) 섬 서쪽 서경 43°37′ 지점을 기준으로 남북 방향으로 일직선으로 그어 경계선의 동쪽은 모두 포르투갈이, 서쪽의 아메리카 지역은 에스파냐가 차지하기로 하였다. 본래 1년 전인 1493년에 에스파냐가 일방적으로 선언했는데, 당시 로마 교황청이 에스파냐의 영향력 아래 있었기 때문에 이 선언이 가능했던 것이다. 이는 포르투갈더러 브라질에서 철수하라고 하는 것과 마찬가지였다. 포르투갈이 이에 항의했고, 로마 교황의 중재로 약 1년여의 협상 과정을 거쳐 최종 합의되었다.

16. 로렌(Lorraine) 공국은 중세부터 북쪽 발트 해와 남쪽 지중해를 잇고, 동쪽 이탈리아와 서쪽 저지 국가 시장을 잇는 교역로의 중심축에 있었다. 르네 2세는 자신의 영지 내 도시인 생디에(Saint Dié)에 세워진 '김나지움 보자겐스' 인문학교에 인쇄소를 세우고 지도 제작 프로젝트를 추진하였다. 생디에에서 얼마 떨어지지 않은 스트라스부르는 당시 북유럽 최대 인쇄 중심지였다. 여기에서 초빙된 마르틴 발트제뮐러(Martin Waldseemüller)는 1507년 마티아스 링만(Matthias Ringmann)과 함께 세계지도를 만들었는데, 이 지도에 새로 발견된 대륙을 아메리고 베스푸치(Amerigo Vespucci)의 이름을 따 아메리카(America)로 표시했다. 결국 이 지도가 아메리카의 출생증명서라고 과장되게 소개되면서 2003년 미국의 회도서관이 1000만 달러에 구입하였다.

미국의회도서관은 지도 매입 사유를 적으면서, 지도 제작 역사와 미국 역사에서 이 지도가 갖는 중요성을 다음과 같이 나열했다(브로턴, 2014, pp.222~224, 238~239).

1. 크리스토퍼 콜럼버스가 1492년에 신대륙을 발견하고 마르틴 발트제뮐러가 그곳을 '아메리카'라고 명명한 뒤로, 이 지도는 '아메리카'가 쓰인 최초의 사례로 알려져 있다.

2. 마르틴 발트제뮐러가 제작한 목판 인쇄 지도 가운데 유일하게 현존하는 지도
   이며, 제작 시기는 1507년으로 추정된다.

3. 그전까지 '미지의 땅(terra incognita)'이라고 불린 신대륙에 마르틴 발트제뮐러
   가 '아메리카'라는 이름을 붙여, 이 대륙에 역사적 정체성을 부여했다.

4. 이에 따라 마르틴 발트제뮐러의 지도는 미국인의 역사에서 가장 중요한 자료
   로 꼽힌다.

17. '르네상스'는 일반적으로 14세기 프란체스코 페트라르카(Francesco Petrarca)로
부터 시작되어 16세기 후안 루이스 비베스(Juan Luis Vives)나 저지 국가의 에라
스뮈스(Erasmus) 등 코스모폴리탄적 인문주의자들로 이어진 고전 문예 부흥 운
동을 가리킨다. 르네상스는 문화사의 거대한 흐름이며, 종교 개혁과 함께 유럽
이 중세에서 탈각해 가는 중요한 계기의 하나임에 분명하다. 하지만 르네상스
는 인문학의 부흥에 그치지 않고 선진적 미술가들의 건축이나 회화에도 영향을
주었다. 또한 직인 기술자, 예술가, 상인, 선원, 군인 들에 의해 축적된 경험과 실
천적 지식이 아카데미즘의 사변적 지식과 결합하면서 엄밀한 의미의 연역적 과
학은 아니지만 근대 기술이 체계적으로 정리되는 변혁을 맞게 된다. 즉 보카치
오(Boccaccio)나 라파엘로(Raffaello)가 활동한 14~15세기의 르네상스와 갈릴레오
(Galileo)나 뉴턴(Newton)으로 대표되는 17세기 과학 혁명 사이에 골짜기처럼 보
이는 16세기에는, 장인들의 지식이 체계화되는 과학 혁명의 전 단계가 분명하
게 존재한다는 것이다. 이들에 의해 일구어진 독특한 문화적 변혁을 야마모토
요시타카(2010)는 '16세기 문화 혁명'이라는 이름으로 구분지었다. 이 시기에는
그야말로 별처럼 빛나는 천재의 이름은 보이지 않는다. 하지만 17세기를 준비하
는 지식 세계의 지각 변동, 다시 말해 '16세기 문화 혁명'이 진행되고 있었던 것
이다.

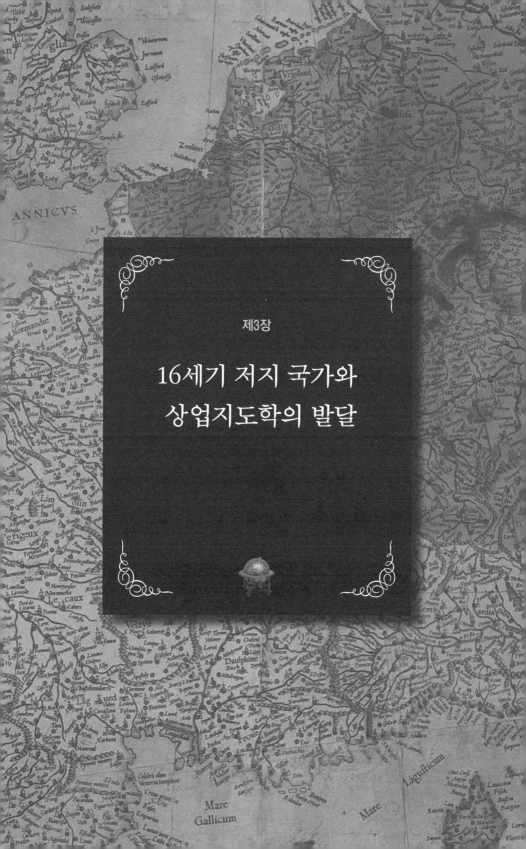

제3장

16세기 저지 국가와
상업지도학의 발달

16세기 저지 국가: 브뤼헐의 그림 3점

이제 공간적 범위를 좁혀 16세기 저지 국가로 가 보자. 16세기 저지 국가를 이해하는 방법은 다양할 것이다. 이 절에서는 메르카토르와 거의 같은 시기를, 그것도 지근거리에 있던 안트베르펜과 브뤼셀에서 생을 보낸 저지 국가의 거장 피터르 브뤼헐(Pieter Bruegel)■1의 그림 3점을 통해 당시 정치·사회·문화적 배경을 알아보고 이를 상업지도학의 발달과 연계시켜 그 윤곽을 이해해 보려 한다.

16세기 저지 국가의 화가 브뤼헐에 대한 평가는 다양하다. 농촌 풍경과 농민의 일상생활을 사실적으로 그려 낸 농민 화가라는 초기 평가부터, 어두운 심연과 불가해한 생존의 문제를 풀어 나가면서 신비 철학을 시각적으로 현실화한 '상징적 사실주의' 화가라는 평가에 이르기까지 천차만별이다(Orenstein, 2001; 기브슨, 2007; 알레그레티 외, 2010; Silver, 2011). 브뤼헐의 출생 연도는 불분명하지만 대략 1525년에서 1530년 사이이고 사망 연도가 1569년이므로 대략 40대 초반에 생을 마감했다고 볼 수 있다. 브라반트(Brabant)에서 태어난 그는 안트베르펜의 미술 공방에서 일을 시작했고, 1552년부터 3~4년간 이탈리아 여행을 마친 후 1555년부터 10여 년간 그의 대표작들을 그렸다. 그는 1563년에 자신의 스승 피터르 쿠커 판 알스트(Pieter Coecke van Aelst)의 딸 마이켄 쿠커와 결혼했고, 그해 안트베르펜에서 브뤼셀로 이주했다(요켈, 2006). 일설에 따르면 메르카토르의 경우와 마찬가지로 종교적 박해가 그 원인이었다고는 하지만, 그보다는 궁정으로부터 더 많은 그림을 의뢰받기 위함이라는 것이 타당한 설명일 것이다(Orenstein, 2001). 그 후 6년이 지난 1569년 브뤼헐은 브뤼셀에서 길지 않은 생을 마감하였다.

브뤼헐의 그림에 대해 이야기할 때, 3명의 중요한 인물들이 등장한다. 첫 번째는 그의 스승이자 나중에 장인이 된 쿠커이다. 쿠커는 16세기 초 플랑드르 미술계를 주도한 대가 중 한 명으로 큰 작업화실을 운영하였고, 그의 부인인 마리 베르휠스트(Mary Verhulst) 역시 당대 유명한 화가였다. 나머지 둘은 히로니뮈스 보스(Hieronymus Bosch)와 히로니뮈스 코크(Hieronymus Cock)인데, 그중 히로니뮈스 보스는 플랑드르 회화에서 가장 복잡하고 독특한 인물 가운데 한 사람이다. 보스는 그로테스크하고 환상적인 인물들과 흉측한 괴물 등 이상한 형상들로 가득 찬 그림을 그렸다. 그는 이같이 변용된 환상을 통해 오래된 속담, 성서나 복음서의 에피소드, 중세의 기이한 이야기, 점성술과 연금술에 대한 믿음을 상징적으로 표현했다(기브슨, 2001; 보싱, 2007). 보스의 사후 그의 이미지는 수많은 추종자와 모방자의 손에 의해 종교성과 교훈성의 깊이는 사라지고 단지 경악을 불러일으키는 기묘한 형태만 전해졌다. 하지만 보스의 그로테스크를 본래의 의미로 회복시킬 수 있었던 이가 바로 피터르 브뤼헐이었다(기브슨, 2007).

한편 히로니뮈스 코크는 당시 저지 국가에서 가장 중요한 출판업자 중 한 명이었는데, 주로 풍경, 지도, 지형학적 판화, 복제된 미술 작품 등을 제작했다. 브뤼헐은 이탈리아 여행에서 돌아와 안트베르펜에서 머물던 1555년부터 1563년까지 코크의 공방 '사방의 바람(Quatre Vents)'에서 거의 40점에 이르는 판화 밑그림을 그렸다. 당시 가장 인기 있는 그림이 바로 히로니뮈스 보스의 것이었기 때문에 코크는 당연히 브뤼헐에게 보스 풍의 그림을 판화로 만들기 위한 밑

GRANDIBVS EXIGVI SVNT PIS

Siet fone dit hebbe ick zeer langhe gheweten / dat die

1569년 메르카토르 세계지도의 인문학

그림 3-1 | 〈큰 물고기는 작은 물고기를 먹는다〉
브뤼헐의 밑그림을 페터르 판 데르 헤이던(Peter van der Heyden)이 판각한 판화. 뉴욕 메트로폴리탄 박물관 소장

그림을 요구했고, 그 결과 자연스럽게 브뤼헐은 보스의 그림 세계에 빠져들 수 있었다. 가장 대표적인 것으로 〈큰 물고기는 작은 물고기를 먹는다〉(1557)■2를 들 수 있는데(그림 3-1), 여기에는 보스의 서명이 그대로 실려 있다. 이는 판화의 판매에 보스의 이름이 도움이 될 것이라는 코크의 판단에서 비롯되었다. 하지만 그 이후 제작된 〈7대 죄〉, 〈7대 미덕〉을 비롯한 나머지 밑그림에는 브뤼헐의 서명이 실려 있다. 이들 작업은 그것 나름의 미술사적 가치가 있을 뿐만 아니라 브뤼헐 자신의 생계를 유지하는 데도 도움이 되었다. 그뿐만 아니라 안정된 생활을 바탕으로 자신에게 최고의 명성을 가져다준 〈네덜란드 속담〉(1559), 〈사육제와 사순절 사이의 싸움〉(1559), 〈아이들의 놀이〉(1560), 〈바벨탑〉(1563) 등이 이 시기에 제작될 수 있었다.

북유럽의 르네상스 정신은 이탈리아의 그것과는 달리 비도덕적이거나 혁신적이라기보다는 경건하고 도덕적이며 보수적인 성향을 갖는데, 브뤼헐의 주제 선정에도 당시 북유럽 인문주의자들과 종교 개혁자들의 영향이 컸다고 평가된다. 16세기 초 플랑드르 지방에서 가장 영향력 있던 사상가는 데시데리위스 에라스뮈스(Desiderius Erasmus, 1466~1536)였으며, 그의 대표적 저서『우신예찬』은 브뤼헐의 작품 주제와 깊은 연관성을 갖는다. 그의 그림은 후반으로 갈수록 주제와 표현이 난해해져, 어떤 작품은 일반인이 해설서 없이 그 그림에 담긴 속뜻을 이해하기란 불가능할 정도이다. 또한 이전에는 드넓은 풍경 속에 작은 형체의 군중이 파묻혀 있었다면, 이제 인물의 크기가 커지고 개성이 들어나게 되었다(하겐·하겐, 2007). 하지만 브뤼헐에 대해서는 이 정도로 끝내고자 한다. 왜냐하면 더 이상 질질 끌어 보아야 필자의 무지만 탄로 날 터이니. 저지 국가 상업지리학의

배경을 설명하기 위해 이 절에서 소개되는 그림은 〈네덜란드 속담〉
(1559), 〈절제: 측량자들〉(1560), 〈영아살해〉(1564) 등 3점인데, 이들
은 브뤼헐의 작품 중에서도 비교적 잘 알려진 것들에 속한다.

브뤼헐의 1559년 작 〈네덜란드 속담〉은 117×163cm 크기의 캔버스
유화로 현재 베를린 국립미술관에 소장되어 있다(그림 3-2). 우측 상
단의 한 소실점을 향한 전형적인 선원근법(線遠近法) 구도를 갖고 있
으며, 조감도 기법을 혼합시켜 화면을 구성했다. 그림의 주제인 속
담은 중세 이후 민중 속을 파고들었고, 16세기 인문주의자들에 의해
사전식 속담집으로 만들어졌다. 특히 에라스뮈스는 중세 유럽과 고
대 로마 시대의 속담을 연구하여 북유럽 지식인들이나 당시 풍속화
가들에게 영향을 주었다. 이 그림에 담긴 속담의 원천은 1500년에
출간된 에라스뮈스의 『격언집』으로, 이 책에는 800여 개의 속담과
격언이 실려 있다(알레그레티 외, 2010). 에라스뮈스의 사상은 에스파
냐의 식민 통치와 종교적 압제하의 고민하는 플랑드르 지식층에게
영향을 주었는데, 브뤼헐 역시 그의 사상을 〈네덜란드 속담〉에서 희
극적인 모습으로 표현하였다. 실제로 브뤼헐의 〈네덜란드 속담〉이
나 〈장님의 우화〉, 그 밖에 여러 작품들에서 볼 수 있는 현실성이 강
하고 사회 비판적 성격의 주제는 에라스뮈스의 사상과 쉽게 연결된
다. 실제로 에라스뮈스는 악덕에 반항했고, 맹목적 신앙과 사치스
런 종교에 반기를 들었으며, 겸손과 청빈한 생활을 유도했다.
　이제 그림 속을 들여다보자. 이 그림은 성곽에 둘러싸인 전형적인
저지 국가 농촌 중심지의 모습을 담고 있는데, 성곽, 다락방이 있
는 주막집, 마구간, 판잣집, 집 앞의 작은 뜰 등 희로애락의 인간사

1569년 메르카토르 세계지도의 인문학

그림 3-2 | 〈네덜란드 속담〉
독일 베를린 국립박물관 소장

그림 3-3 | 〈네덜란드 속담〉 작은 그림 ❶, ❷, ❸, ❹

가 파노라마처럼 펼쳐져 있다(기브슨, 2007). 이 그림에는 100여 명
의 등장인물과 100여 가지의 속담이 펼쳐져 있는데, 이 책의 주제와
관련해 유독 눈길을 끄는 것은 이 그림에서 지구의를 4개나 볼 수 있
다는 사실이다. 그림의 왼편 중앙에는 십자가가 거꾸로 매달린 지구
의가 벽에 걸려 있다. 상하가 뒤바뀐 지구의는 선과 악이 뒤바뀐 도

1569년 메르카토르 세계지도의 인문학

치된 현실과 그에 관련된 인간의 어리석음을 나타낸 것이며, 지구의에 대고 변을 보고 있는 사람 역시 마찬가지 사실을 말해 주고 있다(그림 3-3-1). 이외에 나머지 지구의 3개는 모두 하단 중앙에서 약간 오른편으로 치우진 곳에 나타난다. 위로부터 보면 지구의를 들고 있는 예수와 그 얼굴에 가짜 수염을 붙이면서 예수에게 무릎을 꿇고 아부하는 수도사가 서로 마주하고 있는데(그림 3-3-2), 이는 당시 저지 국가의 부패한 사회상을 비유하고 있다. 그 아래에는 엄지손가락 위에 지구의를 올려놓고 서 있는 이가 있다(그림 3-3-3). 이는 '세상을 엄지손가락 끝에 올려놓고 돌려댄다'는 의미로, 마음대로 세상을 조종하는 사람을 빗댄 것이다. 가장 아래쪽 지구의에는 무릎을 꿇은 사내가 지구의 속으로 기어 들어가고 있다(그림 3-3-4). 이는 '출세하려면 비굴해져야 한다'는 의미의 그림으로, 야심을 품은 사람은 속임수를 쓰고 나쁜 짓을 예사로 해야만 한다는 것이다.

당시 안트베르펜은 저지 국가 최대의 상업 도시인 동시에 대서양 횡단 무역을 통해 유럽에서 최고의 번영을 구가하던 도시였으며, 헤마 프리시위스(Gemma Frisius)와 메르카토르의 영향을 받아 지구의 제작의 메카였다. 안트베르펜으로 상징되는 저지 국가의 번성과 엄청난 부에도 불구하고, 지구의가 이처럼 농촌 장바닥에 마구 굴러다니던 물건은 아니었을 것이다. 왜냐하면 지구의는 신대륙 항해를 위한 최첨단 정보가 담겨 있는 고가의 물건이었기 때문이다. 하지만 이처럼 지구의가 흔하게 등장하는 이유는 지구의가 은유하는 부, 신세계, 귀족 등과 같은 형식적 선 속에 감추어진 도덕적 타락이나 욕심과 같은 악을 나타내기 위한 소도구로 활용했던 것으로 볼 수 있다.

메르카토르는 이러한 관심과 수요을 바탕으로 당대 최고의 지구의를 제작해 자신의 가업과 생계를 유지했으며, 본격적인 상업지도학의 길을 열었던 것이다. 메르카토르가 지구의 제작에 처음으로 참여한 것은 1536년의 일로, 당시는 자신의 스승 헤마 프리시위스의 지구의 제작에 판각사로 참여하였다. 그로부터 5년 후인 1541년에 처음으로 자신의 지구의를 만들었다. 여기서 주목할 사항은 메르카토르가 항정선의 개념을 알고 있었고, 그것을 고어(gore)■3에 인쇄하여 자신의 지구의에 나타냈다는 사실이다. 그의 지구의는 항해용으로 사용될 정도로 견고하고 북방 해역에 대한 정보도 뛰어나, 잉글랜드의 북방항로 개척 때에도 유용하게 이용되었다. 지도역사학자 캐로(Karrow, 1993)에 의하면, 이 항해용 지구의는 이런 유형으로는 최초의 것으로 1541년부터 1584년까지 만들어진 것 중에서 현재 16개가 남아 있어 그 성공적인 제작과 견고성을 입증해 준다.

두 번째 그림은 브뤼헐의 1560년작 〈절제: 측량자들〉(그림 3-4)인데, 이 그림은 1556~1558년 사이에 만들어진 〈7대 죄〉 연작 시리즈에 이어 1559~1560년 사이에 만들어진 〈7대 미덕〉 연작 시리즈 중 하나이다. 〈7대 죄〉의 경우 각 화면은 여성상으로 의인화된 '죄'가 중심에 자리 잡고, 각각의 죄는 죄의 예와 그 결과를 보여 주는 지옥 같은 광경으로 둘러싸여 있다. 〈7대 미덕〉 역시 그 구성은 〈7대 죄〉의 그것과 마찬가지인데, 여성으로 의인화된 각각의 미덕은 그 미덕과 관련된 다양한 행위들로 둘러싸여 있다(기브슨, 2007). 그림 속 정중앙에 '절제'를 상징하는 여성이 그려져 있는데, 무엇보다도 머리에 이고 있는 기계 시계가 돋보인다. 이는 당시 수량 측정 도구 중에서 가장 대표적인 것으로, 이 여성이 발로 밟고 있는 풍차와 더불어 유럽의 기계 및 역학 기술의 발달을 상징적으로 보여 주고 있다. 오른손에 들린 고삐는 절제를, 왼손에 들고 있는 안경은 현명함을 의미한다고 한다(크로스비, 2005). 브뤼헐이 그린 밑그림의 크기는 22.5×29.5cm인데, 이 밑그림과 함께 필립스 갈레(Philips Galle)가 판각한 판화가 로테르담(Rotterdam)에 있는 보에이만스 판 뵈닝언 박물관(Museum Boijmans van Beuningen)에 소장되어 있다(Orenstein, 2001). 그림 하단에 쓰여 있는 라틴 어는 이 그림의 주제인 절제를 적절하게 표현하고 있는데, 이를 영어와 우리글로 옮기면 다음과 같다.

"We must look to it that, in the devotion to sensual pleasures, we do no become wasteful and luxuriant, but also that we do not, because of miserly greed, live in filth and ignorance."(감각적 쾌락에 빠져 낭비하거나 사치를 해서는 안 되며, 추악한 욕심 때문에 타락해서도, 무지해서도 안 됨을 직시해야 한다.)

자세히 살펴보면, 이 그림 역시 〈네덜란드 속담〉과 마찬가지로 르네상스 시대의 원근법이 표방하는 가장 우선적인 지시, 즉 그림은 기하학적인 일관성을 가져야 하며 시점은 하나뿐이어야 한다는 지시를 어기고 있다. 다시 말해 개별 그림들이 마치 옴니버스 식으로 전개되어 있다. 하지만 그 내용들 간에는 어떤 연계, 즉 주제에 있어 일관성을 찾아볼 수 있다. 그림 상단 중앙에는 달과 인근 별 사이의 각거리를 재고 있거나 지구 위 두 지점 간의 거리를 재고 있는 천문학자가 있으며, 그 오른쪽에는 나침반, 직각자 등 다양한 측량 기구가 펼쳐져 있다. 그 오른편에는 머스킷 소총, 석궁, 대포 등이 그

VIDENDVM, VT NEC VOLVPTATI DEDITI
APPAREAMVS, NEC AVARA TENACITATI SO

1569년 메르카토르 세계지도의 인문학

DIGI ET LVXVRIOSI
AVT OB·CVRI EXISTAMVS

그림 3-4 | 〈절제: 측량자들〉 네덜란드 로
테르담 보에이만스 판 뵈닝언 박물관 소장

려져 있는데, 이는 당시 종교 전쟁과 관련해 유럽 전역에서 펼쳐지고 있는 전쟁을 상징하고 있다. 이 당시부터 보병은 단순히 수량 개념으로 취급되어 자동 기계와 같이 기능하도록 훈련을 받았다. 당대 정치이론가이자 군사전문가이기도 했던 마키아벨리(N. Machiavelli)는 "음악에 박자를 맞추는 남자라면 춤출 때 스텝을 잘못 밟을 리 없다. 그와 마찬가지로 북장단을 제대로 따르는 군대는 규율이 쉽사리 흩어지지 않는다."라고 주장했다고 한다. 오른편 중앙과 하단에는 '성서를 놓고 토론하는 사람들'과 '선생님을 둘러싸고 글 읽는 법을 배우는 학생들'이 그려져 있고, 왼편 하단에는 '온통 무언가 계산하는 사람들', 그리고 그 위에는 '오르간을 연구하고 악보를 보며 노래하는 사람들'이 그려져 있다(크로스비, 2005). 이 모두는 기독교 세계관에서 벗어나 무언가 헤아리고, 계산하고, 측정하고, 비판하는 등등, 측정 가능한 모든 것을 측정하려는 당시의 시대적 분위기를 나타낸 것으로 볼 수 있다.

앞서 이야기했듯이 메르카토르가 당대 최고의 지도 제작자와 지도학자 반열에 오르는 데 결정적인 역할은 한 이는 그의 스승 헤마 프리시위스이다. 루뱅(Louvain) 대학 교수였던 프리시위스는 뛰어난 수학자이자 우주지(誌)학자(Cosmographer)였다. 그는 10대를 막 벗어나려던 1529년에 학생 신분으로, 카를 5세의 개인 교사였던 독일 학자 페터 아피안(Peter Apian, 1495~1552)이 발간한 『우주지』의 수정판을 독자적으로 발간했을 정도로 뛰어난 학자였다. 이 책은 그 후 80년 동안 약 30개 판본이 등장할 정도로 세계 지리에 관한 한 가장 권위 있는 책으로서 인정받았다. 프리시위스는 당시 최대의 수학적 관심사 중 하나인 지도와 지구의 제작에 관여했다. 또한 삼각측량법을 최초로 고안해 지도 제작에 실용화했고, 정밀 시계를 이용한 경도 계산법을 최초로 제시한 이 역시 메르카토르의 스승인 헤마 프리시위스였던 것이다(테일러, 2007). 물론 메르카토르가 1569년 세계지도의 제작 당시 수학적 해석을 바탕으로 위선 간격을 결정했는지는 논란의 여지가 있지만, 당대 최고의 수학자 밑에서 교육을 받은 메르카토르가 수량화라는 시대적 조류와 결코 무관하지 않았을 것임은 자명한 일이다. 결국 메르카토르의 1569년 세계지도는 그것이 제작된 지 30년 만인 1599년에 잉글랜드 과학자 에드워드 라이트(Edward Wright)에 의해 수학적 원리가 밝혀졌다.

세 번째 그림은 일반적으로 1564년경에 그려진 것으로 알려진 〈영아살해〉인데, 실제로 서명이나 날짜가 없어 제작 연대나 위작 여부에 관심이 모아졌던 작품이다(그림 3-5). 이 그림은 109×157cm 크기의 캔버스 유화로 영국의 햄프턴 궁전(Hampton Court Palace)에 있는 작품인데, 여러 번의 수정, 덧칠 과정에서 아이의 모습은 지워졌거나 병사들이 약탈해 땅바닥에 내던져지는 자루로 바뀌었다. 그 결과 햄프턴 궁전의 작품이 한때 모작일 것으로 추측되어 빈(Wien)의 문화역사박물관(Kunsthistorisches Museum)에 소장된 작품 사이에 진품 시비가 계속되었다. 하지만 그로스만의 방사선 검사 이후 햄프턴 궁전의 작품을 진품으로 인정하는 추세이다(알레그레티 외, 2010). 이 그림은 아기 예수 탄생 소식을 들은 헤롯 왕이 베들레헴 일대의 두 살 이하 사내아이를 없애도록 지시했다는 성서의 내용을 담고 있다고 한다. 하지만 그것은 어디까지나 명분일 뿐이며, 실제로 이 작품은 저지 국가를 기습적으로 침략한 알바(Alva) 공작에 저항하는 플랑드르 마을

1569년 메르카토르 세계지도의 인문학

그림 3-5 | 〈영아살해〉 오스트
리아 빈 문화역사박물관 소장

의 모습을 보여 준다고 해석되고 있다. 즉 중앙 기사단 앞에 검은 옷을 입고 있는 인물이 바로 1567년 저지 국가를 침입한 에스파냐의 알바 공이라는 것이다. 하지만 이런 해석에는 한 가지 문제점이 있다.

1566년 저지 국가에서는 칼뱅파의 프로테스탄트들이 가톨릭교회의 성상(聖像)을 파괴하는 일을 자행하였다. 이를 반란으로 여긴 펠리페 2세(Felipe II)는 무자비하기로 악명 높은 알바 공을 사령관으로 임명하고 저지 국가로 군대를 급파했다. 펠리페 2세는 "이단에 대한 박해를 그만두느니 10만 명의 목숨을 희생시키는 것이 낫다."라고 했을 만큼 독실한 가톨릭교도였으며, 그에게 프로테스탄트는 종교적 대립자일 뿐만 아니라 정치적 위협 세력이기도 했다. 저지 국가에 도착한 알바 공은 반란을 진압하는 과정에서 무려 1,000명이 넘는 현지인들을 사형에 처했고, 이러한 무자비함이 반란과 그로부터 8년간의 전쟁으로 이어졌다. 이 전쟁을 계기로 가톨릭의 남부와 프로테스탄트의 북부로 분할되었고, 프로테스탄트인 북부는 네덜란드 공화국이 되어 에스파냐로부터 독립하였다. 따라서 이 그림에 대한 기존의 해석은 펠리페 2세가 저지 국가의 폭동을 잠재우고자 파견한 알바 공의 만행을 예수 탄생 소식을 듣고 영아를 살해한 헤롯 왕 군대에 비견해 그려 놓은 것이라는 것이다(Silver, 2011). 하지만 이 역사적 사건(1567년)과 제작 연대(1564년) 사이의 불일치는 이러한 해석에 의문을 던지고 있다.

메르카토르는 젊은 시절 안트베르펜에서 프란시스쿠스 모나휘스(Franciscus Monachus, 1490~1565)와의 만남과 메헬런(Mechelen)에서 프란체스코 목회자들과의 교신 등이 빌미가 되어, 루터파 신자로 여겨지는 다른 42명과 함께 1543년 2월에 검거되었다. 그는 자신이 태어난 뤼펠몬데 마을의 성채에 있던 감옥에서 무려 7개월간 감금되어 있었지만, 친구들, 동료들, 그리고 지방 수도사들의 항의로 석방될 수 있었다(몬모니어, 2006). 그러나 함께 체포된 사람들 가운데 2명은 화형에 처해졌고, 2명은 산 채로 생매장되었으며, 1명은 참수형에 처해졌다. 이런 일이 있은 후 1552년에 메르카토르는 자신의 고향이나 마찬가지인 루뱅을 떠나 윌리히·클레베·베르크 공국령에 있는 뒤스부르크(Duisburg)로 이주했다. 메르카토르의 종교관은 표면적으로는 가톨릭이지만 내면적으로는 프로테스탄트였으리라는 것이 대체적인 생각이다. 하지만 메르카토르는 개혁의 필요성을 인정하면서도 개인의 종교는 사적 영역이라는 종교 개혁 이전의 확신을 가지고 있던 '영적인 사람'■4이라는 주장도 있다(브로턴, 2014). 메르카토르 종교관의 실제가 어떠하든 그는 이단으로 몰려 생명의 위협을 받았고, 윌리히·클레베·베르크 공국의 윌리엄 공작이 뒤스부르크에 세울 새로운 대학의 우주지 교수로 초청한 것을 계기로 종교적으로 비교적 자유로운 뒤스부르크로 이주했던 것이다(Crane, 2002).

브뤼헐의 그림 3점이 총체적인 측면에서 16세기 저지 국가의 진면목을 제대로 보여 주고 있다고는 확언할 수 없다. 하지만 이들 그림에 담겨 있는 상징들만으로도 이 시대를 주도하고 있는 상업화, 수량화, 과학화의 흐름을 충분히 유추해 낼 수 있다. 유럽의 세계화를 주도한 지리상의 대발견, 해외 탐험, 식민지 개척, 이 모두를 하나의 상징으로 보여 주는 지구의는 16세기 들어 수요가 늘어나면서 하나의 산업으로까지 발달하였다. 또한 계량화라는 문화적·사회적 요구는 이제 거스를 수 없는 대세가 되면서 사회 전반 모든 요소에 영향을 미쳐 결국 과학 혁명으로까지 이어졌다. 게다가 종교 개혁과 반종교 개혁의 폭풍이 에스파냐 합스부르크 제국이라는 독특한 정치 체제와 결합하면서 유럽을 전쟁의 광란으로 몰아갔다. 브뤼헐의 이 3가지 그림은 메르카토르로 하여금 당시 순수 학문적 논의에 머물던 지도학을 수량화, 과학화, 상업화로 내닫게 한 사회·문화적 배경을 설명해 주고 있다. 이러한 배경 속에서 메르카토르는 당대 최고의 지구의를 제작하면서 생계를 꾸려 나갔고, 지도 제작을 하나의 기업으로 발전시켰으며, 종교 재판의 화를 피해 비교적 안전한 도시인 뒤스부르크로 이주하였다. 결국 그는 뒤스부르크에서 당대의 과학적 산물 중 가장 수학적이며 가장 계량적인 자신의 1569년 세계지도를 개발할 수 있었던 것이다.

16세기 상업지도학의 발달

1492년은 인류 역사에서 여러 가지 큰 의미를 지닌 해이다. 카스티야(Castilla) 여왕 이사벨 1세(Isabel I)의 지원하에 콜럼버스가 신대륙을 발견한 것이 바로 이해이며, 또한 보통 가톨릭 부부 왕이라 일컫는 카스티야 여왕 이사벨 1세와 아라곤(Aragón) 왕 페르난도 2세(Fernando II)가 에스파냐 땅으로부터 이슬람 세력을 몰아내고 레콘키스타(Reconquista: 아베리아 반도 지역 탈환을 위해 일어난 기독교도의 국토 회복 운동)를 완성한 해도 1492년이었다. 물론 마르틴 베하임(Martin Behaim)이 만든 현존하는 최고의 지구의 역시 이해에 제작되었다. 하지만 우리

1569년 메르카토르 세계지도의 인문학

의 주제와 관련된 1492년은 이슬람 세력 축출과 함께 대규모의 유대 인 추방령이 실시된 해이다. 유대 인 추방령은 당시 이완된 민심을 수습하고 신앙심 깊은 왕실을 명분으로 정치적 권위를 회복하려는 의도 속에서 시도된 것이지만, 이러한 종교적 단일화 정책 이면에는 경제적 이유가 도사리고 있었다. 다름 아닌 유대 인 재산을 몰수해 전쟁으로 바닥난 국고를 메우기 위한 조치였다. 그뿐만 아니라 콜럼 버스 신항로 탐사에 들어갈 왕실 자금을 마련하기 위한 목적도 한몫 했다(홍익희, 2013).

이때 에스파냐를 떠난 유대 인 중 상당수가 안트베르펜을 비롯한 저지 국가로 이주했다. 추방당할 때 유대 인들은 보석류를 많이 가지고 나왔는데, 왜냐하면 돈이나 금괴의 반출이 법으로 금지되어 있었고 주로 대부업에 종사했던 유대 인들은 담보로 보석류를 많이 가지고 있었기 때문이다. 그 후 유대 인들이 다이아몬드의 가공 및 수출산업에도 뛰어들면서 다이아몬드 시장이 본격적으로 활성화되기 시작했다. 그 전통을 계승한 안트베르펜은 오늘날에도 유럽 최대의 다이아몬드 유통 시장으로 각광을 받고 있다(양철준, 2006). 유대 인이 몰려오기 전 인구 2만 명의 도시에 불과했던 안트베르펜은 1500년에 이르러 인구가 무려 5만 명에 이르게 되었고, 그중 유대 인 인구가 절반을 넘었다고 한다. 안트베르펜의 상인들은 장거리 상선을 갖고 있지 않았으며, 국정은 무역에 관여하는 것이 금지된 은행가-관료 집단으로 구성된 과두제로 운영되었다. 따라서 베네치아, 에스파냐, 포르투갈로부터 몰려든 상인과 무역상들로 도시는 마치 코스모폴리스를 방불케 했고, 따라서 안트베르펜 당국은 대규모의 유대 인 집단에게도 매력적인 관용의 정책을 펼칠 수밖에 없었다.▪5

그림 3-6 | 〈안트베르펜 전경〉

〈그림 3-6〉은 1562년 제작된 〈안트베르펜의 전경〉을 담고 있는 판화이다. 뾰족한 첨탑 위에는 "만인의 신을 찬양하고 포도주를 마셔라. 이 세계는 이 세계에 맡겨라"[6]라는 명문이 새겨져 있는데, 이는 안트베르펜 시민의 관용적이고 세속적인 태도를 잘 표현해 준다(기브슨, 2007).

한편 안트베르펜이 포함된 저지 국가가 부르고뉴 공국→합스부르크가→에스파냐→신성로마제국의 일원으로 편입되어 가는 과정 역시 16세기 안트베르펜의 흥망 및 그것과 관련된 이 장의 주제인 상업지리학을 이해하는 데 도움이 될 것이다.

　오스트리아여! 너는 다른 사람들에게 전쟁을 시키고, 행복한 결혼 생활
을 하라.

　이 말은 여러 가지 의미로 해석될 수 있지만, 무엇보다도 전쟁이
아니라 결혼으로 영토를 넓히는 것이 가장 상책임을 말해 준다. 전
쟁으로 영토를 넓히기보다는 결혼을 통해 대제국을 건설한 예는 여
럿 있겠지만, 16세기 카를 5세의 에스파냐 합스부르크 제국은 그야
말로 결혼과 상속으로 성립된 대제국의 전형이다. 10세기 초반 부
르고뉴 왕국에서 분리되어 프랑스의 공령(公領)이 된 부르고뉴 공령
에는 프랑스 북동 지방뿐만 아니라 현재의 네덜란드와 벨기에에 해
당하는 지역도 포함되어 있었다. 1477년 부르고뉴 공국의 마지막
군주인 샤를 대담공은 스위스 맹약자단의 공격을 받고 로렌(Lorraine)
▪7의 중심 도시 낭시(Nancy)에서 죽음을 맞이하였다. 하지만 그의 딸
마리는 훗날 신성로마제국의 황제로 등극하는 막시밀리안 1세(Maxi-
milian I)와 결혼함으로써 그녀에게 상속되었던 17개 주의 네덜란드
제방(혹은 저지 국가)은 합스부르크가 소유로 돌아갔다.▪8 어쩌면 이
것은 그 크기에 있어 지금까지 다시 한 번 이루어 내지 못한 대제국,
에스파냐 합스부르크 제국의 출발점이었다.
　한편 1479년 결혼한 가톨릭 부부 왕 사이의 아들인 에스파냐의 황
태자 존과 앞서 언급한 막시밀리안 1세의 장녀 마르가리타(Margarita)
가 결혼을 했고, 마찬가지로 부부 왕의 딸인 에스파냐의 왕녀 후아
나(Juana)는 막시밀리안 1세의 장남 펠리페(Felipe) 미남공과 결혼을 했

다. 즉 합스부르크가와 에스파냐가 겹사돈이 된 셈이다. 두 부부 중 후사가 있는 쪽이 두 나라 모두를 상속받는다는 상호 상속 계약이 맺어졌다. 펠리페 미남공과 후아나 사이에는 자식이 있었지만 존과 마르가리타 사이에는 후사가 없었다. 아버지 펠리페 미남공이 28세의 젊은 나이에 사망하자 그의 장남 카를(Karl)이 에스파냐와 합스부르크가를 지배하는 왕이 되었고, 나중에는 신성로마제국의 황제로 등극하였다. 그가 바로 에스파냐 합스부르크 제국의 황제로 등극하는 카를 5세, 즉 에스파냐의 카를로스 1세(Carlos I)이다.

곧이어 마찬가지의 이중 결혼과 상호 상속 계약이 합스부르크가와 헝가리 왕국 사이에도 진행되었다. 이번에도 운 좋게 같은 방식으로 헝가리가 합스부르크가로 병합되었다. 한편 카를 5세는 포르투갈 공주와 결혼을 했는데, 이는 나중에 그의 아들 펠리페 2세가 포르투갈을 합병하는 구실이 되었다. 결국 에스파냐 합스부르크 제국은 절묘한 결혼 정책으로 잉글랜드와 프랑스를 제외한 서유럽을 석권했을 뿐만 아니라, 에스파냐와 포르투갈의 식민지였던 신대륙과 인도양 및 태평양의 많은 섬들을 지배하는 대제국을 건설하였다.

앞서 언급했듯이 이러한 과정에서 저지 국가는 15세기 후반이면 이미 신성로마제국의 영토가 되었다. 그중 플랑드르 지방은 잉글랜드와의 양모 무역으로 번영을 구가하고 있었다. 그 중심에 있던 브루게(Brugge)는 13세기 말부터 시작된 즈윈(Zwin) 하구의 침니(沈泥) 현상으로 15세기 말에 이르러 항구로서의 기능을 완전히 상실하고 말았다. 이를 대신해서 안트베르펜이 이 지역의 새로운 무역 중심지로 떠오르게 되었다(테일러, 2007). 1500년경 안트베르펜은 인구 5만 명의 항구 도시로, 주로 포르투갈 사람들이 동방에서 가져온 물건들

(후추, 계피, 설탕 등)을 남부 독일의 금, 은, 동과 교환하던 장소였다. 그 후 잉글랜드와 포르투갈의 모직물 교역지로, 나중에는 저지 국가들의 리넨과 양모가 수집되고 수출되는 세계적인 교역 도시로 변모하였다. 결국 1560년경에 이르면 서유럽 최대의 교역 도시가 되면서 인구는 무려 10만 명에 달했고, 파리와 이탈리아의 몇몇 대도시를 제외하고는 유럽에서 가장 큰 도시로 성장하였다. 안트베르펜 항구가 에스파냐 황실에 벌어다 주는 이익은 아메리카의 그것에 비해 7배가량 되었을 것이라고 말할 정도였다(Tellier, 2009).

16세기 초·중반 저지 국가에서 상업지도학의 중심지는 안트베르펜이었다(그림 3-7). 안트베르펜은 15세기 초반 이탈리아의 비엔나-클로스터노이부르크(Vienna-Klosterneuburg), 15세기 말 16세기 초 발트제뮐러(Waldseemüller)가 활약했던 보주(Vosges) 산맥에 있던 작은 도시 생디에(Saint-Dié), 16세기 중후반에 걸쳐 제바스티안 뮌스터(Sebastian Münster)로 대표되는 지도학자들이 활약했던 스위스의 바젤(Basel)과 마찬가지로, 아이디어 교환과 교육의 중심지인 동시에 지도학 발달에 큰 영향을 끼쳤던 도시였다(Koeman, et al., 2007). 한편 이 같은 비유는 로마 시대 알렉산드리아(Alexandria)로까지 확대될 수 있을 것이다. 알렉산드리아가 그리스의 지적 유산과 로마의 권력이 결합된 도시이자 아프리카·유럽·아시아를 잇는 세계적인 무역항이었다면, 안트베르펜은 이탈리아의 지적 유산과 에스파냐 합스부르크 제국의 권력이 결합된 도시이자 동방 무역과 연결된 유럽 대륙 횡단 무역과 신대륙과 교역하는 대서양 횡단 무역의 중심지였다는 점에서, 두 도시는 공통점을 지니고 있다. 당시 항해자와 상인들이 전하는 먼 나

흐로닝언

프리슬란트

드렌터

오베레이설

위트레흐트   헬더르

홀란트   쥐트펀

제일란트

안트베르펀 — 브라반트

플랑드르

메헬런   림뷔르흐

아르투아   에노   나뮈르

룩셈부르크

0   60km

그림 3-7 | 저지 국가의 17개 주

라 이야기들은 학자들의 귀를 쫑긋하게 만들었고, 그 이야기들이 정
제되고 모아져 한 권의 책, 한 장의 지도로 바뀌었다. 학자들은 도

1569년 메르카토르 세계지도의 인문학

서관이나 박물관에 모여 생각과 이론을 교환했는데, 이런 점에서 알렉산드리아의 도서관장 프톨레마이오스와 안트베르펜과 저지 국가 최고의 대학인 루뱅 대학에서 활약했던 메르카토르는 또 다른 유사점을 지니고 있다. 또한 이들이 당시 최고의 지적·경제적 가치를 지닌 지리 정보를 다루었다는 점에서 우리에게 시사하는 바가 크다.

한편 판매를 전제로 하는 지도 제작이 가능하려면 부를 바탕으로 한 일정한 수요, 대량 생산이 가능한 인쇄술의 발달, 그리고 편집·판각·제작·판매를 위한 협업이 필요하다. 당시 안트베르펜은 이 모든 것을 갖추고 있었던 인쇄인, 서적 판매상, 판각사, 미술가들의 도시였다. 이들은 개인적으로 공방을 운영하면서 인쇄된 그림, 판화, 서적, 지도 등을 상업적으로 판매하였다. 당시 안트베르펜에서 인쇄업과 관련된 대표적인 인물로 히로니뮈스 코크(Hieronymus Cock), 크리스토프 플랑탱(Christophe Plantin), 아브라함 오르텔리우스(Abraham Ortelius) 3인을 들 수 있다. 히로니뮈스 코크는 자신의 공방에서 판화를 주로 제작, 판매하던 인물로 앞 절에서 브뤼헐을 다루면서 소개한 바 있다. 플랑탱은 주로 서적을 출판, 판매하던 인물로 그의 공방은 사위인 모레튀스(J. Moretus)에 의해 승계되었다. 당시의 공방은 현재 안트베르펜에 플랑탱-모레튀스(Plantin-Moretus) 인쇄박물관으로 바뀌어 일반인에게 전시되고 있다. 한편 오르텔리우스는 1570년 제작한 지도집 『세계의 무대(Theatrum Orbis Terrarum)』로 메르카토르와 더불어 안트베르펜의 상업지도학을 개척한 인물이다. 코크는 판화, 플랑탱은 서적, 오르텔리우스는 지도로 특화되었다고는 하지만 다른 분야의 출판을 하지 않았던 것은 아니어서, 당시 이들 간의 협업은 충분히 예상할 수 있다. 실제로 코크의 공방에서 작업하던 브뤼헐의 그림에 대해 오르텔리우스가 언급한 내용들[9]이 전해지고 있는데, 이를 통해 인쇄를 매개로 한 장인들 간에 작업상의 협업뿐만 아니라 인간적 교류도 이루어졌음을 짐작해 볼 수 있다.

16세기 안트베르펜을 중심으로 상업지도학이 발달하게 된 또 다른 요인으로 이웃 도시 루뱅에 있던 루뱅 대학을 들 수 있다. 이 대학은 1425년에 설립된 저지 국가 최초의 대학으로, 16세기 초반부터 헤마 프리시위스, 야코프 판 데벤터르(Jacob van Deventer), 헤르하르뒤스 메르카토르 등 걸출한 학자와 기능인을 배출하면서 천문학, 수학, 지리학을 바탕으로 한 과학적·실용적 지도학의 중심으로 등장했다. 실제로 이 대학에서는 이들이 중심이 되어 지구의와 천구의를 제작했고 각종 천문 관측기기도 제작했는데, 만약 이들이 없었다면 안트베르펜의 상업지도학은 결코 불가능했을 것이다. 헤마 프리시위스는 16세기 루뱅의 지리 그룹에서 가장 유명한 인물이다. 페터 아피안과 제바스티안 뮌스터와 같은 독일 지리학자들과 저지 국가의 수학자들에게 영향을 받은 그는, 자신의 지구의와 지구의 매뉴얼(*Cosmographicus liber*, 1530)을 통해 지리학 발전에 큰 기여를 했다. 또한 그는 하스파르트 판 데르 헤이던(Gaspard van der Heyden), 메르카토르와 함께 지구의와 천구의를 제작, 판각한 바 있으며, 그의 지구의는 메르카토르의 지구의가 나오기 전까지 유럽 최고의 지구의였다고 한다. 헤마 프리시위스의 또 다른 지리학적 기여는 바로 삼각측량법을 최초로 소개했다는 점이다. 이 측량법은 1533년 페터 아피안의 *Cosmographicus liber*의 라틴 어판 번역서 부록에 처음으로 소개되었고, 그것을 바탕으로 1536년 판 데번터르가 브라반트(Brabant) 공국의 지역 지도를 제작하면서 처음으로 응용되었다는 것이 일반적인 설명이다. 물론 이 이야기에 대한 반론■10이 없는 것은 아니지만 어쨌든 삼각측량의 이론과 실제 모두가 루뱅 대학의 수학적 기초에 기반하고 있었던 것만은 분명한 사실이다.

　존 디(John Dee)■11라는 인물을 매개로 한 루뱅 대학과 잉글랜드의 연대는, 이 대학이 갖고 있던 지리학과 지도학에 관한 학문적 영향력을 제대로 드러내는 또 다른 사례의 하나이다. 1547년 다재다능한 잉글랜드의 젊은 학자 존 디는 학식 있고 유명한 수학자들을 만나러 바다 건너 이곳으로 왔다. 존 디는 루뱅에서 몇 달을 보낸 후 잉글랜드로 돌아가면서 헤마 프리시위스가 만든 몇 가지 천문 관측 기구와 메르카토르가 만든 지구의와 천구의를 가지고 돌아갔다. 그는 1548년과 1550년 사이에 다시 루뱅을 방문하면서 메르카토르와의 인연을 더욱 공고히 했다. 한편 루뱅의 지도학과 지리학에서 꼭 지적해야 할 주요 인물로 판 데르 헤이던을 들 수 있는데, 그는 야금사인 동시에 지구의 제작자였다. 그는 1526~1527년에 롤란트 볼리에르트(Roeland Bollaert)가 의뢰하고 메헬런의 프란시스퀴스 모나휘스가 디자인한 지구의를 제작했으며, 1529~1530년, 1536년, 1537년에는 헤마 프리시위스가 디자인한 지구의와 천구의를 제작했다. 저지 국가에서 처음 제작한 것으로 알려져 있는 모나휘스의 지구의는 현재 남아 있지 않지만, 단순하게 그려진 세계지도가 자신의 저서 *De orbis situ*의 표지에 인쇄물의 형태로 남아 있는데(그림 3-8), 여기에는 지구가 2개의 반구로 단순하게 그려져 있다. 이 지도는 작지만 저지 국가에서 가장 오래된 판각 인쇄 지도이며, 세계를 처음으로 2개 반구로 표시했다는 점에서 지도학적 가치를 지닌다.

그림 3-8 | 모나휘스의 세계지도

이처럼 16세기 들어 안트베르펜은 경제적 번영과 함께 지도 제작에
서도 비약적인 발전을 이룰 수 있었는데, 이러한 배경 속에서 헤르
하르뒤스 메르카토르라는 걸출한 지도학자도 탄생할 수 있었다. 메
르카토르는 처음 제작한 지도부터 상업적인 성공을 거두었다. 이는
루뱅의 여러 스승으로부터 받은 탁월한 교육과 훈련 덕분이기도 했
지만, 무엇보다도 어린 시절 받은 서체 훈련도 한몫을 했다. 하지만
금전적 성공을 거둘 정도로 그의 지도들이 폭발적으로 판매된 이유
는 무엇보다도 그가 지도에 대한 수요를 정확히 예측했다는 사실이

　　　　　　　　　　1569년 메르카토르 세계지도의 인문학

다. 1537년 그가 처음으로 제작했던 지도는 다름 아닌 '성경을 제대로 이해하기 위해 제작된' 성지를 그린 판화 벽지도, 즉 팔레스타인 지도였다. 당시는 성서가 모국어로 번역·인쇄되어 일반인도 성서를 읽을 수 있던 시점이며, 당시 성지 순례는 기독교 세계에서 당연시되던 여행이었다. 그는 열성적인 기독교인들 사이에 이미 형성된 시장을 간파했던 것이다(Wilford, 2000). 2년 후인 1540년에 완성된 플랑드르 지도[12]는 메르카토르 초기 지도 가운데 가장 인기 있는 지도가 되어 그 후 60년 동안 15쇄를 찍을 정도였다(브로턴, 2014). 한편 1552년 뒤스부르크로 이주하기 전부터 준비했던 15쪽의 유럽 지도

는 1554년에 완성되었다. 이 지도는 그가 만든 지도 가운데 가장 성공한 지도로 1566년 한 해에만 208장이 팔릴 정도였다고 한다. 발터 김이 쓴 메르카토르의 자서전(이 책 〈부록 1〉 참조)에도 이 지도의 성공과 다른 이들의 칭송에 대해 언급하고 있다.

루뱅을 떠나기 전 유럽 지도를 만들기 시작했고 이미 3개 내지 4개 판을 완성했다. 그는 이곳으로 올 때 판각된 판을 가져왔으며, 2년 후인 1554년 10월에 유럽 지도를 완성해 발간했다. 그는 이 지도를 황제의 일급 참모이자 이미 칭송한 바 있는 니콜라의 아들인 아라스(Arras)의 주교 앙투안 페레노(Antoine Perrenot)에게 헌정했다. 이 지도의 헌정에 대한 보답으로 앙투안이 메르카토르에게 준 사례금에서 이 위대한 인물의 아량과 극도의 관대함의 실질적 풍모를 찾아볼 수 있었다. 메르카토르는 1572년 3월 이곳 뒤스부르크에서 유럽 지도 수정판을 발간했다. 이 업적은 지금까지 이와 유사한 어떤 지리학적 업적보다 세계 곳곳의 학자들로부터 칭송을 받았다.

그러나 1550년경까지 세계 지도 시장은 여전히 이탈리아 지도 제작자들에 의해 좌지우지되고 있었다. 다만 예외가 있다면 메르카토르와 헤마 프리시위스가 만든 지구의와 천구의 정도였다. 1552년 메르카토르가 안트베르펜을 떠난 이후 지도 제작에서 두각을 나타낸 안트베르펜 사람이 여럿 있지만, 그중 가장 대표적인 인물이 바로 헤라트 더 요더(Gerrad de Jode)와 아브라함 오르텔리우스였다. 요더는 프랑크푸르트 도서전(Frankfurt Book Fair)에서 자신의 지도를 판매할 정도로 우수한 지도를 제작했으며 그곳에서 독일, 이탈리아, 프랑스의 지도를 구입해 지리 정보를 보완했다. 특히 1578년에 제작된 *Speculum orbis terrarum*은 오르텔리우스의『세계의 무대(Theatrum orbis terrarum)』(1570), 메르카토르의『아틀라스(Atlas)』(1595)와 더불어 안트베르펜 상업지도학을 대표하는 아틀라스였다(Koeman, et al., 2007). 한편 오르텔리우스는 1560년 메르카토르와 프랑스 여행을 함께한 이후, 자신만의 독창적인 지도 제작 세계를 구축했다. 그는 1564년 8장으로 된 벽걸이용 세계지도를 만든 후, 1565년 이집트 지도, 1567년 8장으로 된 대형 벽걸이용 아시아 지도, 1571년 6장으로 된 벽걸이용 에스파냐 지도를 제작하였다. 하지만 그의 지도학적 업적을 대표하며, 나아가 최초로 성공한 상업지도학의 걸작은 1570년에 제작된『세계의 무대』이다(Brown, 1977).

이 아틀라스는 고객의 개인적 요구보다는 제작자의 일관된 원칙에 따라 제작된 첫 번째 사례로, 당시 가장 훌륭한 지도들을 하나의 단순한 포맷에 따라 설명과 함께 책자 형식으로 발간하였다. 그는 부록의 형식으로 초기 지도들을 갱신하거나 확대해 나갔는데, 처음 아틀라스가 제작된 1570년에는 53개의 지도가, 그가 사망한 1598년에는 총 119개의 지도가 아틀라스에 담겨 있었다.『세계의 무대』는 발간되자마자 폭발적 인기를 누렸는데, 발간 다음 해와 그다음 해인 1571년과 1572년에 이미 4번의 증보판이 나왔으며, 1573년, 1579년, 1584년, 1590년, 1594년에도 증보판이 발간되었다. 게다가 1571년 네덜란드 어판을 필두로 1572년 독일어판, 1572년 프랑스 어판, 1588년 에스파냐 어판, 1606년 영어판, 1608년 이탈리아 어판이 제작되었으며, 1608년 새로이 제작된 증보판은 1612년과 1624년에 이탈리아 어판이, 1612년과 1641년에 에스파냐 어판이 제작되었다. 결국 1641년까지 무려 40개 이상의 증보판과 번역판이 제작되었는데, 이는 안트베르펜에서 처음 제작된 이 아틀라스의 상업적 성공을 분명하게 입증해 준다(부어스틴, 1987). 한편 『세계의 무대』가 지닌 지도학적 가치는 또 따른 곳에서 찾을 수 있다. 이 아틀라스에 기여한 지도학자들뿐만 아니라 당대 유명한 지도학자들의 명단이 『세계의 무대』의 부록■13에 소개되어 있다는 사실이다. 이는 16세기 지도학 연구에 무한한 가치를 지닌 자료인 동시에, 오르텔리우스가 자신의 지도 제작을 위해 전 유럽의 학자들과 폭넓게 교류했다는 증거이기도 하다.

14세기까지 유럽의 지도 발달을 주도했던 지역은 베네치아, 로마, 볼로냐 등 이탈리아의 주요 도시들이었으며, 15세기 들어서면서 뉘른베르크, 아우크스부르크, 바젤 등 남부 독일과 스위스의 도시들에서 지도학이 꽃을 피웠다(그림 3-9). 그러나 16세기 중반이 되면서 지도 제작의 주요 도시는 저지 국가의 안트베르펜과 독일의 프랑크푸르트로 넘어갔고, 16세기 후반과 17세기가 되면서 그 중심이 암스테르담으로 옮겨 갔다(그림 3-10). 이와 같은 지도학 발달의 시간적·공간적 전개 과정은 그 지역의 경제적 성장과 결코 무관하지 않다. 특히 1530년 이래 폭발적으로 증가한 대서양 횡단 무역은 안트베르펜을 새로운 경제 중심지로 탈바꿈시켰다. 브로델(1995)의 지적처럼, 남부 독일 상인들(제노바 인들을 포함한)을 중심으로 하는 대륙 횡단 무역과 에스파냐 인들의 대서양 무역이라는 상업 팽창의 두 초점이 이제 이곳 안트베르펜에서 결합함으로써, 금융 시장이기도 했던 안트베르펜에는 "매우 활기찬 자본주의적 번영의 분위기가 조성되었다(월러스틴, 2006 재인용).

하지만 안트베르펜의 영화도 오래 지속되지는 않았다. 1556년 펠리페 2세가 에스파냐 합스부르크의 황제로 부임하면서 이 지역 신교들에 대한 탄압은 본격화되었다. 1567년 저지 국가 총독으로 부임한 알바 공의 잔혹한 탄압에 이어 1576년 에스파냐 군대의 폭동을 계기로 산업 및 상업 자본가, 기술자, 학자 들이 저지 국가의 북쪽으로 이동하면서 그 중심 도시인 암스테르담에 인구가 집중되었다. 오라녀(Oranje) 공 빌럼 1세(Willem I)의 지휘하에 계속된 독립 전쟁으로, 결국 북부 7개 주를 중심으로 1581년에 네덜란드 공화국이 탄생하였고, 1588년 브뤼셀과 안트베르펜이 마지막으로 에스파냐의 수중으로 들어감에 따라 남부 저지 국가는 이제 에스파냐의 식민지로 전락하고 말았다. 따라서 제대로 훈련받은 판각사, 발행인, 인쇄공 들은 자신의 사업을 지속하기 위한 새로운 거처로 암스테르담을 선택했으며, 그 결과 암스테르담은 17세기 후반 프랑스로 상업지도학의 중심지가 옮겨 가기 전까지 프랑크푸르트 도서전에서의 지도 판매를 능가할 정도로 명실공히 세계 지도 시장의 중심으로 발돋움하였다.

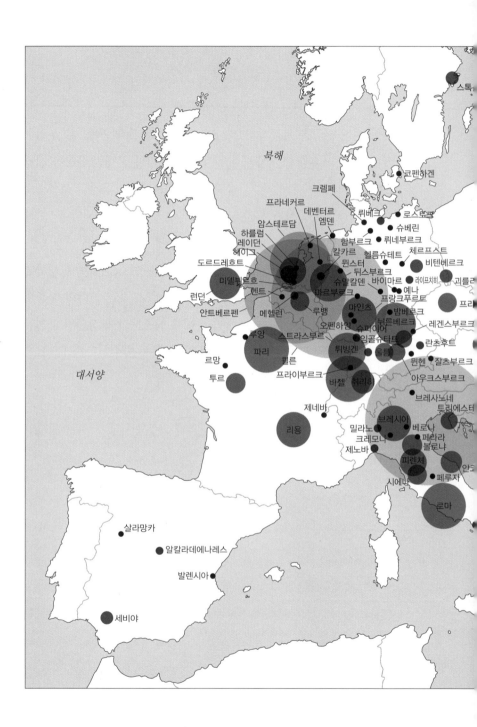

스톡

코펜하겐

크렘페
프라네커르
데벤터르
암스테르담
엠덴
하를럼
레이던
헤이그
도르드레흐트
미델뷔르흐
런던
헨트
안트베르펜
메헬런
루뱅

뤼베크
로스토
슈베린
함부르크
뤼네부르크
헬름슈테트
칼카르
뒤스부르크
뮌스터
슈말칼덴
마르부르크
바이마르
마인츠
예나
오펜하임
슈파이어
뉘른베르크
밤베르크
바젤

체르프스트
비텐베르크
라이프치히
괴틀러
프랑크푸르트
프리

란츠후트
잘츠부르크
레겐스부르크
울름
빈헨
아우크스부르크

루앙
파리
쾰른
프라이부르크
스트라스부르
튀빙겐
취리히

제네바

리용

밀라노
크레모나
제노바

브레사노네
트리에스터
브레시아
베로나
페라라
볼로냐
피렌체
시에나
페루자
안
로마

살라망카
알칼라데에나레스
발렌시아
세비야

그림 3-9 | 1472~1600년까지 인쇄 지도의 생산지 분포
Karrow(2007), Fig.23.5(p.614) 전제

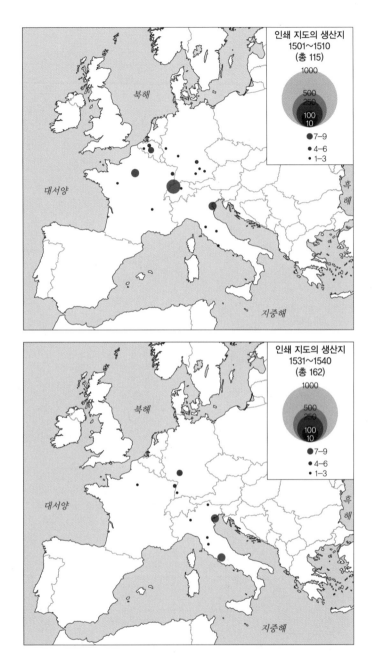

인쇄 지도의 생산지
1501~1510
(총 115)
1000
500
250
100
10
● 7-9
● 4-6
• 1-3

인쇄 지도의 생산지
1531~1540
(총 162)
1000
500
250
100
10
● 7-9
● 4-6
• 1-3

그림 3-10 | 인쇄 지도 생산지의 이동 Karrow(2007), Fig.23.9(p.615), Fig.23.13(p.617) 전제

1569년 메르카토르 세계지도의 인문학

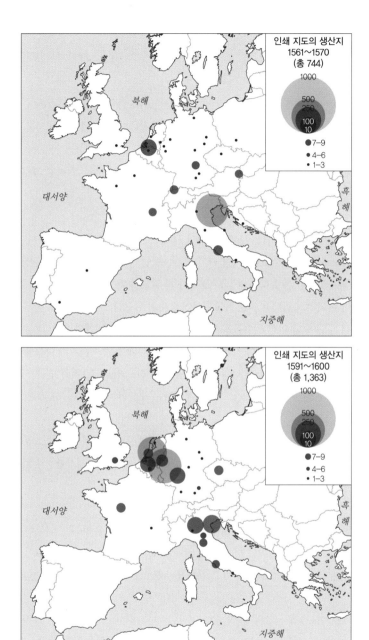

인쇄 지도의 생산지
1561~1570
(총 744)

1000
500
250
100
10

● 7–9
● 4–6
· 1–3

북해

대서양

흑해

지중해

인쇄 지도의 생산지
1591~1600
(총 1,363)

1000
500
250
100
10

● 7–9
● 4–6
· 1–3

북해

대서양

흑해

지중해

Karrow(2007), Fig.16(p.618), Fig.19(p.619) 전제

📖 제3장 주

1. 그는 일반적으로 대피터르 브뤼헐(Pieter Bruegel the Elder)이라고 불리는데, 이는 같은 이름을 쓰는 자신의 아들과 구분짓기 위함이다. 국내에서 브뤼헐은 브뢰헬, 브뢰겔, 브뤼헬 등 다양하게 불리고 있다.

브뤼헐은 1559년까지 'Brueghel'이라 불리거나 서명했지만, 그 이후 작품에서는 'Bruegel'로 서명했다(알레그레티·아르피노, 2010, p.28).

2. "이 그림을 그린 사람은 브뤼헐이지만 판화로 제작되어 히로니뮈스(1516년 사망) 이름으로 시장에 나왔다. 이런 사기가 가능했던 것은 브뤼헐이 그린 공상적인 형상이 사망한 동포 화가의 회화 양식과 꼭 닮았기 때문이다. 뭍에 드러누운 커다란 물고기의 입에서 작은 물고기들이 쏟아져 나온다. ……안트베르펜에서 더 힘센 상인이 더 약한 상인들을 희생시키면서 살아가듯, 황제와 왕은 백성을 희생시켜 살아간다. 큰 것이 작은 것을 잡아먹는다. 배에 탄 아버지가 아들에게 보여 주는 것은 무자비함과 극악무도한 탐욕, 그리고 안트베르펜과 인근 시장에서 브뤼헐의 주요 고객이던 코크가 지배하는 소름끼치는 세상이다."(하겐·하겐, 2007, p.22).

"한편 이 그림은 상인들 사이에 그리고 황제와 백성들 사이에 벌어지고 있는 약육강식의 처절한 현실, 나아가 이제 막 그 모습을 드러내기 시작한 자본주의의 피폐한 현실을 지적하기도 했다."(하겐·하겐, 2007, p.22).

3. 고어란 지구의에 붙이는 방추형 모양의 지도로 12개 혹은 16개로 나누어져 있다. 적도에서는 고어끼리 서로 붙어 있지만 고위도로 갈수록 이웃한 고어 간에 간격이 넓어진다. 배 모양을 하고 있어서 주형도(舟型圖)라고 불리기도 한다.

4. "메르카토르의 신앙은 단지 '루터교'였던 것이 아니라 그보다 훨씬 더 복잡했음을 알 수 있다. ……이런 유의 신앙인들은 가톨릭 의례에 당연히 회의적이었고, 갈수록 이래라저래라 하는 루터의 가르침을 멀리했으며, 물론 칼뱅의 가르

침도 기피했다."(브로턴, 2014, p.347)

5. http://en.wikipedia.org/wiki/Antwerp

6. 그 해석은 다를지라도, 마태복음 제6장 34절에 나오는 "그러므로 내일 일을 위하여 염려하지 말라 내일 일은 내일이 염려할 것이오 한 날의 괴로움은 그날로 족하니라"와 비슷한 표현이라고 생각된다.

7. 이 로렌 공국의 군주가 르네 2세(René II)인데, 발트제뮐러는 그의 후원을 받아 로렌의 도시 생디에에서 아메리카가 최초로 표현된 1507년 세계지도를 제작하였다.

8. 부르고뉴 공국의 소사에 관해서는 요한 하위징아의 대작 『중세의 가을』 번역본 부록으로 수록된 글을 참고하기 바란다.(하위징아, 요한, 이희승맑시아 역, 2010, 『중세의 가을』).

9. 오르텔리우스가 브뤼헐에 대해 언급한 것을 인용하면 다음과 같다. "그는 간단히 그릴 수 없는 것을 많이 그렸다. 우리의 브뤼헐이 그린 작품들은 항상 거기에 묘사된 것 이상을 함축하고 있다." 또한 "화가들은 한창때의 품위 있는 인물을 그리면서, 그 대상에게 매력이나 고상함을 부여하려 한다. 마음대로 상상해서, 원래 그대로의 외관을 손상시키는 것이다. 그들은 모델에게 충실하지 않는다. 때문에 진정한 미에서 멀어진다. 우리의 브뤼헐은 이러한 오류로부터 자유롭다."(하겐·하겐, 2007, pp.86~88)

10. 1533년 프리시위스가 소개한 삼각측량법을 받아들여 판 데벤터르가 1536년에 자신의 브라반트 지도를 완성하기에는 기간이 너무 짧아 이 둘 간의 스승-제자 관계가 불가능하다는 주장을 말한다.

11. 존 디라는 인물에 대한 자세한 설명과 메르카토르를 비롯한 유럽 대륙 학자들

과의 교류에 대해서는 이 책 제7장과 제8장에서 자세히 소개할 예정이다.

12. 플랑드르 지도 제작은 메르카토르에게 또 다른 기회를 제공해 주었다는 점에서 의미가 있다. 메르카토르가 30대부터 당대 최고 권력자와 연대를 맺으면서 상업 지도 제작자로서 입지를 굳히는 결정적인 계기가 바로 이 지도의 제작과 관련이 있다. 따라서 독자의 이해를 돕기 위해 브로턴(2014)의 이야기를 길게 인용할까 한다.

"이 지도를 의뢰한 사람은 플랑드르 상인인데, 이들은 합스부르크 통치에 도전하는 인상을 주는 기존의 플랑드르 지역 지도를 대신할 지도를 원했다. 이보다 앞서 1538년에 페터르 판 데르 베커(Peter van der Beke)가 겐트(Gent: 카를 5세가 태어나 세례를 받은 도시)에서 발행한 플랑드르 지도는 합스부르크의 전쟁 자금을 모으려는 헝가리 왕비 마리아의 시도에 대항한 플랑드르의 반란을 편드며, 이 지역의 합스부르크 통치를 거부했다. ……1539년에 겐트가 반란에 휩싸이고 카를 5세가 군대를 동원해 시를 행진하자, 겁에 질린 상인들은 자신들이 할 수 있는 최선은 판 데르 베커의 지도와 반대편에 선 지도를 만드는 것이라 판단하고 메르카토르에게 지도 제작을 의뢰했다. ……그런데 이게 웬일, 효과가 없지 않은가. 카를은 1540년 2월에 독일 용병 3,000명을 이끌고 겐트로 들어와 반란 주모자를 참수하고 상인조합에게서 상업 특권을 박탈하는가 하면 오래된 수도원과 도시의 관문을 파괴했다. ……그런데도 메르카토르의 플랑드르 지도는 무수한 재판본이 나올 정도로 상업적 성공을 거두었다. 이 지도로 메르카토르는 다시 한 번 카를 5세의 주목을 받게 되는데, 그의 오랜 대학 동창이자 이즈음 아라스 주교로 임명된 앙투안 페레노의 정치적 지원 덕이었다. ……그는 아직 30대였고 대단히 존경받는 지리학자였으며 지구의 제작자로도 차츰 명성을 쌓아 갔다."

13. 이 부록에 주해를 붙여 캐로(Robert W. Karrow, Jr.)는 1993년에 *Mapmakers of the Sixteeen Century and Their Maps: Bio-Bibliographies of the Cartographers of Abraham Ortelius, 1570*라는 책을 펴냈다.

제4장

메르카토르의 이력서[1]

중세 세계관은 기독교 교리에 의해 지배를 받았으며, 지리 지식 역시 그에 좌우될 수밖에 없었다. 중세 지리 지식을 상징하는 마파문디와 같은 세계지도는 예루살렘을 중심으로 한 종교적 색채가 다분한 비기하학적 지도였다(그림 2-1 참조). 하지만 이 지도에서는 지리적 정확성과 종교적 믿음 사이에 아무런 갈등이 없음을 인정하고 있다. 헤리퍼드 마파문디에는 예루살렘뿐만 아니라 에덴동산에서 추방되는 아담과 이브, 범람된 물위에 떠다니는 노아의 방주가 나타나 있다. 이 지도에는 시간과 공간뿐만 아니라 영혼이 담겨 있다. 이같은 세계관이 지배하던 중세에 프톨레마이오스의『지리학』은 충격 그 자체였다. 프톨레마이오스의 세계지도는 수천 개의 지명에 대한 경위도 값을 근거로 제작되었고, 원추 도법을 기본으로 한 경위선망으로 이루어진 근대적 지도 제작 방법을 따랐으며, 당시까지 알고 있던 세계에 대한 실재적인 해안선을 그려 넣었다.

1454년 구텐베르크(J. Gutenberg)의 성서가 인쇄된 지 20년도 채 안되어 프톨레마이오스『지리학』의 첫 인쇄본이 나왔으며, 그 후 수많은 인쇄판이 뒤를 이었다. 콜럼버스가 의존했던 것도 헨리쿠스 마르텔루스(Henricus Martellus)가 제작한 프톨레마이오스의『지리학』이며, 1470년대부터 1570년대까지『지리학』초판이 나온 후 거의 100년 동안 유럽의 지리학 책, 지도 및 아틀라스는 프톨레마이오스의 생각들을 약간 첨삭한 것에 지나지 않았다. 결국 15세기 초반 프톨레마이오스의 지리 지식이 유럽 사회에 다시 소개된 것이, 대항해 시대 개막과 더불어 지리학이 르네상스적 대변혁에 동참하게 된 결정적인 계기가 되었다고 볼 수 있다.

한편 메르카토르 역시 당시 프톨레마이오스의『지리학』이라며 간행된 것들 중에서 가장 신뢰할 만한 것을 우리에게 남겼다. 15, 16세기에 간행된 프톨레마이오스 『지리학』의 대부분은 당시의 지리 지식을 기반으로 간행자 각자의 해석이 담긴 것이라면, 메르카토르의 프톨레마이오스 『지리학』은 프톨레마이오스가 실제로 어떻게 지도를 그렸을까를 고민하면서 복원했던 것이다. 결국 메르카토르는 1578년에 프톨레마이오스의 『지리학』 원문의 보다 정확한 번역판과 함께 자신이 그린 원형 그대로의 지도 27개를 포함한 새로운 『지리학』을 내놓았다.

프톨레마이오스와 메르카토르 사이에는 유사점이 많다. 메르카토르가 태어난 플랑드르 지방, 특히 안트베르펜과 기원후 150년경 프톨레마이오스가 활약했던 알렉산드리아 두 도시 모두 항구 도시로 당시 최대의 무역항이었다. 육지와 바다를 통해 들어오고 나가는 것은 물자뿐만이 아니었다. 학자, 상인, 선원 들의 빈번한 출입으로 세계 각지의 지리 정보가 물밀 듯이 들어오던 곳이었다. 또한 이 둘은 기존의 지도 투영법의 한계를 인식하고 나름의 투영법을 개발했는데, 이들 투영법의 영향은 실로 다음 세대 지도학 발달에 신기원을 이룬다. 또한 이들은 지도 자체에만 만족하지 않고 지지(地誌) 성격을 띠는 저술에도 몰두했는데, 프톨레마이오스의 경우 『지리학』과 『알마게스트(Almagest)』, 메르카토르의 경우 『연대기』와 『우주지』가 그 것이다.

이제 본격적으로 메르카토르의 이력에 대해 알아보자.

플랑드르 출신 지도학자 메르카토르는 1512년에 태어났으니 지난 2012년이 탄생 500주년[2]이 되는 해였다. 우리는 자신의 이름을 딴 메르카토르 도법의 창안자 혹은 이 투영법에 의한 1569년 세계지도의 제작자로만 그를 알고 있지만, 그것만으로 메르카토르를 평가하기에 그는 너무나 큰 당시 과학계의 거인이었다. 우리나라에서 그와 비견되는 지도 제작자라면 두말없이 김정호를 떠올릴 것이다. 하지만 우리는 김정호의 생몰 연대뿐만 아니라 이력에 대해 아는 바가 거의 없다. 암흑 시대라는 중세를 막 벗어난 16세기 초반 구두 수선공의 아들로 태어난 메르카토르에 관해서는 비교적 상세한 이력이 전해져 오고 있다. 그에 비해 3세기가 지난 19세기 인물인 김정호의 이력에 대해 거의 아무것도 알지 못한다는 사실은 아이러니이다. 이는 기록 문화, 지도 인식, 상업성 등의 차이에서 비롯된 문제일 수 있겠지만, 김정호뿐만 아니라 국내 고지도 제작자들에 대한 이력 부재는 현재 우리나라 고지도학 연구를 방해하는 주원인으로 작용하고 있다.

메르카토르가 보냈거나 받은 서한문은 비교적 잘 보존되어 있으며■3, 그가 만들었던 지구의, 지도, 아틀라스 그리고 각종 저서들도 우리에게 전해지고 있다. 더군다나 메르카토르가 사망한 다음 해인 1595년에 그의 아들 뤼몰트(Rumold)와 손자 미카엘(Michael)이 완성한 메르카토르의 『아틀라스(Atlas)』와 그 부록에 실린 발터 김(Walter Ghim)의 짧은 전기도 우리는 찾아볼 수 있다. 한편 2000년대 들어 영문으로 된 2권의 메르카토르 평전이 발간되었는데, 그중 하나가 필자에 의해 『메르카토르의 세계』라는 이름으로 번역된 바 있으며, 메르카토르의 1569년 세계지도에 관한 사회사적 연구 결과 역시 필자에 의해 『지도전쟁: 메르카토르 도법의 사회사』라는 이름으로 번역 발간된 바 있다. 게다가 서양 고지도를 소개하는 글이나 책이라면 메르카토르와 그의 지도를 언급하지 않고 지나가는 경우는 거의 없다. 메르카토르에 관해 이처럼 많은 정보들이 제공되고는 있지만, 글마다 책마다 인용한 원전이 모호한 경우도 있고 서술된 내용이 일치하지 않는 경우도 종종 발견된다. 이 장에서는 가급적 논란이 없는 내용만 정리해서 메르카토르의 이력을 소개하려 한다.

우선 그의 이름은 내력이 복잡하다. 그의 아버지는 독일식 이름을 가진 사람으로 휘베르트 크레머르(Hubert Cremer)이며, 그의 성은 독일 지방에 따라 'de Cremer', 'Kramern', 'Kremer', 'Krämer' 등으로 표현되는데 모두 상인이나 점원을 의미한다. 아마 메르카토르의 어릴 적 이름은 Gerhard, Gerardus 혹은 Gerhardus였고 성은 Cremer였을 것인데, 당시 젊은 학자들에게 유행하던 라틴 어 이름 짓기 관행에 따라 그 역시 자신의 성을 Cremer 대신 같은 뜻을 가진 Mercator로 바꾸었다. 따라서 메르카토르는 미국식 영어명 제라드 머케이터(Gerard Mercator)■4로부터 네덜란드 식 발음인 헤르하르뒤스 메르카토르(Gerhardus Mercator)에 이르기까지 다양하게 불리고 있다.

메르카토르의 생애는 크게 3시기로 나누어 볼 수 있다. 메르카토르는 태어나 삼촌인 히스베르트의 도움으로 그의 가족 모두가 정착했던 뤼펠몬데(Ruppelmonde) 시절 그리고 히스베르트의 주선으로 공동생활형제회(the Brethren of the Common life)가 운영하던 수도원에서 교육을 받던 스헤르토헨보스('s-Hertogenbosch) 시절이 그 첫 번째라면, 만 18세이던 1530년에 루뱅 대학에 입학하여 헤마 프리시위스(Gemma Frisius)의 지도하에 지도 제작자로 성장하고 일가를 이루다가 이교도로 몰려 죽음 일보 직전까지 내몰렸던 루뱅(Louvain) 시절이 그 다음이다. 마지막으로 1552년 그의 나이 40세에 종교적인 측

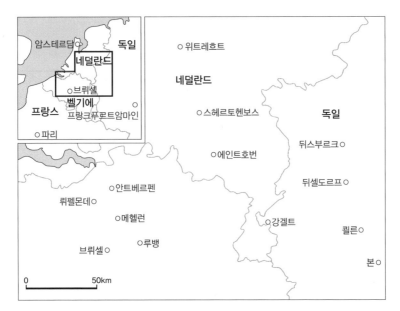

지도에 표기된 지명:

네덜란드

암스테르담, 독일, 위트레흐트, 브뤼셀, 벨기에, 프랑크푸르트암마인, 파리, 프랑스

스헤르토헨보스, 에인트호번, 뒤스부르크, 뒤셀도르프, 안트베르펜, 뤼펠몬데, 메헬런, 강겔트, 쾰른, 브뤼셀, 루뱅, 본

0   50km

그림 4-1 | 저지 국가 약도

면에서 비교적 관대한 독일의 작은 도시 뒤스부르크(Duisburg)로 이주한 이후 1569년 세계지도를 비롯해 여러 지도들과 아틀라스를 제작하고 많은 저서를 집필하면서 1594년 사망할 때까지 뒤스부르크에서 머문 시절로 구분해 볼 수 있다(그림 4-1 참조).

뤼펠몬데와 스헤르토헨보스에서

메르카토르의 아버지 휘베르트는 현재 독일 국경 바로 안쪽에 있는 스헬트(Scheldt) 강변 도시 강겔트(Gangelt)로 이주하여 구두 수선공으로서 정착하려 했으나 경제적으로 역부족이었다. 휘베르트는 아들

넷에 딸 하나, 그리고 임신한 아내 에머렌시아를 데리고 의지할 데라고는 하나뿐인 자신의 동생 히스베르트를 찾아 나섰던 것이다. 휘베르트는 당시 플랑드르 최대 항구 도시인 안트베르펜을 거쳐 동생이 있던 뤼펠몬데로 갔다. 안트베르펜에 도착한 것은 1512년 2월 말경인데, 당시 안트베르펜은 무역 도시로서 최고의 전성기를 구가하고 있었고, 그에 반해 베네치아, 나폴리 등 이탈리아의 도시 국가들은 오스만튀르크의 동지중해 진출을 계기로 동방 무역이 점점 퇴조함에 따라 쇠퇴 일로를 걷고 있었다. 포르투갈(그리고 나중에는 에스파냐) 상선들은 아프리카 남단을 돌아 인도로 가는 바스코 다 가마(Vasco da Gama)의 항로를 이용해 동방의 진기하고 값비싼 물건들을 유럽의 북부나 남부로 가져올 수 있었다. 게다가 이 두 나라는 당시 급속히 성장하던 신대륙과의 무역도 주도하고 있었는데, 바로 그 중심에 안트베르펜이 있었다. 당시 안트베르펜에는 2,500척 이상의 배가 항구를 가득 메우고 있었고, 하루에도 50척 이상의 대형 선박이 오고 갔다고 한다.￭5

안트베르펜에서 스헬트 강을 따라 상류로 10여 km 떨어진 뤼펠몬데는 성곽에 둘러싸인 작은 도시였지만, 스헬트 강을 따라 오가는 배들이 가끔 머물던 작은 포구도 있었다. 뤼펠몬데의 세인트얀 호스피스의 사제였던 히스베르트는 휘베르트의 가족을 위해 임시 거처를 마련해 주었다.￭6 휘베르트의 아내 에머렌시아는 뤼펠몬데에 도착한 지 얼마 지나지 않아 여섯 번째 아이인 우리의 주인공 메르카토르를 낳았는데, 다른 아이들과 마찬가지로 휘베르트는 이 아이가 태어난 날을 정확하게 기록해 두었다. 1512년 3월 5일 오전 6시. 구두 수선공이었던 휘베르트는 동생의 주선으로 호스피스에 신발을 공급할 수 있게 됨에 따라 점점 안정적으로 이 마을에 정착할 수 있었고, 히스베르트의 도움으로 아이들 모두 이 마을 학교에서 공부를 할 수 있었다.

학교 공부 대부분은 기계적으로 이루어졌는데, 라틴 어로 된 주기도문과 사도신경을 낭독하거나 교리문답의 질문과 대답을 암송하는 것이 고작이었다. 하지만 아이들 모두 훌륭하게 성장하여 휘베르트의 첫째 아들 도미니크는 호스피스의 사제 지위를 갖게 되었고, 둘째 아들 역시 성직자가 되었다. 그러나 메르카토르가 14세밖에 되지 않은 1526년에 아버지 휘베르트가 갑자기 사망했다. 만약 삼촌 히스베르트의 경제적 도움이 없었더라면 메르카토르는 생계를 유지하기 위해 자신의 아버지처럼 도제의 삶을 이어 나갈 수밖에 없었을 것이다. 그럴 경우 배움의 기회도 사라졌을 것이며, 위대한 1569년 세계지도의 탄생 역시 훨씬 뒤로 미루어졌을지 모른다. 하지만 그는 배움의 운명만은 확실하게 갖고 태어났던 것 같다. 그는 또다시 삼촌의 주선으로 새로운 배움터 스헤르토헨보스로 향할 수 있었다.

독일 화가 알프레흐트 뒤러(Albrecht Dürer, 1471~1528)는 현재 네덜란드에 속해 있는 스헤르토헨보스라는 도시를 "매우 아름다운 교회와 견고한 성채가 있는 평온한 도시"로 묘사했다. 그러나 이곳 역시 여느 유럽 도시와 마찬가지로 종교적·정치적 불만과 갈등이 끓어오르던 곳이었다. 히스베르트가 자신의 어린 양육자를 위해 선택한 학교는 공동생활형제회에서 운영하던 이 도시의 수도원 학교였다. 공동생활형제회는 50여 년 전 에라스뮈스도 다녔던 학교로 유럽에서 가장 크고 훌륭한 학교였다. 이 교육 공동체는 오랜 전통을 가지고 있었지만 편안한 단체는 아니었다. 그곳에서는 사유 재산을 포기해야 했고, 단순한 복종의 삶을 순순히 받아들여야만 했다. 그곳의 규칙은 절제와 금욕이었으며, 이곳에 들어온 소년들도 그 규칙을 지켜야만 했다. 아무튼 그곳에 있던 모든 사람들은 당시 수도원에서의 일반적인 생활 규칙인 엄격한 절제와 순결을 준수해야 했다.

메르카토르는 이곳에서 전통적인 인문학 3학과인 문법, 수사학, 논리학을 배웠다. 이 모든 과목들은 프로테스탄티즘이나 막 태어난 르네상스적 새로운 지식을 추구하기보다는 과거의 확실성과 종교적 영감에 의존했다. 시와 철학은 호메로스, 오비디우스, 플라톤, 아리스토텔레스 그리고 다른 이교도 저자들로부터 나왔고, 신학은 아우구스티누스, 오리게네스, 성 제롬과 같은 기독교도 신학자로부터 비롯되었다. 지리학 역시 먼 과거로부터 끌어왔다. 당시는 세계에 관한 지식이 이전 그 어느 때보다 급속하게 성장하던 시기였음에도 불구하고, 메르카토르와 그의 급우들은 고집스럽게 프톨레마이오스와 플리니우스의 지리학을 따라야만 했다.

공동생활형제회 규칙집에는 원고 베끼기에 관해 다음과 같은 내용이 들어 있었다.[7] "베껴 쓸 때는 이런 사항들을 주의해야 한다. 문자를 적절하고 완벽하게 만들고, 실수 없이 베끼고, 네가 베끼고 있는 것의 의미를 이해하고, 흔들리는 마음을 일에 집중한다." 원고 베끼기는 공동생활형제회의 전통적인 임무였으며, 아주 엄격하게 교육되고 운영되었음을 이 글을 통해 알 수 있다. 하지만 베끼는 기술은 당시 인쇄된 책들이 물밀 듯이 쏟아져 나오는 바람에 사실상 쓸모없게 되고 말았다. 하지만 무슨 교육이든 헛염불이란 없는 법이다. 베끼기에 전념했던 집요한 집중력과 이를 통해 습득한 서체 기

술은 결국 지도 동판 판각에 결정적인 도움이 되었으며[8], 훗날 그
가 판각한 서체의 정밀도와 정확성은 유럽 전체에서도 인정받았다.
또한 이때의 경험과 기술은 저지 국가에서 발간되는 지도의 지명과
주석에 이탤릭체가 도입되는 계기가 되었고, 그 후 1540년에 메르
카토르는 이탤릭체에 관한 짧은 교범 *Literarum latinarum quas Itali-
cas cursoriasque vocant*[9]를 발간했다.

루뱅에서

1530년 메르카토르는 18세의 나이에 루뱅 대학교 캐슬 대학에 입학
하게 된다. 당시 루뱅 대학은 프랑스, 독일, 잉글랜드, 스코틀랜드
그리고 그 밖의 유럽 각지에서 몰려든 5,000명의 학생들과 학자들
로 이루어진 국제적인 대학으로 나름의 독특한 공동체를 이루고 있
었다. 메르카토르는 그 무렵 자신의 이름을 바꾸었다. 그는 자신이
태어나고 자란 고향 마을 뤼펠몬데를 떠올리면서 'Gehardus Merca-
tor Rupelmondanus'라는 라틴 어 이름[10]으로 바꾸었다. 자신의 이
름을 라틴 어로 바꿈으로써 품위를 더하는 것은 당시 학자 집단뿐만
아니라 심지어 가난한 학생들 사이에서도 관례였다고 한다.
　스헤르토헨보스의 수도원과는 달리 루뱅 대학에서는 종교에 관한
한 개혁주의 운동을 찾아볼 수 없었다. 오히려 1522년 카를 5세는
종교 개혁의 움직임을 잠재우기 위해 교회와 함께 국가가 직접 운영
하는 종교 재판소를 대학에 설립했고, 대학 당국은 종교 개혁가나
이단을 찾는 조사에 적극적으로 참여했다. 결국 메르카토르는 종교

　　　　　　　1569년 메르카토르 세계지도의 인문학

에 관한 한 16세기에 가장 강력한 반개혁적 본거지 중 한 곳에서 공부를 한 셈이었다. 그는 석사 학위를 마칠 때까지 자신의 종교적 입장을 밝힌 바가 없다. 하지만 노년에 발간한 창세기에 관한 글(1592)에서 다음과 같이 말했다.

> 나는 창세기와 모세의 세계가 여러 가지 측면에서 아리스토텔레스를 비롯한 나머지 철학자들과 얼마나 일치하지 않는지를 알게 되자, 모든 철학자의 진실을 의심하고 자연의 신비를 기준으로 그것을 시험해 보기 시작했다.

이 글에서 그는 천지창조에 대한 자신의 연구가 종교적 믿음과 충돌하지 않으며, 그것은 신의 권력에 대한 도전이 아니라 그 경이로움을 이해하고 인정하는 방법이라 주장하고 있다. 죽음을 앞둔 노학자가 자유 도시 뒤스부르크에서 한 이 말을 과연 젊은 시절 메르카토르가 터놓고 이야기할 수 있었을까? 메르카토르가 청년 시절 품었던 의심에 관해 노년이 되어서야 이야기했다는 것은 일견 침착하고 사려 깊어 보이지만, 글 이면에는 당시 그의 함구에 정신적 고통과 갈등이 숨겨져 있었음을 일러 주고 있다. 당시 루터교도들[11]이 진술하는 지리학에서는 창조를 폄하하고 사도들의 기나긴 여정을 좇는 교회 역사를 가볍게 보면서, 하느님의 세계가 어떻게 움직이는지를 보여 주려는 성향이 있었다(브로턴, 2014). 결국 메르카토르는 아리스토텔레스의 가르침과 성서와의 불일치라는 종교적 번민이 한 가지 원인이 되어, 안정적인 대학 내 경력을 포기하고 인근 대도시 안트베르펜으로 떠났다. 이때 안트베르펜에서 만난 개혁주의 지

그림 4-2 | 헤마 프리시위스 초상

리학자 프란시스퀴스 모나휘스를 비롯해 그 후 지속적인 만남을 유
지한 프란체스코 목회자들 때문에 이단의 혐의■12를 뒤집어쓰고 하
마터면 형장의 이슬로 사라질 뻔했다. 한편 이와 같은 종교적 고민
과 갈등은 결국 일생의 숙원 사업인 자신만의 『연대기』, 『우주지』 집
필 작업으로 이어졌다.

 메르카토르가 지도 제작자로서 필요한 학문적 지식과 경험을 쌓
고 궁극적으로 당대 최고의 지도학자 반열에 오르는 데 결정적인 역
할은 한 이는 그의 스승 헤마 프리시위스였다(그림 4-2). 프리시위스
는 메르카토르에 비해 네 살 더 많았을 뿐이지만 뛰어난 수학자이자

우주지학자로서 이미 유럽 전역에서 명성을 쌓아 가고 있었다. 그는 막 10대를 벗어나던 1529년에 학생 신분으로, 카를 5세의 개인 교사였던 독일 학자 페터 아피안(Peter Apian)이 발간한 『우주지』의 수정판을 독자적으로 발간했다. 이 책 표지에는 원저자의 이름과 함께 프리시위스의 이름도 들어 있는데, 그 후 80년 동안 약 30개 판본이 등장할 정도의 세계 지리에 관한 한 가장 권위 있는 책으로 인정을 받았다.

헤마 프리시위스의 과학적 기여는 크게 둘로 나눌 수 있는데, 하나는 삼각측량이며 다른 하나는 경도 측정이다. 크레인(Crane, 2002)과 테일러(2007)에 의해 발간된 메르카토르에 관한 평전과 유럽 르네상스 지도학에 관한 기념비적 저서인 *The History of Cartography: Cartography in the European Renaissance*(2007)에는 삼각측량에 관한 프리시위스의 업적이 소개된 원전을 각기 다르게 설명하고 있다. 하지만 원전의 구체적인 부분과 분량을 비교적 소상하게 밝히고 있는 크레인(Crane, 2002)에 따르면, 삼각측량의 원리는 1533년 안트베르펜에서 인쇄된 아피안의 『우주지』 개정판 2판에 19페이지 분량으로 삽입되어 있다고 한다. 두 번의 독립된 관측을 근거로 한 장소의 위치를 동정하는 삼각측량의 원리는 결국 다가올 수 세기 동안 정확한 측량을 위한 기술의 열쇠가 되었다.

한편 경도 측정 문제는 1530년에 프리시위스가 독자적으로 발간한 『천문학과 우주지의 원리』라는 책의 2부 제17장에 포함되어 있었다. 이 책은 메르카토르가 루뱅 대학에 입학한 바로 그해에 발간된 책이다. 천문학적 관찰과 시계의 사용으로 정확한 경도를 측정할 수 있다는 제안이 바로 그것인데, 지구는 24시간마다 한 번씩 회전하는 360°의 구형이므로 경도 15°는 바로 한 시간을 의미한다는 것이다. 그러나 프리시위스의 획기적인 제안에도 불구하고 그 이후 당대 수많은 과학자들이 경도 문제를 해결하기 위해 여러 가지 시도를 했지만 모두 허사로 돌아갔다. 결국 1714년 잉글랜드 의회는 상금 2만 파운드와 함께 경도법을 제정하여, 상금을 통해서라도 경도 문제를 해결하려 들었다. 프리시위스의 원리는, 시계 제작공이었던 존 해리슨(John Harrison)이 정밀한 크로노미터(chronometer)를 제작하여 이 문제를 해결하기까지 무려 250년이 흘러서야 비로소 그 해법을 만날 수 있었다. 해리슨이 자신의 최초 정밀 해상 시계 H1을 경도 문제 해결책으로 제시한 것은 1735년이었다. 하지만 뉴턴, 핼리 등 당대 저명한 천문학자들의 온갖 방해로 인해 해리슨이 네 번째 해상 시계 H4를 제시하고서야 비로소 경도법의 기준을 통과한, 다시 말해 경도 문제를 해결한 사람으로 인정받았다(소벨 외, 2005). 하지만 그가 공적을 인정받아 그나마 상금의 절반가량을 받은 것은 1773년의 일인데, 그로부터 3년 뒤인 1776년에 해리슨은 세상을 뜨고 말았다.

이렇듯 메르카토르는 당대 대표적인 수학자 프리시위스로부터 기하학, 천문학, 지리학 등을 배울 수 있었다. 한편 프리시위스는 루뱅의 금세공업자인 동시에 기구 제작자인 가스파르트 판 데르 헤이던(Gaspard van der Heyden)과 함께 지구의를 제작했다. 메르카토르는 헤이던의 작업장에 조수로 참여할 것을 권유받았고, 그는 이 일이 생계를 유지하는 데 도움이 될 것이라는 판단에 기꺼이 참여했다. 아마 이때는 졸업 후 안트베르펜에서의 정신적 방황을 마치고 루뱅으로 다시 돌아온 시점인 1533년 혹은 1534년 즈음이었을 것으로 판단된다. 기록에 의하면 메르카토르는 23세이던 1535년부터 프리시위스와 헤이턴의 지구의 제작에 참여했다고 한다.■13 여기서 메르카토르는 프리시위스의 세심한 눈과 헤이턴의 숙련된 손의 가르침에 힘입어 그 시대 가장 역동적인 기술 중 하나에 깊이 관여하게 되었고, 어릴 적에 훈련받은 뛰어난 필체를 바탕으로 당대 최고의 동판 판각사를 목표로 자신을 담금질해 나갔다. 프리시위스는 지구의 제작 전반을 책임지고 있었고, 대부분의 판각 작업은 경험이 많은 헤이턴의 몫이었다. 아직까지 메르카토르는 능력 있는 도제에 불과했지만■14, 그는 유럽에서 가장 뛰어난 두 명의 장인들로부터 귀중한 가르침을 받고 있었다.

메르카토르가 24세 되던 1536년은 그에게 매우 의미 있는 해였다. 그해 그는 프리시위스로부터 독립하여 자신만의 새로운 작업장을 마련했다. 물론 이러한 독립에 프리시위스의 후원이 절대적이었음은 자명한 일이었다. 발터 김에 의하면(Osley, 1969), 메르카토르는 24세에 이미 "훌륭한 판각사, 뛰어난 서예가 그리고 당대 최고의 과학 기구 제작자의 한 명이 되었다."라고 한다. 그는 이해에 루뱅의 미망인 딸 바르베 쉘레켄스와 결혼을 했으며, 다음 해 장남 아르놀트가 태어났다. 바르베는 아들 셋, 딸 셋 모두 6명의 아이를 낳았으며, 결혼한 지 50년이 되던 1586년에 사망했다. 메르카토르의 독립과 결혼으로 미루어 보아, 어쩌면 그는 동판 판각사 및 기구 제작자로서 자신의 삶을 스스로 개척해도 가족의 생계를 충분히 책임질 수 있으리라고 판단했던 것 같다. 이제 그는 루뱅 대학 시절 배웠던 사변적 철학을 과감하게 벗어던지고, 부유한 후원자나 권력자들의 지속적인 관심사인 각종 과학 기구 제작에, 그리고 지구의와 지도에

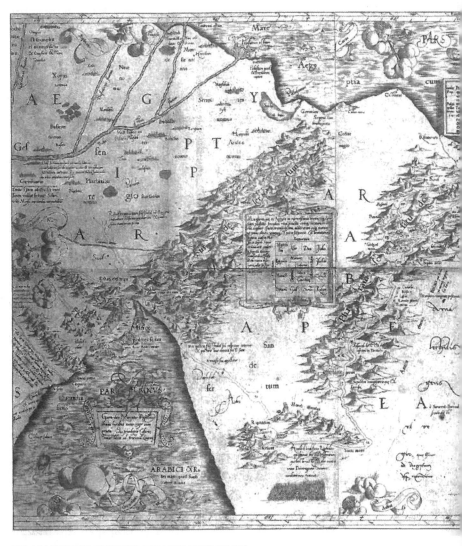

그림 4-3 | 팔레스타인 지도(1537년) 프랑스 파리 국립박물관 소장

관련된 지리학에 몰두하기 시작했다.[15]

　메르카토르의 첫 작품은 독립한 다음 해인 1537년에 발간된 팔레스타인 지도였다. 6장으로 인쇄된 이 지도를 이으면 가로 약

　　　　　　　　　　1569년 메르카토르 세계지도의 인문학

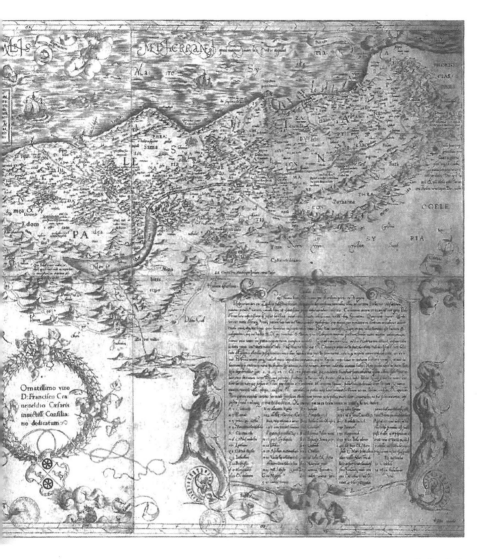

98.4cm 세로 약 43.4cm 크기의 지도가 된다(그림 4-3). 당시 가장 대중적인 책은 성경이었고, 메르카토르는 그 성경과 함께 읽을 수 있는 성지에 대한 지도 제작에서 상업적인 가능성을 발견했던 것이다. 대성공이었다. 각종 자료를 이용해 각 도시의 위치를 정확하게

고증했고, 성경 이야기를 회화적으로도 표현했다.▪16 어쩌면 자신의 탁월한 제도 및 판각 솜씨를 이용해 최고로 정확하고 객관적인 지도 위에 기독교의 믿음과 신뢰의 세계를 보여 주었다. 팔레스타인 지도는 수많은 사람들의 찬사 속에서 꾸준히 판매되었는데, 이는 첫 번째 지도의 주제 선정이 제대로 이루어졌음을 입증하는 동시에 메르카토르로부터 기원하는 상업지도학의 성공적인 출발을 의미한다. 또한 메르카토르는 자신의 첫 번째 작품인 이 지도를 에라스뮈스, 토마스 무어(Thomas Moore), 후안 루이스 비베스(Juan Luis Vives) 등과 교류하던 뛰어난 인문학자 프란시스퀴스 판 크라네벨트(Franciscus van Cranevelt, 1485~1564)에게 헌정했다.▪17 이 당시 서적이나 지도 그리고 천구의나 지구의 등은 고위 권력자에게 헌정하는 것이 상례였는데, 저작물의 권위를 높이려는 의도와 함께 저작권을 확보하고 보호받으려는 목적도 있었다.

1538년에 제작된 메르카토르의 세계지도는 큰 성공을 거두지는 못했다. 우선 이 지도의 외형이 1531년 프랑스 수학자 오롱스 피네(Oronce Fine)의 세계지도와 유사하다는 점에서 큰 관심을 끌지 못했다.▪18 심장형 도법의 틀에 맞추어 두 개의 반구를 별도로 그린 이중 심장형 도법은, 당시 새롭게 소개된 프톨레마이오스의 지도 투영법에 영향을 받아 유행하던 원추 도법의 변형이었다(그림 4-4). 이 지도에서는 마젤란의 세계 일주 등의 탐험 결과를 받아들여 당시까지 알고 있던 구대륙과 신대륙의 해안선을 비교적 정확하게 나타내려고 노력했다. 그러나 당시 다른 지도들과는 달리 아시아와 아메리카를 분리한 것이 이 지도의 특징이었지만, 북반구와 남반구를 별도로 그리면서 아프리카와 아메리카가 둘로 나누어져 그 형태를 쉽게 파악하기 힘든 결정적인 단점을 지니고 있었다. 이 지도에서 특별히 지적할 만한 사실은 1507년에 제작된 마르틴 발트제뮐러(Martin Waldseemüller)의 세계지도와는 달리 아메리카를 북아메리카와 남아메리카로 구분해서 이름을 붙였다는 점이다. 결국 메르카토르는 발트제뮐러가 아메리카라는 단어를 잘못 수용한 실수를 다시 한 번 범하면서, 신대륙 발견의 모든 영예를 아메리고 베스푸치(Amerigo Vespucci)에게 헌정하는 또 다른 실수를 범하고 말았다.

세계지도가 제작되고 그 다음 해인 1539년, 겐트(Gent)에서의 반란은 메르카토르에게 또 다른 기회로 다가왔다. 카를 5세는 자신의 출생지인 겐트에서 일어난 반란을 진압하기 위해 대규모 병력을 이끌고 플랑드르로 진군했다. 반란의 주모자들인 이곳 상공업자들은 황제의 위세에 항복했고, 복종의 표시로 이곳이 바로 황제의 영토임을 천명하는 플랑드르 지도를 제작하여 황제에게 바침으로써 용서를 구할 생각이었다. 물론 그 지도의 제작은 메르카토르의 몫이었다. 플랑드르 지방에 대한 메르카토르의 집중적인 조사가 언제부터 시작되었는지는 알 수 없으나, 정확한 삼각측량과 야외 조사를 기반으로 제작되었다는 점에서 헤마로부터 독립한 직후부터 시작되었던 것으로 생각된다.[19] 하지만 상인들의 요청에 부응해 급하게 제작하느라 이 지도에 일부 미완성된 부분이 있는 것만은 사실이다.

1540년에 완성된 4장으로 된 이 지도를 이으면 가로 116.6cm 세로 87.2cm 크기의 지도가 된다. 관대한 처분을 기대하고 있던 상공업자들의 예상과는 달리 무지비한 탄압만이 겐트 주민들을 기다리고 있었지만, 메르카토르만은 예외였다. 황제는 플랑드르 지도에 만족했고, 이 지도는 황제의 궁정에 선물로 헌납되었다. 결국 겐트

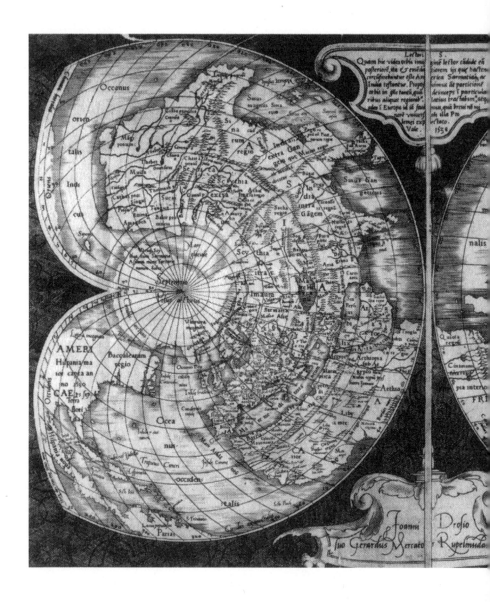

의 반란은 많은 시민들의 희생으로 막이 내렸지만, 메르카토르에게
는 황제의 신뢰를 얻어 당대 최고의 지도학자 반열에 오르는 행운이
되었다. 또한 이 지도는 15종류에 이르는 새로운 형태의 축소판으로

1569년 메르카토르 세계지도의 인문학

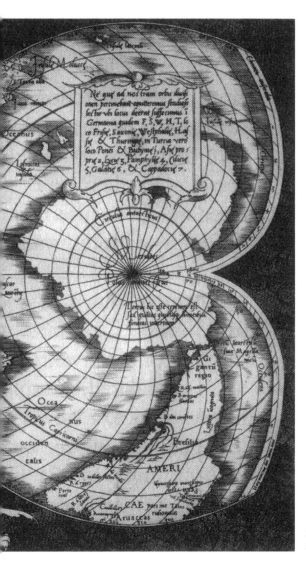

그림 4-4 | 이중 심장형 도법(1537년)
뉴욕 공공박물관 소장

제작되었는데, 그중 절반가량이 이탈리아 어판이었다. 이 역시 메르카토르 지도의 상업적 성공을 말해 준다.

프랑드르 지도와 더불어 1540년은 메르카토르의 또 다른 면모를

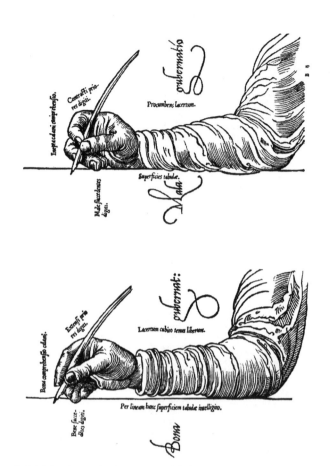

그림 4-5 | 이탤릭체 교범 Osley(1969), pp.130~131에서 전제

보여 준 해였다. 지금의 지도와는 달리 당시 지도에는 지명뿐만 아
니라 범례가 지도 전체에서 많은 부분을 차지했다. 이는 당시 지도
의 갱신 주기가 길다는 이유도 있지만 역사 지도의 성격을 일부 지
니고 있었기 때문이다. 따라서 지도에 표현된 지명과 범례에 사용되
는 서체는 지도의 그래픽 요소와 조화를 이루는 것이 우선이며, 쉽
게 읽히고 공간을 덜 차지해야 한다. 메르카토르는 유연성, 가독성,

　　　　　　　　　　　　　　1569년 메르카토르 세계지도의 인문학

우아함 등의 특징 때문에 라틴 어에 가장 적절한 서체의 하나로 이탤릭체를 제안하면서 2,900단어로 된 소책자를 발간했다. 이 책에서 메르카토르는 지도에서의 이탤릭체 이용에 관해서는 언급한 바 없지만, 자신이 발간한 지도에서는 이미 이탤릭체를 사용하고 있었다.

이 책은 서체 교범에 해당하는 책으로, 펜의 종류와 펜을 쥐는 법 그리고 개별 알파벳을 어떻게 쓸 것인지를 차례차례로 설명하고 있다(그림 4-5). 서체 전문가인 오슬리(A. S. Osley)가 지적했듯이, "메르카토르의 이 창조적인 작업 덕분에 지도 제작에서 이탤릭체를 사용하는 것이 보편적인 일이 되었다. 또한 16세기와 17세기 저지 국가 지도의 아름다움과 높은 가독성은 대체로 메르카토르의 서체에서 영향을 입은 바 컸기 때문"이라고 한다. 일반적으로 메르카토르를 지도 제작자로 한정하고 있으나, 이 소책자를 통해 서체 발달사에 관한 한 메르카토르의 또 다른 면모를 확인할 수 있다. 이는 학문뿐만 아니라 자신이 하는 모든 일에서 치밀함과 완벽함을 추구하는 그의 태도를 엿볼 수 있는 대목이다.

메르카토르의 청년기 작업 중에서 노년에 이르기까지 주요 수입원이 된 것은 바로 지구의 제작이었다. 프리시위스와 헤이던의 사사 아래 동판 제작 및 지구의 골격과 받침대 만드는 작업에 참여했지만, 메르카토르가 독자적으로 지구의를 만든 것은 1541년이었다. 프리시위스의 지구의 제작에 도제 신분으로 참여했지만 자신이 관여했던 지구의가 전문가들뿐만 아니라 일반인에게도 호평을 받았다는 점이, 스스로 독자적인 지구의 제작에 전념하게 된 계기가 되었던 것이다. 1325년부터 1600년경까지 제작된 지구의와 천구의는 모두 181종이었으며, 데커(Dekker, 2007)에 의하면 그중에 메르카토르의 것은 판각의 섬세함과 구조의 완벽함에서 압권이었다고 한다. 발터 김은 자서전에서 다음과 같이 밝혔다.

그는 그 지구의를 니콜라 페레노 드 그랑벨(Nicolas Perrenot de Granvelle)에게 헌정했는데, 이 지체 높은 귀족은 카를 5세 추밀원의 최고위직에 있었다. 한편 이 귀족의 추천 덕분에 메르카토르는 지금은 작고한 카를 5세의 눈에 띄게 되었고, 그를 위해 빼어난 솜씨를 발휘해 많은 과학 기구들을 제작했다. 황제가 독일에서 브뤼셀로 돌아오는 길에 메르카토르에게 알렸듯이, 색손 전쟁 기간 동안 이 과학 기구들은 바바리아 공국에 있는 인골슈타트(Ingolstadt) 부근의 한 농가에서 적들이 몰래 놓은 불에 녹아 못쓰게 되었다. 따라서 황제는 메르카토르에게 새로 만들라고 명령했다.

지구의나 천구의의 표면에 손으로 지도를 그리지 않고 인쇄된 고어[20](gore: 메르카토르는 12매로 된 고어를 사용했다)를 사용한 것으로는 지름이 42cm나 되는 메르카토르의 지구의가 처음이었다(그림 4-6). 그 후 1570년대 들어서면서 인쇄된 고어가 보편화되었고, 메르카토르의 것보다 더 큰 지구의가 제작되기 시작했다. 1541년 지구의(그림 4-7)는 수십 년 동안 계속해서 잘 팔렸다. 16세기 후반 유럽의 유명한 지도 판매상인 크리스토프 플랑탱(Christophe Plantin)의 거래 장부에 의하면, 헤마 프리시위스의 지구의는 11플로린(florin)에, 그리고 메르카토르의 지구의는 24플로린에 판매되었다고 한다. 1568년 당시 메르카토르의 인쇄 작업을 맡았던 인쇄공의 1년 수입이 100플로

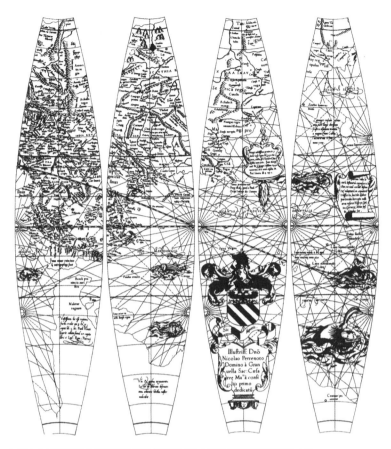

그림 4-6 | 메르카토르 1541년 지구의에 인쇄된 고어 브뤼셀 벨기에 왕립도서관 소장

린 정도였으니 지구의가 얼마나 수지맞는 사업 아이템이었는지 알 수 있다. 또한 자신의 스승이 만든 것에 비해 2배 이상 비쌌다는 점에서도 그의 지구의에 반영된 지리학적 정보의 우수성, 판각 솜씨의 탁월성, 지구의의 견고함을 엿볼 수 있다.

이 지구의에는 항정선이 그려져 있고 비교적 가볍고 견고하게 만들어져, 메르카토르가 이 지구의를 항해용[21]으로 제작했을 것이라

그림 4-7 | 메르카토르 1541년 지구의 그리니치 국립해양박물관 소장

고 유추해 볼 수 있다. 그러나 이들 지구의 대부분은 부유한 가정의 거실에 우아하고 세련된 장식품의 하나로 세워졌을 것이다. 메르카토르는 스스로 지구의를 만든 지 10년이 지난 1551년에 천구의를 제작했다. 또다시 발터 김의 자서전에서 이 부분에 관한 글을 인용하면, "그로부터 10년이 지나 메르카토르가 천구의를 제작한 것은 그

가 안트베르펜을 떠나기 1년 전의 일이었다. 천구의를 만들면서 거기에 혹성들과 천체의 운행을 묘사했다. 1551년에 그는 루뱅에서 자신이 친애하는 리에주(Liège) 교구의 오스트리아의 조지(George of Austria)에게 천구의를 헌정했다. 또한 이 시기에 그는 카를 5세를 위해 지구의 사용법에 관한 짧은 글과 천문학자용 고리 사용법에 관한 또 다른 글을 썼다."라고 한다. 제6장에서 소개되겠지만, 메르카토르의 자북(磁北)에 관한 아이디어는 바로 이 책 제1장에 수록되어 있다.

　당시 플랑드르 지역은 종교 개혁에 대한 반개혁이 도를 넘어 가톨릭에 대한 광신과 이교도에 대한 박해로 혹독한 종교 재판과 고문, 학살, 숙청이 그칠 줄을 몰랐다. 플랑드르는 헝가리의 메리(Mary of Hungary) 황후가 통치하고 있었는데, 그녀는 카를 5세의 누이인 동시에 카를 5세의 섭정이었다. 철저한 가톨릭 신봉자였던 그녀는 모든 이교도를 처형할 것을 명령했다. 메르카토르는 젊은 시절 안트베르펜에서 프란시스쿠스 모나휘스와의 만남과 메헬런에서 프란체스코 목회자들과의 교신 등이 빌미가 되어 루터 신자로 여겨지는 다른 42명과 함께 1543년 2월에 검거되었다. 메르카토르는 자신이 태어난 뤼펠몬데의 성채 내 감옥에서 7개월을 보냈다. 그는 루뱅 대학에 입학할 당시의 총장, 사제 교구 그리고 친지들의 적극적인 탄원 덕분에 영어의 생활에서 벗어날 수 있었다. 그는 자신의 감금에 대해서, 질문을 받았던 것에 대해서 그리고 경험한 것에 대해서 어떤 것도 이야기하지 않았다. 자유롭게 되자 오히려 연구를 도피처로 삼아 자기 일에 더욱 매진하면서 종교 당국자의 관심에서 벗어나려 했다. 발터 김의 자서전에는 메르카토르의 투옥에 대한 이야기가 없다. 메르카토르가 자신의 과거를 친구인 발터 김에게 이야기하지 않았던 것인지, 아니면 친구의 불행한 과거를 발터 김 스스로 함구한 것인지는 알 길이 없다.

뒤스부르크에서

메르카토르는 루뱅에서 습득했던 경험과 기술을 바탕으로 자신의 가장 뛰어난 지도학적 업적 대부분을 뒤스부르크에서 실현시킬 수 있었다. 메르카토르 시대에 이르면 지도 제작이 소수의 학자와 인쇄업자들이 하는 가내 기업 수준의 소규모 사업에서 벗어나 상업적 이익과 연계된 기업의 경제 활동 수준으로 바뀌는데, 그 중심에 메르카토르가 있었다. 더욱이 크리스토프 플랑탱과의 성공적인 거래 덕분에 메르카토르의 지도 관련 사업은 저지 국가의 후속 지도학자들에게 하나의 모범이 되었다. 메르카토르의 지도 및 지구의 제작이 상업적으로 크게 성공한 데는, 앞서 지적했듯이 에스파냐와의 독립전쟁으로 안트베르펜을 중심으로 한 지도 관련 산업이 몰락했다는 점도 일조했다.

메르카토르는 40세가 되던 1552년에 루뱅을 떠나 뒤스부르크로 이주했다. 물론 윌리히·클레베·베르크 공국의 윌리엄 공작이 뒤스부르크에 세울 새로운 대학의 우주지 교수로 메르카토르를 초청한 것이 이주의 결정적 계기가 되었을 것이다. 윌리엄 공작은 교황으로부터 공식적인 승인도 받지 않은 채 조급하게 대학 설립 계획을 세웠으며, 공식 승인을 받는 데 12년 이상의 세월이 흘렀다.[22] 하지만 승인을 받았을 당시 그 계획은 추진력을 잃고 말아, 그 대학이 실제 문을 여는 데는 그 후 90년의 세월이 더 흘러야 했다. 메르카토르가 이주한 뒤스부르크는 윌리히·클레베·베르크 공국 내의 도시이며, 이 공국의 영주인 윌리엄 공작은 원래부터 루터파에 공감한 반가톨릭 성향이 강한 군주였다. 그는 1542년 휠데를란트(Guelderland)를 침입해 카를 5세의 영토를 넘보았는데, 이곳은 안트베르펜이 있던 브라반트(Brabant)와 브루게(Brugge)가 있던 플랑드르에 바로 인접한 주였다. 하지만 윌리엄 공작은 카를 5세의 4만 대군 앞에 무릎을 꿇지 않을 수 없었다. 황제는 관대함을 발휘해 가톨릭을 믿겠다는 윌리엄의 개인적 약속에 대한 답례로 그의 영지를 유지하도록 승낙해 주었다. 플랑드르의 겐트에서 태어난 황제는 앞서 1540년에 이어 두 번째로 자신의 고향에서 일어난 반란을 잠재우러 친히 정복에 나섰던 것이었다.

이 시기 이 공국과 관련된 또 다른 일화가 있다. 대영제국의 근간을 이룬 16세기 잉글랜드에는, 철권통치와 여성 편력으로 유명한 헨리 8세(Henry VIII)와 그의 딸이자 에스파냐의 무적함대를 무찌른 엘리자베스 1세(Elizabeth I)라는 걸출한 왕과 여왕이 있었다. 이 책 제7장과 제8장에서 상세히 언급되겠지만, 엘리자베스 1세 시절 절정에 달한 잉글랜드의 북방 항로 탐험에는 존 디라는 메르카토르의 열렬한 지지자와 이 책의 주제인 메르카토르의 1569년 세계지도가 큰 역할을 했다. 다시 본래 이야기로 돌아가, 헨리 8세는 생전에 6명의 부인을 얻었고 그중 네 번째 왕비가 바로 윌리엄 공작의 누이동생이었다. 당시 헨리 8세는 교황을 비롯한 프랑스와 에스파냐 등 가톨릭 세력과 치열하게 경쟁을 벌이고 있었다. 따라서 이 결혼은 루터파에 속한 윌리엄 공작과의 연대를 통해 반가톨릭 동맹을 구축하기 위한 정략적 결혼을 했던 것으로 볼 수 있다. 하지만 그녀는 무뚝뚝한 성격, 평범한 외모에 영어도 잘 못하는 독일계 공주었다. 그녀는 1540년 1월 그리니치 궁전(Greenwich Palace)에서 결혼을 했으나, 결혼한 지 얼마 안 된 그해 여름 헨리 8세의 이혼 청구에 행복하게 사인을 하고서 고향인 독일로 돌아갔다.

메르카토르의 뛰어난 지도학적 업적 중에는 5장씩 3열, 총 15장으로 된 유럽 지도가 있다(그림 4-8). 이 작업은 이미 1540년대 초 루뱅에 있을 때부터 시작되었으나, 루뱅을 떠나던 1552년까지도 마무리짓지 못한 채 일부 완성된 동판(발터 김에 따르면 3개 내지 4개)만 뒤스부르크로 가지고 왔다. 가로 146.9cm, 세로 120cm 크기의 이 지도는 뒤스부르크로 온 지 2년이 지난 1554년이 되어서야 비로소 완성되었다. 그는 피네, 뮌스터와 같은 지도 제작자의 도움과 다른 정보 제공자 및 거래선의 도움으로 그 이전 어느 유럽 지도에 비해도 손색이 없는 아주 정확한 지도를 제작할 수 있었다. 발터 김의 자서전에 의하면, "그는 이 지도를 황제의 일급 참모이자 이미 칭송한 바 있는 니콜라의 아들인 아라스(Arras)의 주교 앙투안 페레노(Antoine Perrenot)에게 헌정했다. 이 지도의 헌정에 대한 보답으로 앙투안이 메르카토르에게 준 사례금에서 이 위대한 인물이 지닌 극도의 아량과 관대함의 실질적 풍모를 엿볼 수 있었다."라고 했다.

이 지도는 당시까지 메르카토르의 가장 중요한 작품이었으며, 그 후 수십 년 동안 계속해서 활발하게 판매되었다. 실제로 메르카토르의 유럽 지도는 1554년 베네치아 당국으로부터 저작권을 확보했고,

플랑탱의 기록에 의하면 안트베르펜에서 1566년 한 해 동안 208부나 판매되었다고 한다. 그 결과 메르카토르는 같은 세대의 지리학자와 지도 제작자들 사이에서 선두 주자로 부상할 수 있었다. 한편 새로운 정보에 대한 메르카토르의 열정은 이 지도 제작에서도 확인할 수 있다. 잉글랜드 인 친구 존 디와의 오랜 교류로 북동 항로를 찾으려던 잉글랜드 탐험대의 정보까지 구할 수 있었는데, 이 정보들은 1572년 유럽 지도 개정판에 고스란히 반영되었다. 또한 그 이전까지 그를 괴롭혀 왔던 스칸디나비아 반도, 백해 등 북동쪽 해안에 관한 정보 및 모스크바를 비롯한 러시아 내륙의 각종 지형지물에 대한 정보도 이때 수정되었다.

1561년, 엘리자베스 1세가 왕위를 계승한 지 3년이 되던 해에 메르카토르는 비밀스런 작업에 참여하게 되었다. 가로세로가 각각 87.6cm와 127.1cm인 잉글랜드 지도의 제작이 그것인데, 그는 단지 동판 판각에만 참여했던 것으로 되어 있다. 메르카토르는 자신에게 판각을 부탁한 사람의 이름과 그 지도의 최초 제작자 이름을 결코 유출시키지 않았는데, 그는 단지 서문에서 "어떤 한 친구가 내게 영국 제도를 이처럼 묘사했다. 나는 내가 들은 그대로 보여 주는 것이다."라고 기술했다. 이 지도의 내용은 여러 가지 측면에서 엘리자베스 여왕이 아닌 가톨릭교회의 입장을 반영한 것이며, 어쩌면 잉글랜드를 침략할 의도가 있는 군대를 위해 고안된 지도였을 것으로 판단하고 있다. 메르카토르가 이 모든 위험을 무릅쓰고 이 지도의 판각을 맡은 것은 자신의 종교적 그리고 정치적 판단보다는 상업적 이익이 먼저이며, 또한 지도 제작에 필수적인 지리 정보의 획득이 우선시되었기 때문이다. 1564년에 제작 완료된 이 지도의 이름은 *Angliae*

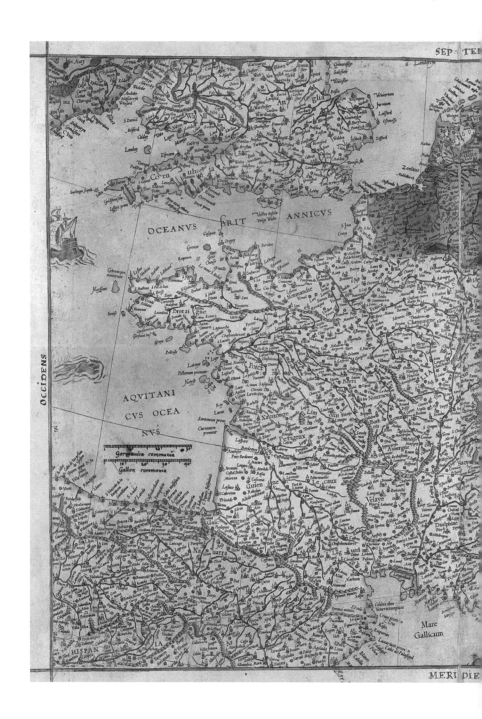

1569년 메르카토르 세계지도의 인문학

그림 4-8 | 유럽 지도(1554년)
영국 런던 대영도서관 소장

*Scotiae & Hibernie noua descriptio*인데, 여러 가지 증거를 참작해 보건 대 이 지도의 원전은 1550년대 존 엘더(John Elder)[23]가 주축이 되어 삼각측량에 의해 제작한 잉글랜드 지도라는 것이 정설이다(Barber, 2007)

1564년 같은 해에 일어났던 일 중에는 메르카토르가 로렌(Lorraine) 공국의 카를 3세의 부탁을 받아 직접 로렌 공국을 답사하면서 공국의 지도를 제작한 일도 있었다. 발터 김의 기록에는 이렇게 쓰여 있다.

> 같은 시기에 황제로부터 측량을 허락받은 로렌 공작은 메르카토르에 게 자신의 공국을 측량하게 했는데, 메르카토르는 도시에서 도시로, 마을 에서 마을로 이동하면서 삼각측량을 이용해 로렌 공국을 아주 정확하게 측량했다. 돌아오는 길에 정밀한 펜화를 그려 낭시(Nancy)에 있던 자신의 의뢰인에게 제출했다. 로렌을 관통하는 이 여행 때문에 건강이 악화되어 목숨에 위협을 느낄 정도에 이르렀는데, 메르카토르는 이 끔찍한 경험 때문에 극도로 쇠약해져 정신착란을 일으킬 정도였다.

물론 이 지도는 전해지지 않지만, 그의 1585년 『아틀라스』에 실린 로렌 공국 지도의 원본일 가능성이 높다.

1569년은 메르카토르에게 특별한 해였다. 그의 업적 중에서 스스 로 대단하게 생각했고 평생의 과제로 삼았던 '우주지'의 첫 번째 작 품인 『연대기(Chronologia)』는 어쩌면 지도학자로서 외도에 가까운 것 이었다.[24] 하지만 나중에 자신의 이름을 따 메르카토르 도법이라고 칭하는 투영법으로 그려진 세계지도는, 천재성을 발휘해 발명하였지만 그 후 한 번도 자신의 관심거리로 삼지 않았다. 그럼에도 불구하고 이 지도는 메르카토르의 최대 업적으로 아직까지 칭송되고 있다. 이 두 가지 모두 그의 나이 57세이던 1569년에 완성되었다. 그는 『연대기』에서 고대 기록에 언급된 일식과 월식을 근거로 역사적·성서적 사건들의 날짜를 밝히려 했다. 그는 창세기부터 1568년까지 5544년의 기간을 예언자 아브라함의 출생, 그리스도의 재림, 그리고 천지창조가 서서히 완성되고 있던 당시까지 각각 세 단계로 나누었다. 그가 『연대기』에서 말하려는 메시지는 개별 인간과 마찬가지로 인류 역시 출생, 삶, 죽음을 맞게 된다는 점이다.■25 이 연대기는 '아틀라스' 혹은 '우주지 연구'라는 제목으로 5권의 책을 집필할 계획의 첫 번째 책이었다. 2권은 천문학에 대해, 3권은 점성학에 대해, 4권은 해와 달, 그리고 혹성에 대해, 마지막 5권은 세계 지리에 대해 다루려 했다. 하지만 메르카토르는 1권 『연대기』를 제외하고는 계획에 그친 채 완성하지 못했는데, 그가 말년에 제작한 『아틀라스』를 제5권으로 간주하기도 한다.

한편 1569년 세계지도는 도법의 독창성과 유용성 때문에 제작되면서부터 현재까지 세계인의 관심과 사랑을 받은 반면, 고위도로 갈수록 면적이 극도로 확대된다는 결정적인 약점 때문에 항상 입방아에 오르는 양면성을 지녔다. 투영법의 원조 논쟁, 400여 년간 영욕의 세월, 페터스(Peters)에 의한 새로운 도전 등 어떤 과학적 산물이 이렇듯 복잡다단한 굴곡의 역사를 경험할 수 있었는지 그 예를 찾기 힘들 정도이다. 하지만 이 투영법은 오늘날 우리 시대의 해도에도 고스란히 적용되고 있다. 메르카토르는 이 지도의 라틴 어로 된 주석에서 "이 투영법 덕분에 지구의 표면이 평평하게 펼쳐져 각 장소들이 방향과 거리 모두에 관한 한 서로 상대적으로 정확한 위치에 있으며, 정확한 위도와 경도를 가진다."라고 밝혔다. 그는 항해가나 학자들에게 유용한 새로운 유형의 지도를 제작했을 뿐만 아니라 대륙들의 진정한 모습을 보여 줌으로써 그 이전 지도들과는 다른 새로운 세계관을 제시했던 것이다. 1569년 세계지도에 관한 이야기는 이 책 후반부에서 계속 이어지니, 이 정도로 우선 마무리하고자 한다.

앞서 이야기했듯이 당대 최고의 인쇄물 중 하나인 프톨레마이오스의 『지리학』을 메르카토르 역시 그냥 지나치지 않았다. 야코포 안젤리(Jacopo Angeli)가 프톨레마이오스의 『지리학』을 라틴 어로 번역한 것은 1409년이며, 메르카토르가 자신만의 방식으로 프톨레마이오스의 『지리학』을 재간행한 것은 이보다 170년이 지난 1578년이었다. 돌체(Dalché, 2007)에 의하면 1475년부터 1650년까지 45종류의 『지리학』이 간행되었는데, 그 대부분은 편집자 자신들이 '개량한 것들'을 그때그때 우연히 합쳐서 만든 것들이었다. 하지만 메르카토르의 것은 그들의 것과는 본질적으로 달랐다. 그는 프톨레마이오스 자신이 실제로 어떻게 지도를 그렸을까를 염두에 두고 그것을 정확하게 복원하는 데 초점을 맞추었다. 그 결과 메르카토르는 가장 신빙성 있는 프톨레마이오스의 지도를 우리에게 남겨 주었다. 1578년 메르카토르의 첫 작품이 나온 이후 그의 『지리학』은 1584년, 1605년, 1618년, 1624년에 여러 편집자들에 의해 다양한 형태로 개정판이 간행되었다. 그리고 메르카토르의 『지리학』은 1730년까지 세 번 더 개정판이 나올 정도로, 지도 제작에 관한 한 독창성과 상업성이라는 메르카토르의 진면목을 여실히 보여 주었다.

그림 4-9 | 오르텔리우스의 『세계의 무대』 표지

근대적 의미에서 최초의 아틀라스는 아브라함 오르텔리우스의 『세계의 무대』이다(그림 4-9). 여기서 근대적 의미란 같은 편집 양식으로 수백 권의 책을 찍으면서 대부분 표준 판형으로 된 지도를 의도적으로 묶은 것을 말한다. 물론 오르텔리우스의 『세계의 무대』가 기존의 지도를 단순히 판형에 맞게 재판각한 것이라면, 메르카토르의『아틀라스』는 모든 지도의 축척과 구성을 새로이 재편집하여 새로운 판형을 제시했다는 점에서 두 거인 사이의 차이를 발견할 수 있다. 즉 오르텔리우스가 지도 제작자의 관점에서 지도모음집(아틀라스)을 생각했다면, 메르카토르는 지도학자의 관점에서 그것을 바라보았다는 사실이다. 하지만 아틀라스라는 혁신적인 아이디어에서 중요한 것은 그것의 구조이지 판형이 아니라는 점을 감안한다면, 아틀라스의 첫 번째 시도자로서의 공은 오르텔리우스에게 돌려야 할 것이다. 메르카토르나 오르텔리우스의 지도모음집이 세계 지리 아틀라스라면, 최초의 국가 지리 아틀라스는 1579년 엘리자베스 1세 치하에서 크리스토퍼 색스턴(Christopher Saxton)이 만든『잉글랜드와 웨일즈의 지도집』이 될 것이다. 흔히 이 책에도 아틀라스라는 이름을 붙이지만, 실제로 아틀라스라는 명칭이 이 책에서 사용된 바는 없다.

발터 김의 자서전에는 아틀라스를 놓고 메르카토르와 오르텔리우스 간에 무언의 경쟁이 있었음을 암시하는 글이 있다.

······게다가 아브라함 오르텔리우스보다 훨씬 이전에 메르카토르는 세계에 관한 좀 더 특별한 지도와 일반 지도를 작은 크기로 발간할 계획을 갖고 있었다. 그는 자신의 펜으로 수많은 모형을 그렸고 적절한 축척에 맞추어 장소들 간의 거리를 측정했는데, 그 결과 단지 판각만을 앞둔 상태였다. 그러나 오르텔리우스는 자신의 친한 친구였기 때문에, 메르카토르는 자신의 소축척 지도들을 발간하기 전에 그가『세계의 무대』를 많이 팔아 그 이익금으로 부자가 될 때까지 이미 시작했던 자신의 계획을 의도적으로 중단했다.

이 글 내용의 진위 여부에 대해서는 알 수 없다. 하지만 1570년 11월 22일 메르카토르가 오르텔리우스에게 보낸 편지에는 "……나중에 다른 사람에 의해 어떤 지도가 다시 출판되더라도, 나는 이 작품이 판매될 수 있으리라고 확신한다."라는 문구가 있다. 테일러(2007)의 지적처럼 『세계의 무대』는 독창적인 학문의 결과가 아니며, 또한 '판매될 수 있다'라는 말 속에는 찬사, 그러나 조금 덜 관대한 그 무엇이 혼합된 인간의 묘한 감정이 교차하고 있었음을 발견할 수 있다.

또한 이 글에서는 오르텔리우스가 『세계의 무대』를 간행했을 당시인 1570년에 이미 메르카토르 자신의 『아틀라스』 작업이 상당히 진척되었다는 사실을 암시하고 있다. 하지만 1572년 유럽 지도 개정판을, 1578년 프톨레마이오스의 『지리학』을 간행하는 등 다른 작업들이 병행되고 있었다. 1578년에 쓴 메르카토르의 편지에 의하면, 조만간에 발간될 『아틀라스』는 이미 작업해 둔 저지 국가, 프랑스, 독일 지도를 첨가한다면 총 100개의 지도로 완성될 것이라 말했다고 한다. 1580년이면 이미 68세의 고령에 접어든 메르카토르로서는 판각 작업 대부분을 다른 사람들에게 의존해야 했기 때문에 작업이 지체된 것은 어쩌면 당연한 일이었다.

메르카토르는 아틀라스를 생전에 2권, 사후에 1권을 발간했다(그림 4-10). 첫 번째 발간한 1585년판에는 프랑스, 저지 국가, 독일 각각 16매, 9매, 26매씩 총 51개 지도가 실려 있으며, 두 번째 발간된 1589년판에는 이탈리아와 그리스의 23개 지도가 실려 있다. 그의 자식과 손자에 의해 제작된 마지막 권은 그가 사망한 지 1년이 지난 1595년에 제작되었다. 최종본에는 기존의 74개 지도에 새로이 34

그림 4-10 | 메르카토르의 『아틀라스』 표지

개 지도가 추가되었다. 새로 추가된 34개의 지도는 개별 지도첩 형식으로 아들 뤼몰트(Rumold)의 이름으로 제작되었고, 잉글랜드의 엘리자베스 여왕에게 헌정되었다. 앞부분에는 유럽, 아프리카 및 아시아, 아메리카(서인도 제도 포함) 등 4장의 대륙 지도가 실려 있는데, 지도에는 각각 아들 뤼몰트, 손자 헤르하르뒤스와 미카엘의 서명이

1569년 메르카토르 세계지도의 인문학

있다. 나머지 지도 모두에는 메르카토르의 이름이 들어 있다. 한편 1585년, 1589년, 1595년 세 번에 걸쳐 발간된『아틀라스』를 합본한 것이 메르카토르『아틀라스』의 최종본이다.

　이 책에는 메르카토르가 62세이던 1574년에 호겐베르크(F. Hogen-berg)가 그린 메르카토르 초상화가 실려 있는데, 메르카토르에 관한 각종 문헌에 등장하는 그의 모습은 거의 이 초상화에 기원하고 있다 (그림 1–1 참조). 게다가 1595년『아틀라스』에는 발터 김의 메르카토르 자서전이 실려 있고, '창세기에 대한 사색'이라는 비교적 긴 에세이도 들어 있다. 따라서 앞서 지적했듯이 1595년『아틀라스』는 1560년대 메르카토르가 구상했던 '대우주지' 작업의 일부로 판단된다. 이『아틀라스』동판이 1604년 암스테르담의 지도 제작자 요도퀴스 혼디위스(Jodocus Hondius)에게 넘겨져서 1609년부터 1641년까지 혼디위스와 그의 아들에 의해 무려 29개의 판본이 제작되었다. 여기에는 라틴 어판, 네덜란드 어판, 프랑스 어판, 독일어판, 영어판, 러시아 어판이 포함되어 있다. 또한『소아틀라스(Atlas minor)』로 변형되어 1607년부터 1738년까지 라틴 어, 독일어, 네덜란드 어, 영어, 터키어 등 무려 25개의 판본이 제작되었다. 이처럼『아틀라스』가 전 세계로 알려짐에 따라 메르카토르는 세계적인 지도학자 반열에 오르게 되었고, 그 명성은 지금까지 이어져 오고 있다.

　'아틀라스'라는 이름은 둘째 권에서 처음 등장하였다. 일반인은 물론 많은 지도학자와 지리학자들까지도 아틀라스라는 명칭에서 제우스 신의 노여움으로 무거운 지구를 어깨에 걸머진 그리스의 신 아틀라스를 연상하겠지만, 메르카토르는 다른 인물을 떠올리며 아틀라스라는 명칭을 사용했다. 그는『아틀라스』서문에서 지구의 최초 설계자이며 북아프리카를 지배했던 고대 페니키아(Phoenicia)의 철학자이자 왕인 또 다른 아틀라스에 대한 이야기를 했다. 따라서 메르카토르는 철학과 과학에서의 성공 덕분에 전설로까지 발전한 인물을 염두에 두고 아틀라스라는 명칭을 사용했지만, 실제 역사적 인물인 아틀라스에 대한 그의 해석에 문제가 없는 것은 아니다. 게다가 지금까지 누구도 이런 생각을 하지 않았지만, 어쩌면 본인 스스로 아틀라스의 재림을 꿈꾸었던 것은 아닌지 궁금증만 더해 준다.

말년의 그의 모습은 단지 발터 김의 자서전에서 확인할 수 있다.

메르카토르는 그의 첫 번째 부인과 50년 3주 동안 함께 살았다. 메르카토르 나이 74세였던 1586년에 그의 부인이 사망했고, 그다음 해인 1587년에 한때 시장을 역임했던 암브로시우스 모에르(Ambrosius Moer)의 미망인 게르투데 비에를링스(Gertude Vierlings)와 재혼했다. 1590년 5월 5일 그의 몸 왼쪽이 중풍으로 마비가 왔다. ……3년 후 그는 뇌출혈로 고비를 맞았다. 그의 기도가 막혀 잠시도 말을 할 수 없었고, 그에게 제공되는 음식이나 음료도 아주 어렵게 삼킬 수 있을 뿐이었다. ……그는 12월 2일 아침 11시에 82세 27주 6시간의 삶을 끝내고 하늘나라로 갔으며 증손자도 보았다. 최후의 심판의 날에 기쁜 부활이라는 신의 가호가 그에게 미치길.

      1569년 메르카토르 세계지도의 인문학

1. 이 장의 내용은 테일러(2007)의 『메르카토르의 세계』; Crane(2002)의 *Mercator: The Man Who Mapped the Planet*; 몬모니어(2006)의 『지도전쟁: 메르카토르 도법의 사회사』; 발터 김(Walter Ghim, 1595)의 추모사(VITA MERCATORIS); Karrow(1993)의 글 등을 참고하여 재구성하였다. 또한 2014년에 발간된 제리 브로턴의 『욕망하는 지도: 12개의 지도로 읽는 세계사』에서는 신학적 관점 혹은 신학자로서 메르카토르를 바라보았다는 점에서 새로운 시선을 던져 주고 있다. 이 역시 이 장을 기술하는 데 큰 도움이 되었다. 따라서 특별한 내용이거나 전문을 인용한 경우를 제외하고 가급적 본문에는 참고 문헌을 달지 않았다.

2. 탄생 500주년이 되는 2012년에 두 차례에 걸쳐 학술 대회가 열렸다. 하나는 메르카토르 박물관이 있는 벨기에의 신트니클라스(Sint Niklaas) 시를 중심으로 'Mercator revisited-Cartography in the Age of discovery'라는 이름으로 열린 대규모 국제 학술 대회였다. 이 학술 대회와 더불어 메르카토르의 탄생지인 뤼펠몬데에서는 기존의 메르카토르 동상 맞은편에 메르카토르 소년상 건립을 축하하는 기념식이 열렸다. 다른 하나는 오스트리아 빈에서 IMCoS(International Map Collectors' Society) 주관하에 '500 years Gerhard Mercator: Early Cartography in the Hapsburg Empire, and Commemoration of Mercator's 500th Birthday'라는 이름으로 개최된 학술 대회였다.

우리나라에서는 메르카토르 연구자가 전무한 관계로 메르카토르의 탄생 500주년을 기념하는 학술 행사가 없었다. 다만 필자가 2012년 하계 한국지도학회 학술 대회에서 '16세기 저지 국가 상업지도학의 발달과 메르카토르'라는 주제로 초청 강연을 한 바 있다.

3. M. Van Durme(1985)가 편집한 *Correspondance Mercatorienne. Antwerp: De Nederlandsche Boekhandel Adr. Heinen*에는 메르카토르와 관련된 서한문이 모두 정리되어 있지만 모두 라틴 어로 되어 있어 필자의 어학 능력의 범위

를 벗어난다. 따라서 그 편지에 있는 내용은 모두 재인용했음을 밝혀 둔다.

4. 국토지리정보원에서 발간되는 1:25,000 지형도를 비롯한 우리나라 기본도는 횡축 메르카토르 도법에 의해 제작된다. 최근까지 도법명을 횡축 메르카토르 도법이라고 지도의 난외주기(欄外註記)에 표시했으나, 언제부터인가 횡축 머케이터 도법으로 그 이름이 바뀌었다. 이는 현지 발음대로 쓰는 국어 문법에도 맞지 않는 일이라 수정이 요구된다.

5. http://en.wikipedia.org/wiki/Antwerp

6. 메르카토르의 출생 후 그의 가족들은 다시 강겔트로 돌아갔다. 거기서 5~6년을 보낸 후인 1517년 혹은 1518년에 다시 뤼펠몬데로 돌아와 계속 거주했다. 1552년 메르카토르는 뒤스부르크로 이주하는데, 대개 종교적 자유를 얻기 위해서 혹은 윌리엄 공작이 제안한 뒤스부르크에서의 교수직이 그 동기였을 것으로 추정하고 있다. 하지만 1552년 뒤스부르크의 이주를 단지 고향으로 돌아가는, 다시 말해 귀향의 성격이 강한 이주로 보는 이도 있다.

7. 테일러, 2007, p.79에서 재인용.

8. 필자의 생각으로, 만약 메르카토르가 이곳에서 받은 훈련 덕분에 갖게 된 뛰어난 필체와 집중력 그리고 그에 따른 판각 솜씨가 없었다면, 스승 헤마 프리시위스에게 지구의 제작 파트너로 발탁되는 행운은 없었을지 모른다.

9. 이 교범은 1969년 Osley에 의해 *Mercator: A monograph on the lettering of maps, etc. in the 16th century Netherlands with a facsimile and translation of his treatise on the italic hand and a translation of Ghim's VITA MERCATORIS*라는 긴 이름으로 번역되었는데, 라틴 어로 된 발터 김의 전기(혹은 추모사) 역시 이 책에 포함되어 있다.

1569년 메르카토르 세계지도의 인문학

10. 메르카토르는 자신이 제작한 지도, 과학 기구, 저서, 아틀라스에 이 이름을 사용했다.

11. 제리 브로턴(2014)은 메르카토르를 루터교도라 단정 짓기에는 그의 종교관이 더 복잡했을 것이라고 주장하기도 했다.

12. Smet(1983)에 의하면, 메르카토르 역시 1540년대 초반부터 존 디와 마찬가지로 마법을 연구하고 있었고, 이것이 이단 혐의가 되어 1544년에 체포, 구금되는 원인으로 작용했을 것이라고 한다. 실제로 존 디가 저지 국가에 도착한 해인 1547년은 메르카토르가 이미 구금에서 풀려 나온 이후이다. 존 디가 저지 국가에 온 것은 단지 선진 지리학과 지도학을 배우기 위해서만은 아니고 마법과도 관련되었음을 이 책 제7장에서 언급할 예정이다. 마법에 관련해 메르카토르와 존 디의 관계에 대해서는 알려진 바가 없다.

13. 1537년에 제작된 헤마 프리시위스의 지구의와 같은 해 제작된 천구의 모두에서 메르카토르의 이름을 찾아볼 수 있다. 메르카토르는 지구의 제목에서 판 데르 헤이던과 함께 판각사로 나오지만, 천구의 제목에서는 공동 제작자로 승격되었다. 이 지구의와 천구의는 모두 지름이 37cm이고, 동판 인쇄된 12개 고어를 붙여 놓았다.

14. Osley(1969)에 의하면, 당시 지구의와 천구의에 판각된 메르카토르의 이탤릭체는 아직 초보 단계지만 성장 잠재력을 보였다고 한다. 당시 저지 국가에서 제작된 지도나 지구의에서 이탤릭체 사용은 이것이 최초였다.

15. 발터 김(1595)의 추모사에 의하면, "그는 학위를 받은 후 개인적으로 철학을 공부했으며, 그로부터 커다란 즐거움을 얻었다. 그러나 이러한 공부가 향후 한 가정을 유지하는 데 큰 도움이 되지 않는다는 사실을 깨닫자, 그리고 이로부터 자신과 딸린 식구들을 위한 안정된 수입을 얻자면 그 이전에 공부를 위해 더 많은 비용을 지불해야 한다는 사실을 알게 되자, 그는 철학을 포기하고 천문학과 수

학을 선택했다. 그는 전력으로 이 학문에 몰두한 결과 단지 몇 년 만에 수많은 학생들에게 이들 학문의 기초를 개인 교섭할 수 있게 되었고, 때때로 과학 기구(예를 들어 지구의나 천구의 혹은 아스트롤라베), 천문학자용 고리, 이와 유사한 기구들을 동으로 고안하고 제작하였다."

16. 가장 중요한 자료원은 Jacob Ziegler가 1532년에 성지에 관해 쓴 *Quae Intvs Continentvr*이며, 메르카토르의 팔레스타인 지도에는 같은 해 Ziegler가 발간한 목판본 성지 지도(Quinta tabula universalis Palestinae, continens superiores particulares tabulas)보다 더 풍부한 내용이 실려 있었다고 한다(Karrow, 1993).

17. 메르카토르는 당시 아라스의 주교였던 대학 동창 앙투안 페레노 드 그랑벨로부터 프란시스퀴스 판 크라네벨트를 소개받았다. 그 대학 동창의 아버지는 카를 5세의 초대 고문관이자 내대신이었던 니콜라 페레노 드 그랑벨(Nicholas Perrenot de Granvelle, 1486~1550)이었으며, 그 역시 프란시스퀴스와 친구 사이였다(Crane, 2002, p.81).

18. Karrow(1993)에 의하면, 메르카토르의 세계지도는 이중 심장형 도법이라는 틀에서는 피네의 1531년 세계지도와 마찬가지이지만, 내용상 피네의 그것과는 상당한 차이를 보인다. 오히려 메르카토르 자신이 판각했던 헤마 프리시위스 지구의의 내용과 더 닮았다고 한다.

19. Ortroy(1892~1893)와 같은 이는, 메르카토르의 빠듯한 형편과 1537년, 1538년, 1539년, 1540년의 혹독한 겨울을 감안하면 메르카토르의 직접 측량에 회의적인 입장이다. Kirmse(1957)에 의하면, 메헬런 출신의 야코프 판 데벤터르(Jacob van Deventer)가 직접 측량해서 만든 지도가 메르카토르의 플랑드르 지도의 직접적인 자료원이었다고 주장한다(Karrow, 1993 재인용).

20. 개개 고어가 방추형 혹은 배 모양이라서 주형도(舟型圖)라고 부르기도 한다.

21. 기존의 지구의가 혼응지(混凝紙)와 회반죽을 한 것에 비해 메르카토르의 지구의는 안이 텅 빈 나무 공으로 되어 있었다. 따라서 컴퍼스의 침이 쉽게 들어갈 수 있어서 거리나 방향을 측정하기에 유리했다. 게다가 자북은 스칸디나비아 북쪽 바다에 표시되어 있었다.

22. 뒤스부르크 시위원회는 1559년에 대학 대신 김나지움(Gymnasium)을 세웠다. 여기서 메르카토르는 학생들에게 우주지, 지리학, 기하학, 대수학, 천문학 등을 가르쳤다. 3년 과정을 마치고는 1562년에 자신의 자리를 아들 바르톨로메오(Bartholomaeus)에게 넘겨주었다.

23. 테일러(2007) 역시 이에 대해 다음과 같이 주장했다. "한 가지 설득력 있는 주장은 그 지도가 프랑스 가톨릭교의 지도자, 특히 스코틀랜드 여왕 메리의 삼촌인 로렌(Lorraine) 추기경과 밀접한 관계를 가지고 있던 존 엘더의 작품일지도 모른다는 것이다. 비록 망명객은 아니었지만, 엘더는 망명한 잉글랜드 인 가톨릭교도로 이루어진 체제 전복을 꾀하는 비밀 결사의 긴밀한 후원자였다. 그는 1561년 잉글랜드으로 되돌아오자 우선 엘리자베스 여왕의 국무장관인 윌리엄 세실(William Cecil) 경에게 충성을 약속했다. 그 후 스코틀랜드의 여왕에게 비밀리에 충성을 맹세했다. 엘더는 간첩, 그것도 이중간첩이었다."

하지만 누가 이 지도를 메르카토르에게 가져다주고 판각을 부탁했는가에 대한 설명은 없다. Crane(2002)은 카토-캉브레시(Cateau-Cambresis) 조약에서 펠리페 2세 쪽 대리인이자 메르카토르의 대학 동창인 앙투안 그랑벨이 메르카토르에게 이 지도 제작을 의뢰했을 것이라고 주장하기도 했다(pp.174~181).

24. 1564년 메르카토르는 윌리히·클레베·베르크 공국의 우주지학자로 임명되었다. 이것이 계기가 되어 1569년 『연대기』를 비롯한 자신의 말년 저작들이 진행되었다.

25. 제리 브로턴(2014)은 *Vermij, Mercator and the Reformation*(p.86)을 인용하면서, 메르카토르가 『연대기』를 제작했던 목적을 다음과 같이 말했다.

"메르카토르는 『연대기』를 제작한 뒤 친구에게 이렇게 썼다. '지금 벌어지는 전쟁은 요한의 묵시록 17장 끝에 언급된 하늘의 군대 중 하나가 분명해. 그곳에서는 양과 선민이 승리할 것이며, 교회는 과거 어느 때보다 번창할 거야.' 이 말이 개혁 종교의 지나친 로마 공격을 겨냥한 것인지는 명확하지 않지만, 메르카토르가 세계의 종말이 임박했으며 연대학은 그 정확한 날짜를 밝혀 주리라고 믿었던 것만은 분명하다."(p.353)

제5장

지도 투영법 일반

대부분의 지리학 교과서 도입부에는 지도에 관한 내용이 포함되며, 거기에는 다양한 투영법[1]이 소개된다. 요즘 필자는 지리학개론 강의나 지도학 강의를 하지 않지만, 과거 이들 개론 강의를 할 때면 으레 숙제를 하나 낸다. 귤이나 오렌지를 하나 사서 껍질을 체계적으로 잘라 벗기고 그것을 평평하게 펼쳐서 제출하라는 숙제인데, 투영법에 어쩔 수 없이 수반되는 왜곡을 학생들에게 이해시키기 위함이다. 이전 학생들은 펼친 것을 그대로 평평한 종이나 판지에 붙여 제출하기도 했으나, 최근 들어서는 디지털카메라로 찍어서 이메일로 제출한다. 어떤 경우든 귤껍질이 서로 완벽하게 연결된 채, 찢어지지 않고 펼쳐진 경우는 없다. 그것도 우리가 일반적으로 보는 세계지도의 원, 타원, 사각형의 모습과는 판이하게 다르다(그림 5-1). 곡면을 이루고 있는 3차원의 지구 표면을 평평한 2차원의 평면에 옮기는 과정을 '투영법(投影法, projection)'이라고 하며, 이 과정에서 다양한 속성들이 왜곡되어 나타난다.

왜곡 이야기를 좀 더 해 보자. 고속 도로 교차로 혹은 종합경기장이라 할지라도 소축척 지도[2]에서는 점 사상(事象)으로 표시되며, 이

그림 5-1 | 오렌지 껍질의 왜곡

1569년 메르카토르 세계지도의 인문학

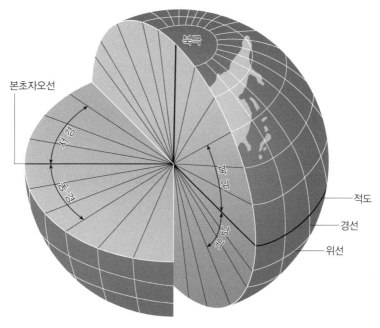

본초자오선

북극

경도차

위도차

북위

남위

적도

경선

위선

그림 5-2 | 경위선망

들의 위치는 경선과 위선이 만드는 그물망을 준거로 경도와 위도 값으로 표현될 수 있다. 표현하고자 하는 대상이 아주 넓어 소축척 지도에서도 점이 아닌 면 사상으로 표현될 경우, 두 개의 위선과 두 개의 경선으로 이루어진 사다리꼴처럼 볼록한 면을 가상할 수 있다(그림 5-2). 이 볼록한 사다리꼴 면의 경위선 간격을 아무리 좁힌다고 하더라도 그 면은 평면이 아니라 볼록한 면을 지닌 사다리꼴인 것이다. 이는 마치 백열등 유리를 아무리 잘게 부숴도 그 파편에는 백열등 원래의 곡면이 그대로 보존되어 있는 것과 마찬가지의 원리이다. 이제 대상을 바꾸어, 커다란 공을 둘러싸고 있는 끈으로 된 경위선 그물(망)을 가정해 보자. 이 경위선망을 아무리 체계적으로 잘라서 펼쳐 보인다고 해도, 우리가 일반적으로 보아 왔던 세계지도의 경위선망처럼 미끈하게 펼쳐져 전체가 대칭적인 기하학적 형태를 갖기란 불가능하다. 가운데를 맞추면 가장자리가 어긋나고, 가장자리를 맞추면 가운데가 어긋난다. 결국 투영법이란 다양한 수학적 원리로 이런 어긋남에 질서를 부여하는 행위 또는 과정인 것이다.

다음 〈그림 5-3〉은 같은 경위도 값을 가진 사람 얼굴의 윤곽선이 이 3가지 투영법의 경위선망에서 어떻게 달리 표현되는가를 보여 주고 있다. 상단의 몰바이데(Mollweide) 도법에서 정상적이던 얼굴이 그 아래 메르카토르 도법과 등장방형 도법에서는 전혀 다른 얼굴이 되고 만다. 이처럼 부분적으로 확대되고 축소되고 찌그러짐에 따라 지구의에서의 형태, 면적, 방향, 거리 등이 각각의 지도에서 달리 나타난다. 지금까지 개발된 200여 개의 투영법 중에서 어느 것 하나 이 4가지 속성 중 3가지를 만족시키는 투영법은 없다. 설령 2가지 속성을 만족시키는 투영법이라 할지라도 지도 전체에서 2가지 속성 모두를 만족시키는 투영법은 아직까지 개발되지 않았다. 따라서 우리는 지도 사용 목적에 따라 다른 속성은 조금, 어떤 경우 극단적으로 희생시키면서, 지구의와 지도에서 한 가지 속성만을 정확하게 일치시키려 한다. 물론 이들 4가지 속성 중 어느 하나 정확하게 일치되는 것은 없으나 4가지 속성 모두를 조금씩 희생시키면서 개발된 절충식 투영법도 있다. 그러므로 이 투영법이 저 투영법보다 더 좋다고 말하는 것은 의미가 없다. 다만 사용 목적에 더 적합한 투영법이 어느 것인가에 대한 선택만 있을 뿐이다. 메르카토르 도법도 예외는 아니어서 정각성(正角性)이라는 한 가지 속성만 유지하고 있는데, 이에 관한 자세한 이야기는 계속 이어진다.

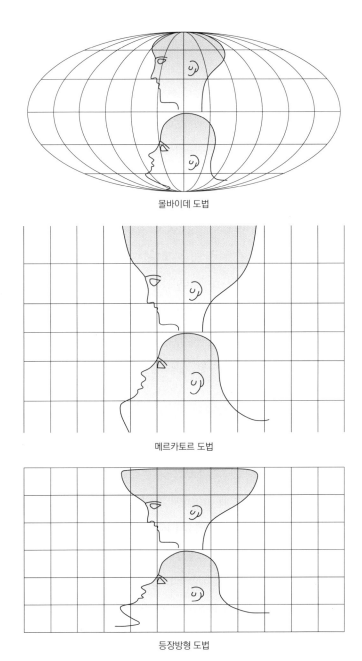

몰바이데 도법

메르카토르 도법

등장방형 도법

그림 5-3 | 3개의 투영법과 왜곡

티소 지수

1881년 발간된 니콜라 오귀스트 티소(Nicolas Auguste Tissot)의 논문「지표면의 표현과 지도 투영법에 관한 연구(Mémorie sur la représentation des surfaces et les projections des cartes géographiques)」에서는 지도 왜곡에 관한 분석적 설명을 제시하고 있다. 파리의 수학 교사였던 그는 각도와 형태의 왜곡을 설명하는 간단한 '티소 지수(indicatrix)'[3]를 개발하였는데, 티소 지수는 개별 투영법의 왜곡 정도를 평가하는 그래픽 도구로서 다른 경쟁자를 찾을 수 없을 정도로 완벽하다.

그 원리는 비교적 간단하다. 우선 지구의에 무수히 많은 작은 원(이론적으로는 무한히 작은 원)을 그려 넣는다. 지구의에서 이들 원에 해당하는 것이 〈그림 5-4〉의 가운데, 다시 말해 OA 혹은 OB를 반지름으로 하는 작은 원이며, 바깥 원이나 타원은 지구의의 작은 원이 지도에서 달리 표현된 것들이다. 바깥 원은 지도에서 형태의 변화 없이 면적만 확대된 경우이며, 이때 모든 방향으로 축척이 동일하게 확대된다. 만약 지도로 표현될 때 형태의 변화 없이 면적만 축소되었다면 그 원은 가운데 작은 원 내부에 또 다른 작은 원으로 형태의 변화 없이 자리를 잡게 된다. 따라서 수평 확대(혹은 축소) 비율 OA′/OA를 a, 수직 확대(혹은 축소) 비율 OB′/OB를 b라고 하고 a=b>1이면 면적이 확대된 경우이고, a=b<1이면 면적이 축소된 경우이며, a=b=1이면 면적이 정확하게 반영된 경우를 말한다. 물론 세 가지 경우 모두 a=b이기 때문에 형태의 왜곡은 없다.

티소에 의하면 지구의의 한 점에서 임의의 두 축이 직교하는 경우는 무수히 많으며 실제 지도에서도 그중 하나 이상이 직교하면서 지

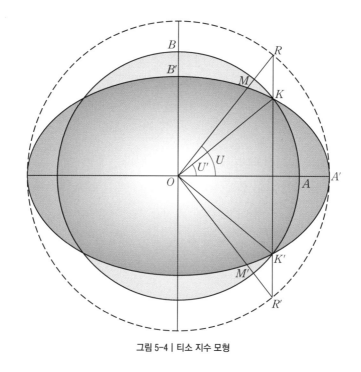

그림 5-4 | 티소 지수 모형

도에 표시될 수 있다고 한다. 또한 이러한 현상은 투영법 종류에 관계없이 나타난다고 한다. 지구의의 원이 체계적으로 왜곡될 경우 지도에서는 타원으로 표현되는데, 타원의 장축과 단축이 앞에서 말한 지도에서 직교하는 두 축에 해당된다. 이 경우 수직, 수평 왜곡 정도를 나타내는 a와 b는 그 값이 서로 다르며(a≠b), a와 b 값은 1보다 클 수도 작을 수도 있다. 지구의에 표시된 원에 대한 실제 지도에서의 면적 왜곡 정도는 a×b 값으로 결정되는데, 이를 티소의 면적 왜곡 지수라고 한다. 만약 면적 왜곡 지수 값이 지도의 모든 지점에서 1이라면, 이 지도는 다른 속성의 왜곡 정도와는 상관없이 지구의의 면적을 정확하게 반영한 정적 도법이 된다.

한편 정각 도법의 경우 지구의에서 M은 지도에서 R이므로 지구의에서 ∠MOM′은 지도에서의 ∠ROR′과 같다. 따라서 면적 왜곡은 있을지언정 각도의 변화는 없다. 하지만 지구의의 원이 지도에서 타원으로 표현될 경우 형태 변화에 따라 지구의에서 M은 지도에서 K에 해당되며, ∠MOM′(2U)은 ∠KOK′(2U′)이 된다. 이 그림에서 수직선과 수평선 그리고 원과 타원이 만나는 곳에서는 각의 차이가 없다. 하지만 M의 위치에 따라 ∠MOM′과 ∠KOK′의 차이는 달라지는데, 최대 차이가 나타나는 지점에서의 각도 차이를 티소의 각왜곡 지수(2ω)라고 한다. 특정 투영법으로 제작된 지도라고 할지라도 지도 전체에 걸쳐 왜곡 정도가 상이하기 때문에, 티소 지수 값은 지도 모든 지점에서 다르게 나타난다. 우리는 각 지점의 개별 티소 지수 값을 두 가지 방법으로 지도에 표현할 수 있다. 그 하나는 면적 왜곡이든 각 왜곡이든 특정 투영법에 의해 제작된 지도의 모든 지점에 대한 티소 지수를 등치선을 이용해 표현하는 방법이다(그림 5-5-가). 다른 하나는 면적 왜곡과 각 왜곡을 고려해 변형된 원 혹은 타원을 지도의 경위선 교차점에 그려 넣는 방법이다(그림 5-5-나). 〈그림 5-5-나〉에서 보듯이, 중앙 경선과 중앙 위선에서 멀어질수록 원과 타원의 크기 그리고 타원의 장축 및 단축 방향 등이 체계적으로 달라지는데, 이를 통해 우리는 특정 투영법의 속성 및 그 용도를 파악할 수 있다.

티소는 투영법의 시각적 평가에 기여했지만, 아이러니하게도 정작 자신의 논문에는 도해가 거의 없고 지도도 하나 없다. 그렇다고 놀랄 일은 아니다. 티소와 같은 수학자들은 수학적 이론가이지 지도 제작자가 아니기 때문이다. 그들은 분석적인 방법을 통해 지도학적

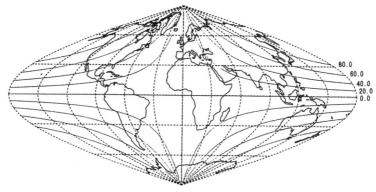

가. 등치선도

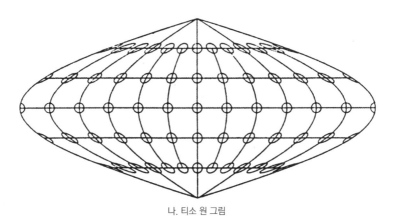

나. 티소 원 그림

그림 5-5 | 시누소이달 도법의 티소 지수

으로 중요한 과제를 성공적으로 해결하는 데는 능숙했지만, 정작 자
신들의 연구 결과가 지닌 실용적인 의미에 대해서는 전혀 관심이 없
었다(몬모니어, 2006).

투영법의 종류

중등학교에서 지리 선생님을 다른 교과 선생님과 구분할 수 있는 몇 안 되는 기준 중의 하나는 지리 선생님들이 투영법에 대한 공포가 비교적 적다는 점이다. 물론 지리 선생님이 투영법에 정통해 있다는 이야기와는 다르다. 이처럼 투영법이 어렵게 보이는 이유는 여러 가지가 있겠지만, 그 분류법이 복잡하다는 것도 그 한 가지 원인일 것이다. 투영법은 투영면의 종류에 따라, 투영면의 접점에 따라, 투영면의 분할 여부에 따라, 광원(光源)의 위치에 따라, 마지막으로 투영법의 속성에 따라 구분할 수 있다. 사중심 접선 정적 원추 도법이라 함은 투영면은 원추 도법이라 원뿔이고, 접점은 사중심이라 적도나 극이 아닌 임의 지점에 투영면이 접하고, 접선이란 투영면이 구(球) 표면에 접해 있어 표준선이 하나임을 의미하며, 마지막으로 정적이란 이 투영법 속성, 다시 말해 지구의에서의 면적 관계가 지도에서 정확하게 반영되어 있음을 의미한다. 이러니 투영법이 어렵다고 교사나 학생 모두 손사래를 칠 수밖에 없다. 최근 들어서는 투영법이 중등학교 교육 과정에서 빠지는 경우도 종종 있다.

프톨레마이오스의 기념비적 저작인 『지리학』이 발간된 것은 기원후 150년경의 일로, 그 이전에도 많은 학자들은 지구가 원형이라는 사실을 알고 있었다. 또한 그들은 원형의 지구를 평면에 펼칠 때 나타나는 형태, 면적, 거리, 방향 등의 왜곡에 대해서도 충분히 인지하고 있었음을 프톨레마이오스의 다음과 같은 글에서 알 수 있다.

자세한 정보를 담을 만한 큰 공간(지구의)을 마련하기 어렵다. 또한 구

1569년 메르카토르 세계지도의 인문학

전체를 동시에 볼 수도 없어, 만약 뒷면을 보려면 사람이 움직이거나 지구본을 돌려야 한다. 지구를 평면에 나타내는 두 번째 방법에서는 이러한 불편은 사라진다. 하지만 지구의에 표현된 거리와 실제 지구상의 거리가 일치하려면 지구를 평면에 표시할 때 어떤 조절이 요구된다 [Stevensen(1932)의 영문 번역을 재번역].

여기서 프톨레마이오스는, 당시 알고 있던 지리 정보를 모두 담을 수 있는 크기의 지구의를 만든다는 것이 현실적으로 힘들며, 설령 만든다고 하더라도 전 지구를 한눈에 볼 수 없다는 약점을 인정하고 있다. 이를 위해서는 둥근 지도를 평면에 펼쳐 놓아야 하는데, 이때 지도 거리와 실제 거리를 일치시키려면 투영법이 필요하다는 사실을 프톨레마이오스는 알고 있었다. 구는 입체 중에서 가장 완벽한 것이라고 한다. 실제로 같은 부피의 입체 중에서 표면적이 가장 작은 것이 구이다. 하지만 지구는 완벽한 구도 아니며 더군다나 지표는 최대 20km의 기복을 가지고 있으니, 거친 구면을 평면에 펼친다면 사정은 더욱 복잡해진다.

20세기 최고의 투영법 학자인 스나이더(1993)에 의하면, 기록에 전하는 가장 오래된 투영법은 기원후 100년경에 만들어진 마리누스(Marinus)의 등장방형 도법(等長方形圖法)[4]이라고 한다(그림 5-6). 이 투영법에 의한 지도는 서로 직각으로 만나는 수직 수평의 경위선망으로 이루어져 있으며, 축척은 하나의 위선과 모든 경선을 따라 실제 길이와 일치한다. 지금까지 밝혀진 투영법을 찾아내 각각의 독창성을 근거로 투영법을 구분하기란 쉽지 않은 일임에 틀림없다. 왜냐하면 과거의 투영법을 기반으로 새롭게 개선된 투영법의 경우, 그

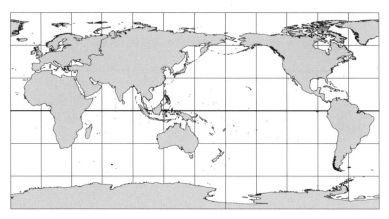

그림 5-6 | 등장방형 도법

것의 독창성 정도를 판단하는 일은 주관적일 수 있기 때문이다. 하지만 스나이더(1993)는 용감하게 1992년까지 인류가 개발한 투영법이 총 265개로 확인된다고 밝힌 바 있다. 1670년까지 16개, 1670~1799년 사이에 16개, 1800~1899년 사이에 53개, 1900~1992년 사이에 180개 등 모두 265개가 개발되었는데, 근년에 다가올수록 개발된 투영법의 수는 기하급수적으로 증가하였다. 이 중 메르카토르 도법은 인류가 15번째 개발한 투영법이라는 것이 그의 견해이다.

투영법(projection)이라는 의미에는 어떤 물체의 그림자를 활용하는 것이 전제된다. 지도 투영법의 경우, 철사로 된 경위선망으로만 이루어진 앙상한 지구의, 그리고 이것에 빛을 투과할 경우 나타나는 경위선망의 그림자를 상정해 볼 수 있다. 지구의의 경위선망을 투영면에 투사시켜 그 그림자로 지도에 경위선망을 구축하려는 아이디어는 이미 고대에도 있었다. 앞서 이야기한 265개의 투영법 중에서 실제로 투영의 원리에 의거해 단순한 작도로 경위선망을 구축할

1569년 메르카토르 세계지도의 인문학

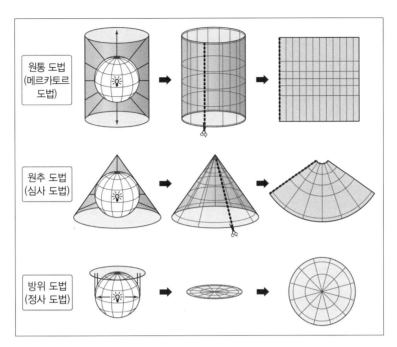

원통 도법
(메르카토르
도법)

원추 도법
(심사 도법)

방위 도법
(정사 도법)

그림 5-7 | 투영법의 원리

수 있는 투영법은 몇 가지 되지 않는다. 대개의 투영법은 이러한 투영의 원리를 근간으로 하지만 복잡한 수학적 방법에 의거해 경위선망을 구축한 것이 대부분이다. 스나이더(1993)에 의하면, 2세기, 즉프톨레마이오스의 시대에 이르면 투영면의 종류에 따라 원통 도법, 원추 도법, 방위 도법이 이미 개발되었으며, 방위 도법의 경우 광원의 위치에 따라 심사(心射), 정사(正射), 평사(平射) 도법이 별도로 개발되었다고 한다. 〈그림 5-7〉은 투영면의 종류에 따라 투영법을 구분한 것으로, 지구의의 경위선망이나 기호들을 평면, 원뿔, 혹은 원통과 같은 평평한 평면 위에 투영하고 그것을 펼칠 경우 3차원의 투영면이 2차원인 평면 지도로 바뀐다. 이처럼 투영법은 1차적으로

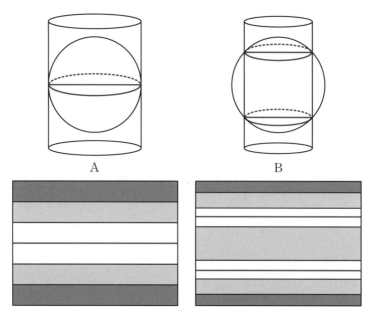

그림 5-8 | 접선원통 도법(A)과 분할원통 도법(B)에서 표준선과 왜곡 정도의 비교

투영면의 종류에 따라 원통 도법, 원추 도법, 방위 도법으로 구분할
수 있다.

　이때 지구의는 이들 평면과 한 점 혹은 한두 개의 표준선과 접하
며, 지도에서는 이들 표준선을 따라 축척이 항상 일정하다. 일반적
으로 축척 왜곡은 표준선에서 멀어질수록 확대된다. 지도 제작자들
은 지도에 나타내려는 지역이나 그 근처에 원통, 원뿔, 평면과 같은
투영면을 가까이 위치시킴으로써 왜곡을 축소시킨다. 〈그림 5-8〉에
서 보듯이 지구본을 자르는 분할원통 도법(B)에서는 두 개의 표준선
을 이용하는 반면, 지구본에 접하는 접선원통 도법(A)에서는 표준선
이 하나이다. 지도 전반에 걸쳐 왜곡 정도는 분할 도법에서 작은데,
왜냐하면 평균적으로 따져 보면 모든 지점들이 한 개의 표준선보다

는 두 개의 표준선 중 어느 하나에 더 가깝기 때문이다. 일반적으로 북아메리카, 유럽, 러시아와 같이 중위도에 위치한 넓은 면적의 국가인 경우 원추 도법이 적당하며, 왜곡을 줄이기 위해 분할원추 도법도 가능하다. 한편 평면을 투영면으로 하는 방위 도법에서도 접선 방위 도법과 분할방위 도법 역시 가능한데, 방위 도법은 일반적으로 극지방을 나타내는 지도에 널리 이용된다.

이제 투영법의 속성에 대해 알아보자. 투영법의 속성은 크게 정적성(正積性), 정각성(正角性), 정방위성(正方位性), 정거성(正距性)으로 나누어지며, 이러한 속성이 반영된 지도를 각각 정적 도법, 정각 도법, 정방위 도법, 정거 도법이라고 한다. 정적 도법에서는 지구의와 지도에서의 면적 관계가 정확하게 유지되어야 한다. 즉 지구의에서 남아메리카가 그린란드에 비해 8배나 더 크다면, 정적 도법으로 만들어진 지도에서도 그 관계가 그대로 유지되어야 한다. 점에 불과한 북극이 적도와 같은 길이의 직선으로 표시된 〈그림 5-9-가〉의 등장방형 도법은 고위도로 갈수록 면적 왜곡이 극심해진다. 이 지도를 살펴보면 적도에서 위도 30° 사이의 면적과 위도 60°에서 90° 사이의 면적이 같으나 실제 면적의 비는 19:1이며, 위도 60°와 90° 사이에 있는 띠의 면적은 실제보다 약 14배 확대된 것이다. 이러한 면적 왜곡을 줄이기 위해 두 가지 방법이 채택될 수 있다. 그 하나는 정적원통 도법(그림 5-9-나)과 같이 고위도로 갈수록 위선 간격을 줄임으로써 면적이 극단적으로 과장되는 것을 피하는 방법이며, 다른 하나는 시누소이달(sinusoidal) 도법(그림 5-9-다)과 같이 경선들을 극 쪽으로 수렴시켜 극 쪽에서 나타날 면적의 왜곡을 줄이는 방법이다. 적도와

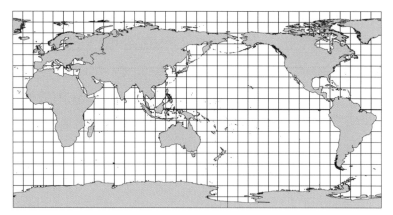

가. 등장방형 도법

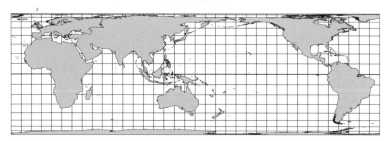

나. 정적원통 도법

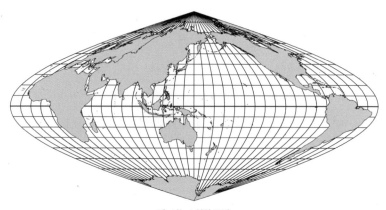

다. 시누소이달 도법

그림 5-9 | 등장방형 도법을 정적 도법으로 바꾸는 2가지 방법

1569년 메르카토르 세계지도의 인문학

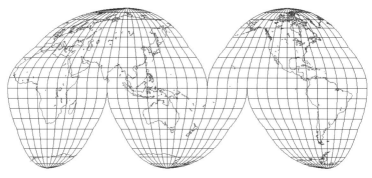

그림 5-10 | 구드 단열 도법

중앙 경선 주변 지역에서는 왜곡이 가장 적으나, 이들 투영 중심으로부터 멀리 떨어질수록 왜곡은 극단적으로 증가한다.

　20세기 초반 시카고 대학교 지리학 교수였던 폴 구드(J. Paul Goode)는 중앙 경선 부근의 왜곡이 가장 적다는 특징을 이용하여 〈그림 5-10〉과 같은 단열 도법을 개발했다. 이 정적 도법에서는 혓바닥 모양의 부분 지도 5개가 적도에서 극 쪽으로 돌출되어 있다. 구드는 시누소이달 도법에서 자오선들이 극을 향해 심하게 휘어지는 것을 막기 위해 각 부분 지도를 위도 40° 부근에서 둘로 구분하였다. 즉 적도를 중심으로 한 저위도 지방은 시누소이달 도법을 이용했으며, 극 부분은 고위도 지역에서 동서 방향의 축소가 상대적으로 적은 몰바이데 도법을 이용해 그 둘을 합성했다. 수학적으로 계산하면 위도 40° 부근에서 시누소이달 도법의 위선 길이와 몰바이데 도법의 위선 길이가 정확하게 일치하는 위도를 찾을 수 있다. 구드 단열 도법에서는 가능한 한 육지의 왜곡을 줄이기 위해 연속된 해양을 절단시킴으로써, 정적성의 확보와 함께 형태의 왜곡도 어느 정도 경감시킬 수 있었다. 반대로 해양의 왜곡을 최소화하기 위해 육지를 절단한다면, 구드 단열 도법은 수산학이나 그 밖의 다른 해양 연구에서 마찬가지의 역할을 할 수 있을 것이다. 지도 이용자가 국가들의 면적을 비교하거나 전 세계 인구, 돼지, 밀, 그 밖에 육지에서 나타나는 다른 변수들의 밀도를 점 기호를 사용해 지도에 표현하고자 할 때, 정적성은 지도 선택에서 필수적인 속성이 된다.

정적 도법이 지구의에서의 면적 관계를 지도에서 일치시키는 것을 목적으로 한다면, 정각 도법은 지구의에서의 국지적인 각도를 지도에서 그대로 유지하는 것을 목적으로 한다. 즉 정각 도법에서 임의의 두 직선이 교차하는 각도는 지구본에서의 그것과 정확하게 일치한다. 정각 도법에서 기다란 대륙이나 섬의 형상은 왜곡되지만, 예를 들어 임의의 경위선 교차점 주변 좁은 범위 내에서는 모든 방향으로 축척이 같고 형태도 비교적 정확하다. 따라서 지구의에 그려진 작은 원은 정각 도법에서는 그 모양을 유지해 원으로 표시된다. 그럼에도 불구하고 다른 투영법과 마찬가지로 축척이 장소에 따라 달라지는데, 지구의에서 같은 크기로 그려진 작은 원들은 세계지도와 같이 넓은 면적을 나타내는 지도에서는 그 크기가 아주 다르게 나타난다. 물론 모든 투영법에서 대륙과 같이 넓은 지역의 형상은 예외 없이 왜곡되지만, 일반적으로 정각 도법에서는 정각 도법이 아닌 다른 투영법에 비해 전체적인 형상 왜곡이 비교적 적게 나타나는 것이 그 특징 중의 하나이다. 정각성과 정적성 사이에는 가장 뚜렷한 교환관계(trade-off)가 나타나는데, 이 때문에 어떠한 투영법도 정각성과 정적성 모두를 만족시키지는 못한다. 이들 특성은 상호 배타적일 뿐만 아니라, 표준선으로부터 멀리 떨어진 지역은 정각 도법에서 면적이 극도로 과장되며, 정적 도법에서는 그 형태가 심하게 왜

1569년 메르카토르 세계지도의 인문학

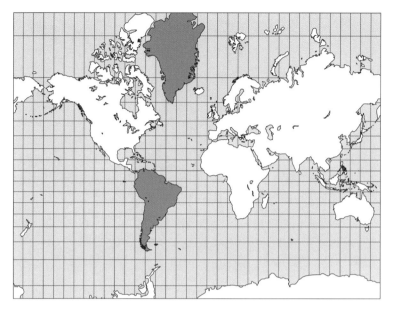

그림 5-11 | 메르카토르 도법의 면적 왜곡

곡된다.

〈그림 5-11〉처럼 메르카토르 도법으로 그려진 세계지도에서는 그린란드가 남아메리카만큼 크게 보이지만 실제 지구의에서 그린란드 면적은 남아메리카의 8분의 1에 지나지 않는다. 남북 방향 축척이 극 쪽으로 갈수록 급격히 증가하므로 극은 무한대에 놓여 있어 적도 중심 메르카토르 도법에서는 극을 표현할 수 없다. 한편 〈그림 5-12〉의 지도는 심사 도법으로 제작한 지도로, 대권인 적도와 경선들이 직선으로 나타나 있다. 이 지도에서는 지도의 중심에서 주변으로 갈수록 면적과 형태가 극단적으로 왜곡되고, 투영법의 한계로 반구마저 나타낼 수 없다. 그렇다면 이처럼 극단적으로 나타나는 면적 왜곡에도 불구하고 이들 투영법을 이용한 지도들이 왜 제작되고 또

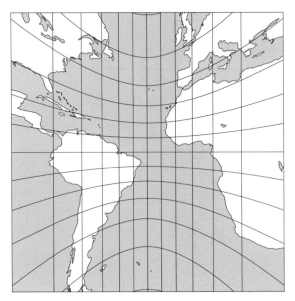

그림 5-12 | 심사 도법

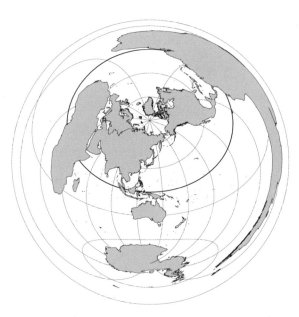

그림 5-13 | 서울을 중심으로 한 사정거 방위 도법

1569년 메르카토르 세계지도의 인문학

사용되는 것일까? 비록 이들 지도는 일반적인 용도의 기본도나 벽걸이용 지도로 사용하기에 극단적으로 불리한 속성을 지니고 있지만, 그러한 단점 못지않게 나름의 장점도 있다. 특히 메르카토르 도법과 심사 도법 이 둘을 결합한다면, 항정선을 따라 최단 거리 항로를 찾는 항해자에게는 더없이 편리한 도구가 될 수 있다. 이에 대해서는 다음에 자세히 다루고자 한다.

메르카토르 도법이나 심사 도법에서 보듯이, 지도 제작자는 특별한 목적을 위한 투영법을 만들어 낼 수 있다. 예를 들어, 〈그림 5-13〉의 사정거 방위 도법은 서울로 수렴하는 모든 대권 경로에 대해 정확한 거리와 방위 관계를 나타내 준다. 다시 말해 서울을 중심으로 그은 모든 지점과의 직선은 그 방향뿐만 아니라 거리도 실제와 같다. 이 지도는 서울 바로 인근 사람들에게는 유용할지 모르나, 서울을 포함하지 않는 거리 비교는 아무런 소용이 없다. 대륙의 형상이나 상대적 면적은 심하게 왜곡되어 일반 용도의 기본도로서는 그 가치가 극히 제한된다. 한편 〈그림 5-14〉처럼 메르카토르 도법의 원리를 이용한 사중심 횡축 메르카토르 도법에 의한 지도는 우리에게 늘 익숙한 적도 중심의 메르카토르 세계지도와는 경위선망의 구조가 완전히 다르다. 하지만 이 지도 역시 정각성이 확보될 수 있으므로 특정 지점을 중심으로 하는 항공용 지도 제작에 편리하게 이용할 수 있다. 최근 들어 컴퓨터 그래픽 기술의 발달로 지도 이용자가 양방향 컴퓨터그래픽 시스템이나 좋은 지도 제작용 소프트웨어를 가지고 있다면, 아주 유능한 지도 제작자가 될 수 있으며, 특별한 용도에 맞는 투영법도 큰 어려움 없이 만들어 낼 수 있다.

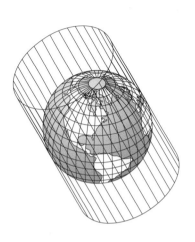

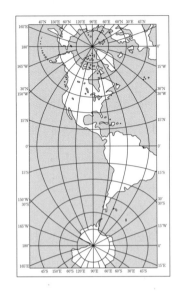

그림 5-14 | 사중심 횡축 메르카토르 도법

메르카토르 도법의 원리: 경위선망의 구축

메르카토르 도법의 경위선망 구축 원리를 비교적 쉽게 설명한 것이
〈그림 5-15〉이다. 이 그림에서는 고위도로 갈수록 좁아지는 경선
간격을 적도의 그것과 일치시키면서 경선 간격이 늘어난 비율만큼
위선 간격을 늘리는 이 투영법의 원리를 보여 주고 있다. 그렇다면
왜 이런 식의 경위선망을 구축하려 했을까? 결론부터 말하자면, 이
원리에 따르면 일반 해도(海圖)에서 요구되는 정각성이 확보될 수 있
기 때문이다. 다시 말해 고위도로 갈수록 경선 간격의 확대 정도가
커지지만, 이에 비례하여 위선 간격을 확대시킨다면 경선과 위선의
확대 정도가 일치하기 때문에 두 지점 간의 각도는 일정해진다. 물
론 그 확대 정도에 따라 면적도 확대되는데, 지구의에서 한 점에 불

과한 극이 지도에서 일정한 길이의 위선으로 무한정 확대될 경우 경선의 길이 역시 무한정 확대되어야 하므로 이 투영법에서는 극을 나타낼 수가 없다. 면적이 극단적으로 확대되는 약점에도 불구하고 해도에서 요구되는 정각성을 위해 이러한 도법이 창안된 것이다. 메르카토르 도법의 원리를 좀 더 단순화시켜 도해한 것이 〈그림 5-16〉이다(Hall and Brevoort, 1878).

〈그림 5-16〉에서 삼각형 ABC는 지구의 표면의 일부이며 AB와 AC는 경선을, BC는 적도의 일부를 의미한다. 한편 DE는 특정 위도의 위선 일부이다. 이 그림에서 B를 출항지, E를 귀항지로 가정하면 직선 BE는 B에서 E로 가는 항로가 된다. 극에서 수렴되는 경선들을 지도에서 평행한 직선으로 나타낸 아이디어(장방형 도법)는 메르카토르가 처음은 아니다. 메르카토르 이전의 장방형 도법, 특히

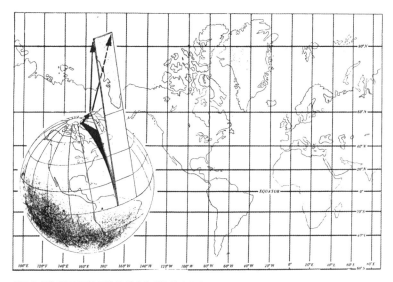

그림 5-15 | 메르카토르 도법의 원리에 대한 일반적인 도해

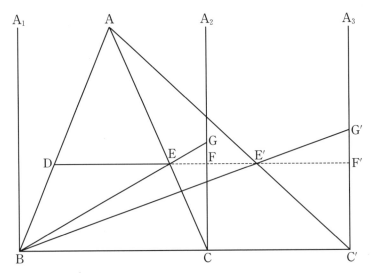

그림 5-16 | 홀과 브레부트(Hall and Brevoort, 1878)의 메르카토르 도법 설명에 대한 재해석

등장방형 도법에서는 실제 평행하지 않은 경선을 평행한 직선으로
바꾸면서 위선의 길이, 즉 경선의 간격만 증가시키고 위선의 간격은
실제와 일치시켰다. 그 결과 실제 항로 BE가 지도에서 BF로 표현되
면서, 거리도 방향도 모두 달라졌다. 메르카토르의 기본 의도는 다
른 지도에 비해 거리가 더 왜곡되는 한이 있어도 방향의 왜곡만은
바로잡겠다는 것이었다. 즉 지구의에서 BE 항로와 자오선이 이루는
각도가 지도에서도 같은 각도로 표현되기 위해서는 EF만큼 위선 길
이 증가분에 대해 GF만큼 경선 길이를 증가시켜, 실제 BE 항로를
지도에서 BF 대신 BEG로 나타내려는 것이었다. 결국 이러한 원리
로 제작된 지도를 이용한다면, 지도에서 BEG와 자오선의 각도를 측
정해 이를 나침반으로 옮겨 항해한다면 항로의 수정 없이(항정선을 따
라) B에서 E까지 무사히 도착할 수 있다. 물론 이 경우 거리의 손해

1569년 메르카토르 세계지도의 인문학

는 감수해야 할 것이다. 여기까지가 홀과 브레부트(Hall and Brevoort, 1878)의 설명이다.

여기서 한 가지 의문이 제기될 수 있으니, 〈그림 5-16〉을 다시 한 번 살펴보자. 앞의 설명에서 BC의 간격은 임의적이다. 만약 BC의 간격을 BC′으로 확대시킬 경우 항로 BE′이 지도에서는 BF′ 대신 BE′G′으로 표현될 것이다. 이 경우 위선 길이 증가분 E′F′에 대한 경선 증가분 G′F′는 BC가 확대되기 이전의 GF와는 그 길이가 다르다. 따라서 BC의 폭에 따라 경선 증가분의 길이가 다르다는 사실은 단순하게 위선 증가분만큼 경선 증가분을 고려해 위선의 위치를 정할 수 없음을 암시하고 있다. 또한 위도에 따라 그 증가분도 상이하므로, 앞의 원리를 마찬가지로 적용한다면 문제는 더욱 복잡해진다. 결국 기본 원리는 단순하지만, 그 해법이 쉽지 않다는 것을 말하고 있다. (이하의 내용이 성가시다면 다음 절로 넘어가도 좋다.)

특정 위도의 위선 위치, 다시 말해 적도와 특정 위선과의 간격을 정하는 문제가 단순하지 않음은 또 다른 예에서 살펴볼 수 있다(그림 5-18, 여기서는 대권의 길이 $2\pi r$을 l로 대체하였다). 우리는 여기서 적도를 기준으로 30° 위선과 60° 위선 간격을 정하는 경우와 적도를 기준으로 하지 않고 30° 위선과 60° 위선의 길이 변화만으로 두 위선 간격을 정하는 경우를 상정해 볼 수 있다. 전자의 경우 지구의에서 위도 60°의 위선의 길이는 $2\pi r\cos 60°(=\pi r)$이나 실제 지도에서는 $2\pi r$로 표현되므로 2배로 확대된다. 따라서 적도에서 위도 60°의 위선까지의 길이는 실제 길이 $2\pi r\dfrac{60°}{360°}(=\dfrac{1}{3}\pi r)$의 2배($=\dfrac{2}{3}\pi r$)여야 한다고 생각할 수 있다. 그렇다면 위도 30°에서 위선의 실제 길이는 $2\pi r\cos 30°(=\sqrt{3}\pi r)$이나 지도에서는 $2\pi r$로 표시되므로, 적도로부터 위도 $30°$ 위선까지의 길이는 실제 길이 $2\pi r\dfrac{30°}{360°}$보다 $\dfrac{2}{\sqrt{3}}$ 배($=\dfrac{1}{3\sqrt{3}}\pi r$) 더 커야 한다는 논리이다. 이 경우 $30°$ 위선과 $60°$ 위선 사이의 간격은 $(\dfrac{2}{3}-\dfrac{1}{3\sqrt{3}})\pi r$이 된다. 하지만 이는 적도를 기준으로 설정한 값이다. 만약 후자의 경우처럼 $30°$ 위선과 $60°$ 위선만을 생각한다면 두 위선의 길이 비율은 $\sqrt{3}:1$이기 때문에 두 위선의 간격은 $2\pi r\dfrac{30°}{360°}\sqrt{3}$ $(=\dfrac{\sqrt{3}}{6}\pi r)$이어야 한다. 이상에서 살펴본 바와 같이 어디를 기준 위선으로 할 것인가에 따라 위선 간격이 달라진다는 사실을 확인할 수 있는데, 이는 지구의 매 지점마다 위선의 길이 증가분에 대한 경선 길이의 증가 정도가 달라짐을 의미한다. 따라서 우리는 여기서 미분의 개념이 필요하다.

메르카토르는 자신의 지도에서 가장 중요한 경위선망의 구축 방법에 대해 아무런 말도 하지 않았다. 수학적 방법을 이용했는지, 아니면 단순히 작도만을 이용했는지 이제까지 밝혀지지 않았다. 이는 제작 당시도 마찬가지였는데, 이 위대한 발명품을 재현하고 항해에 직접 이용하기 위해서는 경위선 구축 방법에 대한 정확한 이해가 필요했다. 잉글랜드의 수학자 에드워드 라이트(Edward Wright)는 1599년 발간한 자신의 저서『항해에서 확실한 오류(Certaine Errors in Navigation Detected and Corrected)』에서 메르카토르의 경위선망을 재현하는 방법을 제시함과 동시에 누구나 단번에 이해할 수 있는 방법으로 메르카토르 도법의 원리를 설명했다. 우선 그는 이 투영법을 유리 실린더 안에 있으면서 무한정 부풀려지는 지구의에 비유했다.

1569년 메르카토르 세계지도의 인문학

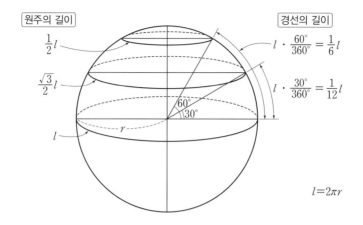

$$l = 2\pi r$$

a) 적도를 기준으로 30°위선과 60°위선 사이의 간격을 계산한 경우

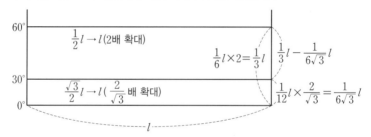

b) 위선 30°를 기준으로 30°위선과 60°위선 사이의 간격을 계산한 경우

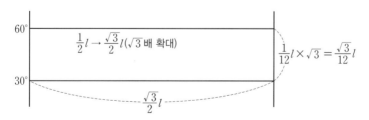

그림 5-17 | 위선 기준에 따른 위선 간격의 변화

이 지구의에는 적절한 간격으로 위선과 경선이 표시되어 있고, 북극과 남극을 잇는 지구의의 지축이 실린더의 정중앙에 자리 잡고 있다고 가정한다. 여기 지구의에 바람을 계속해서 불어넣으면 지구의의 적도가 실린더의 내부 지름과 일치하는 순간을 맞게 된다. 이때 실린더에 접하는 지구의의 적도는 장차 만들어지는 지도의 표준선이 된다. 계속 바람을 불어넣으면 실린더 내부 벽과 만나는 지구의의 경선은 모두 직선이며 평행하고, 위선의 간격은 고위도로 갈수록 넓어진다. 아무리 바람을 불어넣어도 극은 결코 실린더 내부 벽과 만나지 않는다. 적도에 수직으로 실린더 한쪽 벽을 잘라 펼치면, 내부 벽과 만나는 경위선망은 바로 메르카토르 도법의 경위선망과 일치한다.

다음으로 라이트는 고위도로 갈수록 넓어지는 위선 간격을 설명하기 위해 하나의 표를 제시했다. 1599년에 발표된 초판에서는 적도에서 극까지 90°를 10′ 간격으로 나누어 총 540개 조각으로 경선을 나누었다. 이 경선 조각들의 길이, 다시 말해 위선의 간격은 매

표 5-1 | 라이트의 1599년, 1610년 위선 간격과 컴퓨터 계산 결과의 비교

위도(°)	라이트(1599)	라이트(1610)	컴퓨터 계산 결과(recent)
0	0	0.0	0.0
10	6,030	6,030.475	6,030.773
20	12,251	12,251.292	12,251.772
30	18,884	18,883.768	18,884.528
40	26,228	26,227.559	26,228.430
50	34,746	34,746.045	34,747.508
60	45,277	45,277.106	45,278.680
70	59,667	59,666.811	59,668.803
80	83,773	83,773.416	83,885.782

방안마다 위선 길이의 증가 비율만큼 경선의 길이를 늘려주면 된다. 적도에서 10′ 간격의 위선 길이를 d라고 가정하면, 첫 번째 방안에서 위도 0°10′의 위선 길이는 $d \cdot \cos 10′$이 되며 이것이 d가 되려면 $\dfrac{1}{\cos 10′}$배, 즉 sec 10′배가 되어야 한다. 따라서 위선 길이의 증가 비율 sec 10′을 마찬가지로 경선의 길이에 적용하면 경선의 길이는 $d \cdot \sec 10′$이 된다. 위도 0°10′과 0°20′ 사이의 방안의 경우 경선의 길이는 $d \cdot \sec 20′$가 되며 이러한 원리는 계속 적용할 수 있다. 따라서 적도로부터 위도 φ인 위선까지 경선 길이 y는 다음 식으로 나타낼 수 있다.

$$y = d(\sec 10′ + \sec 20′ + \sec 30′ + \sec 40′ + \sec 50′ + ... + \sec φ)$$

라이트는 1610년 *Certaine Errors*의 수정판에서 방안의 간격을 1′으로 다시 세분해서 적도에서 극까지의 경선 조각을 모두 5,400개로 증가시켰다. 방안의 간격이 짧으면 짧을수록 누적 오차가 줄어들어 더 정확한 위선 거리를 확보할 수 있으나 당시 부정확한 지리 정보를 감안한다면 세분함에 따른 이익은 별로 없었을 것으로 판단된다. 〈표 5-1〉은 몬모니어(2006)가 자신의 컴퓨터로 계산한 결과와 라이트의 1599년 그리고 1610년 표를 비교한 것이다. 지구의 크기를 어떻게 가정한 것인지 알 수 없으나 약간의 누적 오차를 제외하고는 거의 같다. 한편 1645년에 또 다른 잉글랜드 수학자 헨리 본드(Henry Bond)는 시컨트(sec)의 값을 단순히 합치는 것에서 한 걸음 나아가 로그탄젠트 공식으로 발전시켰다(그림 5-18). 그러나 최근 밝혀진 바에 의하면 또 다른 잉글랜드 수학자 토머스 해리엇(Thomas Harriot)이

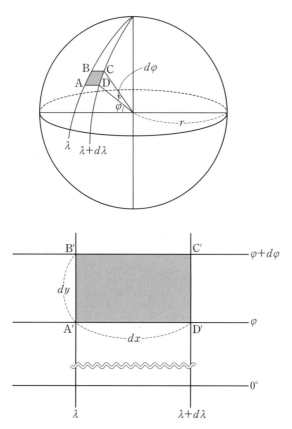

그림 5-18 | 본드와 헤리엇의 로그탄젠트 원리

이미 1589년에 헨리 본드의 로그탄젠트 공식을 제시한 바 있다고 한다. 다음 식은 로그탄젠트 공식으로 전개되는 과정을 삼각함수 미적분을 이용해 보다 수학적으로 나타낸 것이다.

$$h = \frac{A'B'}{AB} = \frac{dy}{r \cdot d\varphi} : \text{수직 확대}$$

$$k = \frac{A'D'}{AD} = \frac{dx}{r \cdot \cos\varphi \cdot d\lambda} = \frac{r \cdot d\lambda}{r \cdot \cos\varphi \cdot d\lambda} = \sec\varphi : \text{수평 확대}$$

1569년 메르카토르 세계지도의 인문학

$b=k$이므로

$$\frac{dy}{r \cdot d\varphi}=\sec\varphi$$

$$dy=r \cdot \sec\varphi \cdot d\varphi$$

적분하면 $y=r \cdot \int \sec\varphi \cdot d\varphi=r \cdot \ln\tan(\frac{\pi}{4}+\frac{\varphi}{2})+C$이다.

메르카토르 도법과 심사 도법

메르카토르 도법으로 제작된 지도에서 항정선(rhumb line)은 직선으로 나타내는데, 여기서 항정선이란 일정한 나침반 방향을 유지하고 있을 때 배가 지나가는 항로를 말한다. 메르카토르 도법으로 제작한 지도뿐만 아니라 경선들이 평행한 장방형 지도에서 임의의 직선과 경선들이 이루는 각은 일정하다. 하지만 메르카토르 지도를 제외한 나머지 지도들은 특별한 조작을 거치지 않았기 때문에 그 지도에서

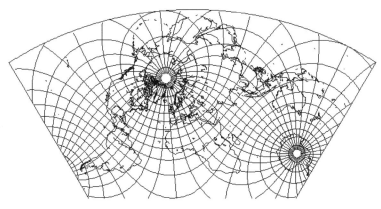

그림 5-19 | 람베르트 정각원추 도법

임의의 직선은 항정선이 아니다. 메르카토르 도법에서는 정각성을 위해 지구의의 실제 위선의 길이에 비해 지도에서 그 위선이 확대된 만큼 경선의 길이를 확대시켜 두 지점 간의 방향이 달라지지 않도록 배려했다. 이러한 정각성이 확보되면 위선과 경선이 지구의에서 직교하듯 지도 상에서도 경선과 위선이 직교하게 되지만, 앞서 말했듯이 모든 장방형 도법이 정각 도법인 것은 아니다. 또한 람베르트(J. H. Lambert)의 정각원추 도법(그림 5-19)처럼 경선들이 평행하지는 않으나 위선과 경선은 직교하고 있으며, 이 복잡한 경위선망에 정각성이라는 속성이 숨어 있는 것이다.

한편 지구의에서 임의의 두 지점을 연결한 대권(大圈, great circle)이란 지구의의 중심을 중심으로 하고 지구의 반지름을 원의 반지름으로 한 어느 원내에 포함되는 원호(圓弧)의 일부이다. 만약 그 원을 따라 지구의를 자른다면 어떤 경우든 반구로 나누어질 것이다. 반구의 중심에 광원을 두든 아니면 그곳에 사람의 눈을 두고 거기서 가장자리를 바라보면 원으로 보이지 않고 당연히 직선으로 보인다. 다시 말해 지구 중심에 광원을 두고 지구의를 둘러싼 경위선망의 그림자를 평면에 투영한 심사 도법의 경우, 지구의의 모든 대권은 직선으로 나타날 수밖에 없다는 것이다. 결국 심사 도법으로 제작된 지도에서 직선으로 나타나는 특정 경위선이나 임의로 그은 직선 모두 대권을 나타내며, 이는 두 지점 간의 최단 경로를 의미한다.

그러나 이들 투영법으로 제작된 지도들은 큰 약점을 지니고 있다. 우선 메르카토르 도법으로 제작된 지도의 경우 정각 도법이기 때문에 지도 전체에서 정각성을 유지하고 국지적으로 정형성을 유지한다. 그러나 고위도로 갈수록 면적이 확대되며, 극은 무한대로 확대

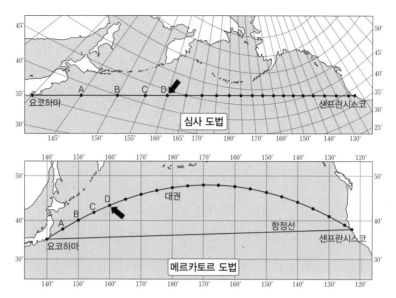

그림 5-20 | 메르카토르 도법과 심사 도법을 이용한 장거리 최단 경로

되기 때문에 지도에 표시할 수 없다. 한편 심사 도법으로 제작된 지도에서는 주변부로 갈수록 형태와 면적이 극심하게 왜곡되고 더군다나 투영법의 한계로 지구의 반쪽마저도 표현할 수 없다. 하지만 이러한 단점들에도 불구하고 유능한 항해자는 이 두 지도의 장점만을 결합해서 자신의 목적, 다시 말해 최단 경로를 찾아 나갈 수 있다.

예를 들어 〈그림 5-20〉에서처럼 우리가 요코하마에서 샌프란시스코를 최단 거리로 항해하려면, 우선 심사 도법에서 두 지점 간을 직선으로 연결한 후(대권이므로 최단 거리를 지나는 경로가 표시됨), 이 대권 경로상에 몇 개의 중간 지점(예를 들어 A, B, C, D, E …)을 확인하고 이 지점들을 경로 변경 지점으로 삼는다. 이 각각의 지점에 대한 경위도 값을 확인한 다음, 그것들을 메르카토르 지도 위에 표시하고 선으로 연결하면 몇 개로 나누어진 항정선을 얻을 수 있다. 그런 다음 직선 AB와 경선의 각도를 측정해 그 방향으로 B지점에 도착한 후, 다시 직선 BC와 경선과의 각도를 측정해 C지점에 도착하는 방법을 반복한다면 결국 샌프란시스코에 도착하게 된다. 다시 말해 쉽게 추적할 수 있는 몇 개의 분할된 경로를 따라 최단 경로와 유사한 절충 경로를 이용해서 요코하마에서 샌프란시스코까지 항해하게 될 것이다.

결론적으로 심사 도법에서는 최단 거리를 구하는 것이 아니고 최단 거리의 경로를 구하는 것이며, 메르카토르 도법에서는 그 경로의 방향을 구하는 것이다. 각각의 지도는 다른 목적을 위해 만든 것이기 때문에 어느 쪽의 직선이 다른 편에서 곡선으로 나타나는 것은 거의 모든 지도에서 볼 수 있는 일반적인 현상일 뿐이다. 따라서 두 투영법이 무슨 필연적인 연계라도 있는 것처럼 흔히 이야기하지만, 두 투영법은 원래 아무런 관련성 없이 개발된 것이다. 물론 항해에 요구되는 두 가지 특성, 즉 최단 거리를 나타내는 경로를 쉽게 알 수 있다는 심사 도법의 장점과 실제 두 지점 간의 방향이 지도상에서 직선으로 나타난다는 메르카토르 도법의 장점이 결합된 것에 불과하다.

📖 제5장 주

1. 지도 투영법, 투영법, 도법은 모두 projection을 번역한 용어이다. 투명한 지구를 둘러싼 경위선망에 빛을 투여하여 얻은 그림자가 지도에 표시된 경위선망이 된다는 것이 투영법의 기본 원리이다. 이때 빛을 투여한다는 점이 강조되어 이 원리를 projection이라고 명명한 것으로 판단된다. 지금까지 세상에 알려진 200여 개의 투영법 중에서 이렇게 제작된 지도는 거의 없고, 대부분 복잡한 수학적 계산에 의해 경위선망이 구축된다. 이 책에서는 단독으로 사용할 때 투영법 혹은 지도 투영법으로, 메르카토르 도법 혹은 심사 도법과 같이 합성어로 사용할 때는 ○○ 도법으로 용어를 통일하였다.

2. 소축척 지도에서 소축척이란 축소 비율이 커서 넓은 면적을 지도화하기 위한 축척을 말하며, 소축척 지도에서는 대상 사상들이 작게 나오거나 점으로 표현된다. 반대로 대축척 지도에서 대축척이란 축소 비율이 작아 좁은 면적을 자세히 지도화하기 위한 축척이다. 정확한 기준은 없으나 우리나라의 경우 대략 1:50,000을 기준으로 이보다 축소 비율이 크면 소축척 지도, 반대로 이보다 축소 비율이 작으면 대축척 지도라고 한다.

3. 티소 지수에 관한 보다 자제한 내용은 지도학의 고전인 A. H. Robinson et al.(1995)의 *Element of Cartography*, pp.64~65를 참조할 것.

4. 등장방형 도법은 plane Chart(평면 해도)라고 불리면서 메르카토르 도법이 완전히 해도로서 실용화되기 이전인 18세기까지 장거리 원양 항해용 지도로 널리 이용되었다.

제6장

1569년 세계지도의 이해

2002년 2월경으로 기억하는데, 대학 동료 및 대학원생들과 함께 일본 여행을 한 적이 있다. 당시는 진주 경상대학교에서 근무하고 있던 터라 우선 부산으로 가서 그곳에서 후쿠오카로 가는 쾌속선을 타야 했다. 다시 철도를 이용해 우리의 동해에 면한 일본 서부의 오래된 도시 가나자와, 다카야마 등을 구경했고, 오는 길에 이전부터 알고 지내던 야마다 교수를 만나 나고야 인근에 있는 도요타 자동차 공장을 견학했다. 야마다 교수는 자신의 하이브리드 자동차를 한참 동안 자랑했는데, 지금 생각하니 그 차는 현재 우리나라에도 수입되고 있는 프리우스였던 것 같다. 그 후 교토를 구경하고 다시 배를 타고 현해탄을 건너는 정도의 일정이었다.

이런 평범한 일정에 난데없는 행운이 찾아왔다. 출발을 며칠 앞두고 마침 다른 학과의 신임 교수 한 분이 우리 여행에 동행하고 싶다고 해서, 필자가 제시한 조건을 들어주면 동행을 허락하겠다고 말했다. 물론 농담 반 진담 반이었다. 그 신임 교수의 지도 교수였던 분이 당시 일본 교토에 있는 류코쿠(龍谷) 대학교에 근무한다는 사실과 함께 그분이 도서관 일을 겸하고 있다는 이야기가 생각났던 것이다. 필자의 조건은 다름이 아니라 류코쿠 대학교 도서관에 있는 「혼일강리역대국도지도(混一疆理歷代國都之圖)」(그림 6-1)를 구경시켜 달라는 것이었다. 그 신임 교수는 며칠 말미를 달라고 했고, 얼마 지나지 않아 허락을 받았으며 방문 일자까지 받아 두었다고 전했다.

필자는 몹시 흥분했다. 타개하신 고지도 전문가 이찬 교수를 제외하고는 우리나라에서 그 지도를 본 사람조차 거의 없었고, 마침 그 해가 이 지도의 탄생 600주년이 되던 해였기 때문이다. 그 이후 개인적으로는 일본 여행의 초점이 온통 「혼일강리역대국도지도」에 맞

1569년 메르카토르 세계지도의 인문학

추어졌고, 다른 일정은 건성건성 넘어갔다. 약속한 날 우리 일행은 류코쿠 대학교 도서관에 도착했다. 우리 일행을 맞은 사서는 도서관 한 켠의 작은 회의실로 안내했다. 사서의 능숙하고 절제된 동작과 함께 깨끗한 나무 상자에 보관된 두루마리 지도는 한쪽 벽에 걸렸고, 일행 중 누군가가 다른 사람들에게 이 지도에 대한 강의를 해야 했다. 물론 그것은 필자 몫이었으나 무슨 말을 했는지 전혀 기억이 나지 않는다. 아마 한국의 고지도 전문가가 학생 교육 프로그램의 일환으로 류코쿠 대학교를 방문해서 고지도 강의를 한다는 명목으로 견학을 허락받았던 모양이다. 물론 이 견학이 성사되는 데 그 신임 교수의 지도 교수였던 분의 영향력이 절대적이었음은 자명한 일이다. 나중에 안 일인데 같이 갔던 제자 한 사람이 당시 찍어 놓은 비디오가 있다고 했지만, 횡설수설하는 필자의 모습을 더는 보고 싶지 않아 보는 것을 포기했다.

감동적이었다. 색상은 약간 바랬지만 지도의 윤곽은 뚜렷했고 파스텔 톤으로 채색된 필사본 지도, 동양에서 가장 오래된 600년 역사의 세계지도, 세계제국 원(元)의 지리 정보와 우리나라 그리고 일본의 지리 정보를 합성한 조선 건국 초기의 지도, 바스코 다 가마가 희망봉을 넘기 이전인데도 아프리카와 남극이 분리된 지도, 우리가 만든 지도 중에서 그나마 세계적으로 인정받는 자랑스러운 지도, 하지만 어떤 경로를 통해서 이곳 일본까지 오게 된 것인지 모르는 지도, 우리에게 남겨진 것은 없고 단지 남의 나라 대학 도서관의 허락을 받아야 볼 수 있는 지도……

최근 일본인 미야 노리코(2010)가 이 지도의 제작 과정과 지도학적 의미를 몽골 제국의 출판 문화와 연계하여 『조선이 그린 세계지도:

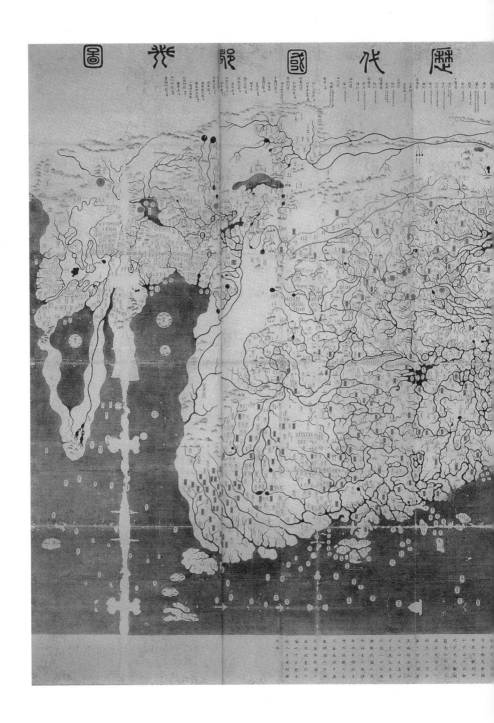

1569년 메르카토르 세계지도의 인문학

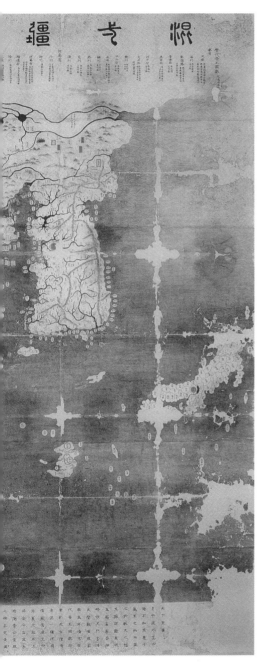

그림 6-1 | 「혼일강리역대국도지도」

몽골 제국의 유산과 동아시아』라는 단행본으로 정리한 바 있어, 「혼일강리역대국도지도」의 연구에 큰 전환점이 마련되었다. 또한 제리 브로턴[1](2014)의 저서 『욕망하는 지도: 12개의 지도로 읽는 세계사』에서 12개 지도 중 하나로 채택될 정도로, 이 지도는 세계적으로 그 가치를 인정받고 있다. 2011년 KBS 특집 다큐멘터리 4부작 '문명의 기억, 지도' 촬영 팀에게도 2시간만 허락했던 희귀본 지도를 어쨌든 필자가 주인공이 되어 직접 관람할 수 있는 기회를 얻었던 것이다. 우리 조상들이 만들었으며 많은 지도학자들이 세계적 명품으로 인정하는 지도를 이국땅에서 이처럼 어렵게 본 데 대해 이런저런 상념이 없는 것은 아니지만, 이는 이 책의 범위를 넘어선다.

이제 본론으로 돌아가자. 「혼일강리역대국도지도」가 채색 필사본 지도인 데 반해 메르카토르의 1569년 세계지도는 동판 인쇄를 한 것이며, 문서의 보관 면에서 우리보다 앞선 서구의 지도인지라 비교적 쉽게 볼 수 있을 것으로 생각했다. 하지만 그것은 어디까지나 하나의 바람이고 착각일 뿐이었다. 18장의 개별 지도로 제작된 이 지도는 모두 합칠 경우 가로 202cm, 세로 124cm 크기가 되는 대형 지도이며[2], 현재 프랑스 국립박물관, 로테르담 해양박물관, 바젤대학교 도서관에 각각 한 부씩 있을 뿐이다. 그나마 브레슬라우[Breslau: 현재 폴란드의 브로츠와프(Wrocław) 시] 시립도서관에 보관되어 있던 것은 제2차 세계대전 당시 연합군의 폭격으로 망실되고 말았다. 현재 시중에 돌아다니는 것 대부분은 이들 지도를 원본으로 하여 학회나 연구소가 메르카토르 기념 사업으로 복사본[3]을 만든 것이거나, 개인의 논문이나 저서 등에 축약된 전도[4] 혹은 일부[5]가 실려 있다.

1569년 메르카토르 세계지도의 인문학

필자가 가지고 있는 복사본 〈그림 6-2〉는 인터넷을 통해 쉽게 구할 수 있는 지도이다. 로스앤젤레스에 있는 포스터와 복사본 판매 회사인 레스프리닷컴(respree.com)의 웹사이트에서 구한 37×54인치 크기의 축소판이다. 미확인 원본으로부터 복사된 이 포스터는 벽걸이 장식용으로는 그나마 매력적이지만, 원본에서 볼 수 있는 자세한 선이나 주기가 선명하지 않은 약점을 지니고 있다. 물론 지도에 담긴 주기가 선명하게 보인다고 라틴 어에 문외한인 필자가 당시의 라틴 어를 이해할 수는 없다. 하지만 전혀 길이 없는 것도 아니었다.

1931년 모나코에 본부를 둔 국제수로국(International Hydrographic Bureau, IHB)은 메르카토르의 1569년 세계지도가 현대 해도의 원형이라는 측면에서 이를 기념하여 복사본을 발간했는데, 제2차 세계대전 때 망실된 브레슬라우 소장본을 근간으로 했다고 한다.■6 앞서 지적했듯이 다음 해인 1932년에 국제수로국이 발간하는 잡지인 *Hydrographic Review* 제9권 2호(11월 발간)의 7~45쪽에는 메르카토르 세계지도의 주기를 라틴 어에서 영어로 번역한 것이 수록되어 있는데, 한쪽은 라틴 어, 다른 한쪽은 그것을 번역한 영어로 되어 있다. 번역본 발간사에는 이 주기의 의미를 두 가지로 정리했다. 하나는 지도학적 관점에서 이 해도의 사용 방법과 메르카토르 자신이 이 도법 체계를 발명한 이유를 설명해 주고 있다는 사실이며, 다른 하나는 지리학적 관점에서 당시 세계 각 지역의 지리 지식을 집대성하여 이 지도의 주기에 담고 있다는 사실이다.

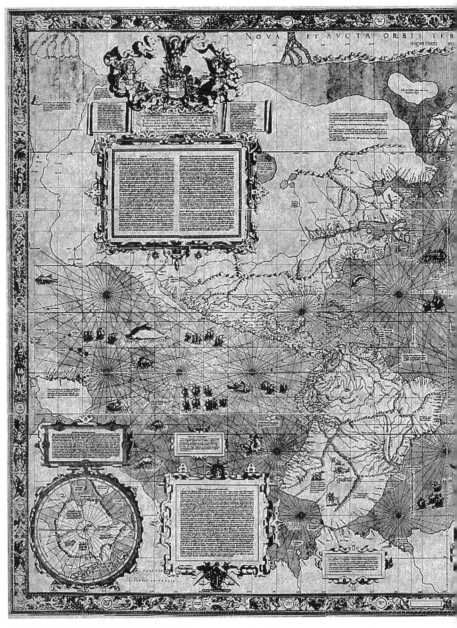

그림 6-2 | 메르카토르의 1569년 세계지도의 복사본

　　　　　　　　　　　　　　1569년 메르카토르 세계지도의 인문학

주기 읽기 1

메르카토르의 1569년 세계지도가 지금까지 세계인의 관심을 한 몸에 받아 온 것은 이 지도에 담긴 지리 정보뿐만 아니라, 앞서 이야기한 바와 같이 이 지도의 경위선망 구축 원리의 특별함과 그에 따른 항해도로서의 유용성 때문이다. 그 결과 이 지도는 당시 유행하던 원추 도법에 기반한 심장형 도법과는 판이한 모습을 갖게 되었다. 이 지도에서 모든 경선은 평행한 직선이며, 그 간격은 적도에서의 그것과 일치한다. 경선의 간격, 다시 말해 위선 조각은 고위도로 갈수록 실제에 비해 점점 더 확대되는데, 이는 장방형 도법의 일반적인 특징일 뿐이다. 그에 반해 위선 간격, 즉 위선 사이의 경선 조각 길이는 극으로 갈수록 넓어져 극은 지도에 표현할 수 없다. 바로 이러한 경위선망이 메르카토르가 항해도를 위해 특별히 고안한 것임을 우리는 이미 알고 있다.

실제로 지도 상단 중앙에 자리 잡고 있는 이 지도의 제목 'Nova et aucta orbis terrae descriptio ad usum navigantium emendate accommodata(항해용으로 적절히 조절된 지구의의 새롭고 보다 완벽한 표현)'에서 드러나듯이, 이 지도는 항해용 지도이다. 하지만 이 지도가 왜 항해용 지도인지 그리고 그 제작 원리가 무엇이며, 실제 항해에서 이 지도를 어떻게 활용해야 하는지에 대한 메르카토르 본인의 생각은 지도에 포함된 주기에서 찾아보아야 할 것이다. 왜냐하면 메르카토르는 이 지도를 제작하고는 사망할 때까지 이 지도에 관해 어떠한 언급도 한 적이 없기 때문이다. 물론 우리가 그것을 아직까지 발견하지 못했을 수도 있지만.

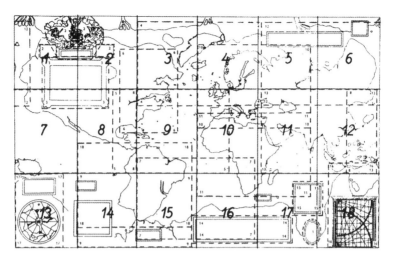

그림 6-3 | 개별 지도 위치도

이 지도에는 주기들이 다양한 모습으로 표현되어 있다. 어떤 주기들은 화려하게 장식된 사각형 틀 속에 제법 길게 서술되어 있는가하면, 어떤 주기는 장식은 없지만 사각형 틀 속에 있는 것도 있고, 어떤 주기는 단지 한두 줄로 된 간단한 것도 있다. 각 주기의 위치를 정확하게 나타내기 위해 편의상 각 개별 지도에 부호를 부여해 보면 〈그림 6-3〉과 같다. 합체된 지도는 총 18장의 개별 지도를 가로로 6장, 세로로 3장 이은 것으로, 예를 들어 1-1은 좌상단에 있는 개별 지도이고 1-6은 우상단, 2-1이 좌중단이라면 2-6은 우중단, 마찬가지로 3-1이 좌하단이라면 3-6은 우하단이 된다. 1-1과 1-2, 즉 두 개의 개별 지도가 합체된 지도의 좌상단에는 화려한 장식과 함께 여신들의 그림이 그려져 있는데, 여기에는 윌리엄 공작[7]을 정의의 여신으로 미화하면서 그의 선정과 공국의 안녕을 축원하는 문구와 함께 헌정사가 실려 있다. 이 헌정사 바로 아래에는 이 지도에서 가장 넓은 면적을 차지하는 주기가 화려한 장식의 사각형 틀 속에 실려 있다. 여기에는 '이 지도의 독자들에게 감사를 드리며'라는 제목과 함께 메르카토르가 이 지도를 제작하면서 고려한 3가지 전제가 실려 있는데, 메르카토르의 지도 제작 의도를 엿볼 수 있는 중요한 부분이다.

첫 번째는 새로운 투영법을 개발하게 된 이유를 밝힌 것으로, 이를 좀 길게 인용하면 다음과 같다.

방향과 거리 그리고 경위도에 관한 한 장소들의 위치가 다른 장소들과 모든 방향으로 정확하게 유지될 수 있도록 구의 표면을 평면에 펼치려 하는데, 그럴 경우 각 부분들의 형태는 그들이 지구에서 볼 수 있는 그 형태로 유지될 수 있다. 이를 위해 위선과 관련해 경선들의 새로운 비율과 새로운 배열이 요구된다. 실제로 지금까지 지리학자들이 사용해 왔던 경선들의 형태는 곡선이고 서로 수렴하기 때문에 항해용으로 사용할 수 없었다. 게다가 주변부에서는 경선들이 위선들과 아주 비스듬히 만나기 때문에 지역들의 위치와 형태가 왜곡되어 그것을 쉽게 이해할 수 없고 거리 관계도 유지될 수 없었다.[8] 기존의 항해도[9]에서 위선들은 경선들에 의해 나누어지며, 극으로 갈수록 그 간격은 지구에서의 실제 길이보다 상대적으로 더 커진다. 왜냐하면 그 간격은 적도에서의 그것과 일치하기 때문이다. 반면에 위선 간격은 증가하지 않는다. 따라서 이들 지도에서는 당연히 지역의 형태가 심각하게 확대되고, 경도나 위도 그리고 방향과 거리가 부정확해진다. 즉 다음과 같은 원리에 의해 심각한 오류가 발생하게 된다. 만약 북반구나 남반구에서 3개의 지점이 삼각형을 이루고 있으며 가운데 지점이 나머지 바깥 두 지점과 거리, 방향에서 정확하게 위

　　　　　　　　　　　　　　1569년 메르카토르 세계지도의 인문학

치해 있다고 하더라도, 이 바깥 두 지점들이 서로에 대해 방향과 거리에서 그러하리라는 보장이 없다. 바로 이런 이유 때문에 적도에 대한 각 위선들의 확대 비율만큼 위선들의 간격을 점진적으로 증가시켜야 하는 것이다. 이 아이디어 덕분에 경도, 위도, 방향, 거리가 각기 다른 둘, 셋, 아니 셋 이상의 장소들이 지도에 있더라도 이 네 가지 특징은 장소들 간에 서로서로 정확하며, 선장의 보통 해도에서 반드시 나타났던 오류, 특히 고위도 지역에서는 모든 종류의 오류들이 나타났는데 여기서는 지도 어디에서도 이러한 오류의 흔적을 찾을 수 없다.

다시 말해 메르카토르 도법의 근본적인 아이디어는 정각성(正角性) 혹은 정형성(正形性)에 있었다고 볼 수 있다. 그의 지도에서 특정 지점으로부터 모든 방향으로 그은 선은 정방향을 의미하며(정각성), 그 결과 좁은 지역에서는 형태가 지구의의 그것과 일치한다(정형성). 또한 다른 모든 지점에서도 특정 한 지점을 향한 모든 선들이 정방향을 의미하기 때문에 정각성은 지도 전체에서 확보된다는 것이다. 메르카토르는 이를 위해 각 지점에서 위선 길이(경선 간격) 증가 비율만큼 경선 길이(위선 간격)를 증가시킨 자신만의 독특한 경위선망을 고안했던 것이다. 물론 이 아이디어가 수학적 원칙으로부터 계산된 것인지, 아니면 시행착오를 통해 얻은 것인지 여기서는 밝히지 않고 있다. 뛰어난 수학자였던 그가 자신의 작업에 대해 아무런 이론적 근거도 없이 단지 아이디어만으로 18매의 개별 지도를 판각하고 인쇄했을 리는 만무하다고 생각되지만, 확실한 것은 아무것도 없다.

19세기 스웨덴의 과학자 겸 탐험가인 노르덴셸드(Nordenskjöld, 1889)는 수학적 공식에 의한 위도 간격과 실제 지도에서의 위도 간격을 비교한 적이 있다. 여기서 그는 위도 20°까지는 거의 일치했으나 30°부터는 점차 오차가 커진다고 밝히면서, 이러한 불일치는 16세기 중엽 지도 제작자의 수학적 한계와 판각 오차 혹은 종이 팽창에 그 이유가 있을 것이라고 설명했다. 그러나 여전히 메르카토르 세계지도의 경위도망이 수학적 근거에서 출발했는지, 아니면 각도기와 디바이더에 의한 기계적인 작도에서 구축되었는지는 수수께끼로 남아 있다.

두 번째 고려 사항은 지리 정보의 정확성에 관한 것이다. 그는 해안선의 위치와 육지의 크기, 장소들의 정확한 위치를 정확히 동정하기 위해 에스파냐와 포르투갈의 해도, 그리고 각종 항해 보고서를 편견 없이 검토했다고 밝히고 있다. 하지만 실제 지도를 보면 당시 여러 지도들의 대륙 형상과는 판이하게 다른 모습을 하고 있다. 이에 대해 제리 브로턴(2014)은 다음과 같이 언급하였다.

> 발트제뮐러 지도에서는 자그마한 쐐기 모양의 치즈 조각 같던 북아메리카가 '인디아 노바(India Nova)'라는 이름을 달고 거대한 지역에 뻗어 있는데, 그 북쪽 땅덩어리는 유럽과 아시아를 합친 것보다 더 넓다. 남아메리카는 남서쪽이 툭 튀어나온 알 수 없는 모양을 하고 있는데, 히베이루(Diogo Ribeiro)나 다른 지도 제작자들이 기다란 추처럼 묘사한 것과는 완전히 딴판이다. 유럽은 실제보다 두 배는 넓고, 아프리카는 이 시대 다른 지도에서보다 작게 표현됐으며, 동남아시아는 모양과 크기를 과장했던 프톨레마이오스 지도를 보고 자란 사람에게는 식별이 불가능했다.

더군다나 북방 항로를 찾기 시작한 지 60년이 넘었지만 아직 찾지 못한 출구 중에서 북서 항로의 경우 커다란 헌정사를 담은 주석 상자로 가려져 있고, 북동 항로의 경우 그 출구는 표시되어 있지만 그곳에 이르는 자세한 항로는 또 다른 주석에 의해 가려져 있다. 다만 3-6에 위치한 북극 지도에서만 북방 항로의 가능성을 넌지시 보여 주고 있다.

마지막 세 번째는 고대 지리학의 한계와 그 영예에 관한 것이다. 그는 고대인에게 이미 알려진 세계는 어디까지이며, 그 공을 누구에게 돌릴 것인지를 밝히려 했다. 여기에 등장하는 인물로는 플라톤, 프톨레마이오스, 헤로도토스와 같이 우리에게도 비교적 잘 알려진 인물이 있는가 하면, 솔리누스(Solinus), 플리니우스(Plinius), 멜라(Mela)와 같은 인물도 있다. 메르카토르는 이들의 주장을 인용하면서 유럽, 아프리카, 아라비아, 인도 등지에 대해 비교적 소상하게 밝히고 있다. 그는 지구를 세 대륙으로 나누어 구대륙, 새로운 인도 제도, 남반부로 구분했는데, 여기서 새로운 인도 제도란 신대륙을 의미한다. 그의 신대륙에 관한 인식은 당시로서는 획기적인 것이었다.

새로운 인도 제도가 아시아 대륙의 일부라고 주장하는 사람은 마치 아시아에서 포르투갈 사람들의 항해가 프톨레마이오스의 해도 범위를 벗어났다고 생각하는 것만큼 오류를 범하고 있다. 왜냐하면 갠지스 강과 황금 반도(타이, 라오스, 미얀마, 베트남, 말레이시아)의 위치에 관한 우리들의 주장에 의하면, 이들의 위치가 이 해도의 경계에 훨씬 못 미치기 때문이다.

주기 읽기 2

이처럼 메르카토르의 1569년 세계지도에는 비교적 긴 내용의 주기
가 총 14개 있다. 이들 중 제목은 있으나 외곽선이 없는 하나를 제외
하면 나머지 13개는 장식이 새겨진 사각형 틀 속에 담겨 있는데, 이
중 제목이 있는 것이 10개이고 나머지는 없다. 제목이 있는 11개의
내용을 정리해 보면 다음과 같으며, 괄호 안의 숫자는 개별 지도의
번호를 말한다.

- 헌정사(1-1, 1-2)
- 이 지도 독자들에게 감사를 드리며(1-1, 1-2, 2-7, 2-8)
- 아시아에서 프레스터 존과 타르타르 인 지배의 기원에 관해(1-
  5, 1-6)
- 지리적 경도의 기원과 자북에 관해(1-6)
- 북방 지역의 표현에 관해(3-1)
- 장소 간의 거리를 측정하는 방법(3-2)
- 최초 세계 일주 행해(3-14)
- 나이저 강이 나일 강으로 흐른다(3-4)
- 갠지스 강과 황금 반도의 정확한 위치에 관해(3-4, 3-5)
- 간편한 항로 도표의 이용(3-5)
- 남반부 대륙에서 자바 마요르에 이르는 항로에 대해(3-6)

이들 중 항해도와 관련해서 우리의 관심을 끄는 내용으로는 '장소
간의 거리를 측정하는 방법'과 '간편한 항로 도표의 이용'을 들 수 있

다. 우선 첫 번째 '장소 간의 거리를 측정하는 방법'에 관한 주기는 좌하단 북극 지방 삽입도 바로 오른편에 있는 것으로, 여기서는 이 지도의 가장 큰 매력인 항정선에 관한 메르카토르의 생각을 살펴볼 수 있다. 우선 평면에서, 그리고 곡면인 지구 표면에서 방향의 의미는 각기 다르다는 사실을 메르카토르는 정확하게 인식하고 있었다. 즉 평면에서 한 지점으로부터 다른 지점까지의 방향은 두 지점 간의 최단 거리인 직선의 방향이며, 이때 방향은 종착점을 향한 출발점에서의 나침반 방향으로 결정된다. 지구 표면에서 완전한 평면은 존재할 수 없으나 비교적 좁은 지역에서 지구 표면을 평면으로 가정한다면, 종착점이 이 직선 어디에 위치하는지에 관계없이 이 직선의 방향은 변함이 없다.

한편 곡면인 지구 표면에서 방향은 두 가지가 있다. 하나는 두 지점 간의 최단 거리 방향인 대권의 방향을 의미하는 정방위인데, 정방위선이 자오선과 만나는 각도는 이 대권이 자오선이나 적도와 일치하는 특별한 경우를 제외하고는 계속 변한다.[10] 다른 하나는 두 지점 간의 경로가 자오선과 만나는 각도가 일정한 정방향 혹은 정각을 의미한다. 메르카토르는 정방위선과 정각선(항정선)을 분명하게 구분했는데, 실제로 거리가 멀거나 고위도 지역인 경우 두 지점 간의 정각선의 거리(지도에서는 길이)는 정방위선 거리에 비해 항상 더 길다고 했다. 그 역도 마찬가지라 적도 부근에서 측정된 항정선의 거리가 적도 주변에서 대권의 20°[11], 에스파냐나 프랑스 부근에서 대권의 15°, 유럽이나 아시아 북부에서 대권의 8° 심지어 10°를 넘지 않는다면, 항정선 거리 대신에 정방위선 거리를 사용하면 된다고 메르카토르는 밝혔다.

또한 그는 이 지도에서 항정선의 거리를 측정하는 방법을 제시하였다. 임의의 두 지점(예를 들면 출발지와 종착지) 사이에 직선을 긋고 지도 곳곳에 그려져 있는 바람장미 중에서 그것과 평행한 직선을 찾는다. 그리고 이 직선과 경선이 만나는 각도(γ)를 측정한다. 다음은 지도 안에 표시된 위선들을 이용해 두 지점 간의 위도 차이(φ)를 확인한다. 이번에는 적도로 이동해 적도에 표시된 바람장미 중에서 적도와 이루는 각이 앞에서 측정된 각도(γ)와 일치하는 직선을 찾아낸다. 그리고 바람장미의 중앙에서 위도 차이만큼 이동한 지점(A)을 찾고 거기서 가장 가까운 경선과의 교차점(B)을 찾아 '바람장미의 중심 - 교차점 B - 임의의 경선 - 적도와 φ각을 이루는 바람장미의 한 직선'으로 이루어진 삼각형을 상정한다. 컴퍼스를 A와 B 간격만큼 벌린 후 B에 있는 컴퍼스의 바늘을 경선을 따라 움직이다가 다른 바늘이 바람장미의 외곽선 한 지점과 만나면 일단 정지한다. 그때 경선을 따라 움직이던 바늘이 있는 지점으로부터 바람장미의 중심까지 그은 선의 길이를 적도에 옮겨 놓으면 그것이 항정선의 길이가 된다. 물론 적도에서의 축척은 지구의의 실제 길이와 같으므로 적도의 축척을 적용해 실제 항정선의 길이로 환산하면 된다. 하지만 임의 직선이 위선과 거의 직각으로 만날 경우 이 방법을 실제 적용하기 어렵다는 이유를 들어, 이 경우 사용할 수 있는 대안적인 방법도 제시하였다.

　이 지도에서 주기가 아닌 것으로 눈길을 끄는 것은 지도 좌하단에 있는 북극 삽입도와 우하단에 있는 항로 도표인데, 이 항로 도표를 설명하는 주기가 바로 '간편한 항로 도표의 이용'이다(그림 6-4). 지도에 지명이나 주기 등을 많이 삽입할 경우 항정선의 거리 및 방향을 쉽게 파악하는 데 도움이 되는 바람장미를 육지나 해양에 충분히 그려 넣을 수가 없다. 이 경우를 대비해 만든 것이 항로 도표이다. 즉 메르카토르는 바람장미가 관심 지역 주변에 없더라도 항정선의 방향이나 거리를 항상 알 수 있도록 이 항로 도표를 제공한 것이다. 주기의 설명에 따르면 출발 지점의 위도를 알고 종착 지점과의 경도와 위도 차이를 안다면 이 도표에서 두 지점 간의 방향을 알 수 있고, 앞에서 밝힌 항정선 거리 계산법을 이용한다면 두 지점 간의 거리도 계산할 수 있다고 했다. 마찬가지로 종착 지점으로의 방향을 알고 있고, 두 지점 간의 경도 혹은 위도 차이를 안다면 두 지점 간의 항정선 거리 역시 알 수 있다고 했다. 마지막으로 두 지점 간의 항정선 거리와 방향을 알고 있다면 두 지점 간의 위도 및 경도 차이도 알 수 있다고 설명하고 있다.

한편 지도의 3-1에는 북방 지역의 지도(그림 6-5)와 이를 설명하는 주기가 실려 있다. 이 내용은 잉글랜드의 북방 항로 개척사에서 중요한 역할을 했을 뿐만 아니라, 메르카토르의 1569년 세계지도가 처음으로 세인들의 주목을 끌게 되는 이유이기도 했다. 또한 이 내용은 제7장과 제8장에서 다루게 될 잉글랜드의 북방 항로 개척사와 메르카토르의 역할을 이해하기 위한 단초를 제공해 줄 수 있다는 점에서 그 원문을 옮겨 실으면 다음과 같다.

위도가 무한대에 이르기 때문에 이 해도에서는 극을 나타낼 수 없고, 게다가 우리는 나타내어야 할 극지방의 상당 부분에 대한 정보를 갖고 있지 않기 때문에, 이 지도에 우리가 알고 있는 최대한을 나타내어야 하

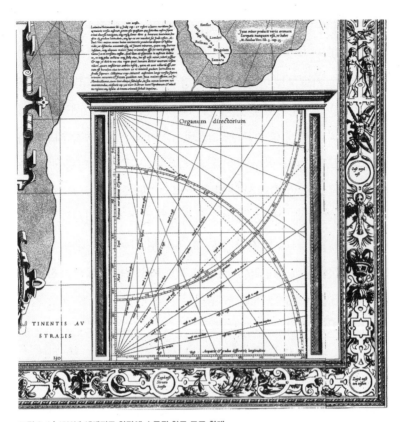

그림 6-4 | 1569년 세계지도 하단에 수록된 항로 도표 확대

고 해도에서 나타내지 못한 극까지 나머지 부분을 포함시켜야 할 것이
다. 우리는 해도 하단에 극지방에 대한 최적의 지도인 아래 지도를 수록
했는데, 육지의 위치와 방향이 지구에 놓인 그대로 표현되어 있다. 육지
의 위치와 방향을 지도에 나타낼 때 우리는 부알뒤크의 제이콥 크노인
의 여행기에서 인용했는데, 그는 아서 왕의 어떤 역사적 사실들에서 인
용했지만 그보다는 거의 대부분의 정보들을 1364년 노르웨이 왕의 신하
였던 어느 수도사에게서 얻었다고 한다. 그는 아서 왕이 이곳에 정착해

1569년 메르카토르 세계지도의 인문학

그림 6-5 | 1569년 세계지도 하단에 수록된 북방 지도 확대

살라고 보낸 사람의 5대 후손으로, 다음과 같이 자세한 이야기를 남겼다. 1360년 수학자이던 옥스퍼드 출신의 잉글랜드 수도사가 이 섬에 도착해 그곳을 떠날 때까지 마법과 같은 기술을 이용해 그곳 모두를 설명했고, 아스트롤라베(astrolabe)를 이용해 모든 곳을 측량했는데, 그 아스트롤라 베는 제이콥 크노인의 기록에 의해 다시 만들어 볼 수 있었다. 그는 단언 하길, 4줄기의 바닷물이 심연을 향해 밀려들었는데, 선박이 한번 이 흐름 에 휩쓸리면 어떤 바람도 배를 되돌려 놓을 수 없을 정도로 물줄기는 거 셌다. 하지만 그곳의 바람은 풍차 날개를 돌리기에도 모자랄 정도였다.

기랄두스 캄브렌시스(Giraldus Cambrensis) 역시 아일랜드의 경이로운 일들에 관한 자신의 책에서도 똑같은 이야기를 했다…….

이와 같은 북극 지방 묘사는 그의 1538년 세계지도와는 다르다. 메르카토르는 자신의 1538년 세계지도에서 북극을 '빙하의 바다'로, 그린란드 너머 미지의 땅에 대해서는 '아는 바 없다'라고 표시하였다. 하지만 〈그림 6-6〉에서 보듯이, 이중 심장형 도법으로 제작된 오롱스 피네(Oronce Fine)의 1531년 세계지도에서 북극 지방은 4개의 섬으로 표현되어 있는데, 이는 메르카토르의 1569년 세계지도 하단에 수록된 북방 지도(그림 6-5)와 정확하게 일치한다. 캐로(Karrow, 1993)의 지적처럼, 메르카토르의 1538년 세계지도는 외형만 피네의 이중 심장형 도법을 따랐고, 그 내용에서는 자신이 판각했던 스승 헤마 프리시위스의 1537년 지구의의 그것과 일치했다. 그리고 30년이 지나 다시 제작한 세계지도에서는 북극 지방의 자료원으로서 제이콥 크노인을 언급했지만, 실상은 피네의 것인지도 모른다.

주석과 관련해 또 하나 지적해야 할 사항은 헌정사■12의 내용이다. 필자는 기독교 교리에 정통하지 않아 헌정사의 내용에 대해 그 어떤 판단을 내릴 처지가 아니다. 하지만 메르카토르를 르네상스 시대 만능인, 과학자, 상업지도학의 효시로 바라보는 필자의 입장에서는 메르카토르의 일생과 모든 업적을 우주형상학(지리학에서는 cosmography를 '우주지'로 번역한다)의 현시라는 관점에서 보려는 브로턴 (2014)의 인식에는 동의할 수 없다. 그는 헌정사에 대해 "메르카토르가 이처럼 지도■13에서 세상을 성찰하고 신앙에 관계없이 하느님에 대한 믿음의 '통치'를 받으면 폭동이나 갈등 그리고 세속적 영예를

1569년 메르카토르 세계지도의 인문학

추구하는 파괴적 행동은 덧없고 우주형상학적 관점에서 보면 무의미하다고 독자들을 일깨운다.(p.367)"라고 해석하는가 하면, 메르카토르 스스로 자신의 1569년 세계지도를 항해를 위한 지도라고 천명했음에도 불구하고 "하늘을 땅 위에 투영하는 데 관심을 둔 우주형상학자인 메르카토르는 지도를 제작하면서 정확한 항해라는 실용적 목적에 관심을 둔 적이 없었다."(p.356)라며 이 지도의 본질마저 부정하고 있다. 르네상스 시대 과학자로서 메르카토르와 우주형상학에 기반을 둔 신학자로서의 메르카토르에 대한 논쟁은 메르카토르뿐만 아니라 16세기 과학과 과학자에 대해 또 다른 화두를 던져 주고 있다. 그리고 이러한 논쟁은 16세기 과학과 신학뿐만 아니라 과학과 마술 사이에서도 존재한다. 하지만 이에 대해서는 이 정도로 마무리할까 한다.

한편 앞에서 언급했듯이 장식이 새겨진 사각형 틀 속에 있는 10여 개의 주기와는 달리, 한두 문장으로 된 짧은 주기가 60개가량 지도에 나타난다. 산, 하천, 섬, 바다, 해협, 곶, 호수에 대한 당시의 지리 지식을 엿볼 수 있다는 점에서 이 주기들은 짧지만 나름의 의미가 있다. 하지만 메르카토르는 신기한 피그미 족에 대한 이야기, 천연 자석으로 된 산으로 향하다 난파된 배에 관한 신화, 극북(極北)의 감당할 수 없는 폭풍과 해류에 대한 무시무시한 이야기도 덧붙였다. 이처럼 그 역시 항해가로부터 얻을 수 있는 확실한 정보가 없을 경우, 천년도 더 이전에 프톨레마이오스나 헤로도토스가 언급했을 법한 기괴한 이야기까지 지어내면서 전통이나 미신을 과학적 지식에 섞어 넣어야만 했다.

1569년 메르카토르 세계지도의 인문학

그림 6-6 | 오롱스 피네의
1531년 세계지도

원조 논쟁

항해용 지도에 대한 아이디어가 언제부터 메르카토르의 마음속에 자리 잡고 있었는지에 대해서는 정확히 알 수 없다. 메르카토르가 앙투안 드 그랑벨(Antoine de Granvelle)에게 보낸 1546년 2월 3일자 편지에서 다음과 같은 글귀를 찾아볼 수 있다(Crane, 2002, p.205 재인용).

　해도들을 볼 때마다 특정 지점들 간의 거리를 정확하게 측정하려 들면 어떤 때는 실제 위도 차이보다 더 큰 경우도 있고 반대로 더 작은 경우도 있으며, 제대로 된 경우도 있다. 지리적 오차를 수정하기 위해 해도들을 볼 때면 이 해도들이 제 기능을 다하지 못하기 때문에 이 문제가 오랫동안 나를 괴롭혀 왔다. 따라서 나는 이러한 오차의 원인을 조심스럽게 조사하기 시작했으며, 이유의 대부분은 자기의 본질에 대한 무지에서 비롯되었다는 사실을 알게 되었다. ……항해도나 해도의 수정에 관해 이야기할 것이 너무나 많다. ……만약 내가 나의 힘든 의무들로부터 벗어날 수 있다면 이 문제에 몰두해 적절하게 해결하고 말 텐데.

하지만 이 글귀에서 투영법에 대한 메르카토르의 수학적 도전을 유추하는 일은 아전인수 격의 해석일 수 있다. 오히려 대항해 시대 초기 콜럼버스를 괴롭혔던 나침반의 자기 편차(磁氣偏差)에 대해 메르카토르 역시 관심을 가졌으며, 당시까지 전해 오던 포르톨라노(portolano) 해도의 부정확성에 대해 인지하고 있었다고 보는 것이 올바른 해석일 것이다. 약간 주제를 벗어나는 것일 수 있으나 당시 메르카토르의 과학적 이해 수준을 살펴보는 것은 어쩌면 도법에 대한 그의 과학적 입장을 이해하는 배경이 될 수도 있을 것이다. 메르카토르는 같은 편지에서 다음과 같이 썼다(야마모토, 2005, p.385 재인용).

첫째, 같은 지점에서는 자침이 진북으로부터 같은 각도로 기운다는 것이 경험을 통해 알려져 있다. 때문에 그 점(극)은 하늘에는 결코 있을 수 없다. 왜냐하면 극을 제외하면 하늘의 모든 점은 회전 운동을 하기 때문에, 자침은 (만약 천구의 한 점을 가리킨다면) 하늘에 있는 그 점의 일주 운동으로 인해 필연적으로 동서로 번갈아 흔들릴 수밖에 없다. 그러나 그런 일은 경험상 일어나지 않고 있다. 따라서 이 점은 움직이지 않는 지구에서 찾지 않으면 안 된다.

메르카토르는 지구 자기 연구사에서 최대의 전환인 '자극'의 개념을 제창했다. 그의 이러한 개념은 지구 자장이라는 개념의 바로 문턱까지 온 것이며, 지구가 하나의 자석이라는 험프리 길버트(Humphrey Gilbert)의 발견은 이제 한 걸음 안에 있었다고 말할 수 있다. 이는 자력에 대한 인식의 대전환인 동시에, 지구에 대한 근본적인 인식의 전환으로 이어지는 계기가 되었다(야마모토, 2005). 따라서 메르카토르 도법의 독창성에 대한 시비는 있을 수 있겠지만, 그의 과학적·수학적 배경과 능력에 대한 의심은 불필요한 것이라고 판단된다.

메르카토르 도법에서 핵심은 항정선을 직선으로 표시하기 위해 고위도로 갈수록 위선의 간격이 증가한다는 사실이다. 하지만 정작 지도 제작자 본인은 어떻게 위선의 간격을 결정했는지에 대해서 밝히지 않았다. 일부 학자들은 메르카토르가 위선을 10°씩 벌려 놓기 위해 수학적 근사치를 이용했을 것이라고 생각했으며, 또 일부 학자들은 지구의에 그려진 정방위선을 지도에 옮겨 와 기하학적으로 그 간격을 조절했을 것이라고 생각하기도 했다. 그는 자신의 지도 제목 '항해용으로 적절히 조절된 지구의의 새롭고 보다 완벽한 표현'에서 지도 제작의 의도를 분명하게 드러내고 있다. 이 지도의 주석(Hydrographic Review, 1932)을 다시 한 번 살펴보면, "방향과 거리 그리고 경위도에 관한 한 장소들의 위치가 다른 장소들과 모든 방향으로 정확하게 유지될 수 있도록 구의 표면을 평면에 펼치려 하는데, 그럴 경우 각 부분들의 형태는 그들이 지구에서 볼 수 있는 그 형태로 유지될 수 있다. 이를 위해 위선과 관련해 경선들의 새로운 비율과 새로운 배열이 요구된다."라고 지적했다. 즉 메르카토르는 자신이 제작하려는 해도에 새로운 투영법이 필요하다는 사실을 분명하게 인식하고 있었지만, 그 새로운 투영법을 기존의 것에서 차용할 것인지 아니면 스스로 개발해야 할 것인가에 대해서는 밝히지 않았다.

메르카토르 도법의 원조 논쟁에서 핵심은 이 투영법의 독특한 위선 간격이 메르카토르 스스로 개발한 것인가에 대한 논의이다. 또한 이 논의에는 으레 1541년 지구의에 표시된 항정선이 언급되며, 1541년 지구의의 12개 고어(gore)와 1569년 세계지도의 외형인 장방형과의 관련성에서 위선 간격의 해법을 찾으려고 했다. 그 결과 지구의의 항정선과 지도에 표시된 직선의 항정선 간에 혼동이 일어나며, 독특한 위선 간격이 수학적 계산이 아니라 작도에 의한 것이라는 결론에 이르기도 한다. 따라서 메르카토르 도법의 개발에 관한 논의에서는 우선 1541년 지구의와 1569년 세계지도를 분리해서 생각하는 것이 현명하다고 판단된다.

메르카토르가 자신의 1541년 지구의에 항정선을 나타냈고 이것이 지구의에 항정선을 표시한 최초의 사례이지만, 항정선을 최초로 창안한 것은 결코 아니다. 바람장미에서 방사상으로 뻗어 나온 직선의 항정선은 이미 포르톨라노 항해도에 표시될 정도였기 때문에, 직선의 항정선 개념은 당시 지도 초심자라면 누구나 알고 있었을 상식에 불과했다. 게다가 이미 포르투갈의 천문학자 겸 수학자인 페드루 누네스(Pedro Nunes, 1502~1578)가 자신의 저서에서 항해술과 관련하여 나선형 항정선에 관해 언급한 바 있었다. 몬모니어는 저서 『지도전쟁: 메르카토르 도법의 사회사』에서 누네스의 발표 연대를 1537년이라고 했는데, 1537년은 누네스가 포르투갈 왕의 궁정 우주지학자로 임명된 해이며, 자신의 저서 *Tratado da Sphera*가 발행된 해이기도 했다. 그는 여기서 추측 항법과 실제 항로와의 차이를 나침반의 오차와 극에서의 경선 수렴을 고려하지 않은 항해도 때문이라고 주장했다. 한편 테일러(Taylor, 1930)는 이보다 이른 1526년에 라틴 어로 발간된 누네스의 논문 "De arte atque ratione navigandi lib. 2"에서 나선형 항정선에 관한 언급이 이미 있었다고 밝혀, 몬모니어의 주장과는 차이를 보인다. 하지만 이 모두 1541년 이전의 일임에 분명하다.

　여기서 특별히 누네스의 항정선 언급 시기를 지적하는 이유는 그 항정선과 메르카토르의 1541년 지구의와의 관련성 때문이다. 뛰어난 수학자이자 과학자였던 메르카토르가 스스로 항정선의 원리를 파악했을 수 있다. 하지만 설령 메르카토르가 기존의 포르톨라노 해도에서 혹은 누네스로부터 항정선에 관한 아이디어를 얻었다고 해서 문제가 될 것은 없다. 왜냐하면 메르카토르가 자신의 지구의에 처음으로 항정선을 표시해 기존 이론을 실용화함으로써, 항해용 지구의라는 새로운 지평을 열었다는 점만은 분명한 사실이기 때문이다. 또한 구면의 지구의에 나선형 항정선을 정교하게 표시했다는 사실만으로도 천체와 지구에 대한 그의 지식 그리고 뛰어난 판각술을 엿볼 수 있기 때문이다. 그의 지구의에는 바람장미를 중심으로 수십 개의 항정선들이 방사상으로 아름답게 펼쳐져 있다. 항해 장비로 제작된 이 지구의는 직경이 약 42cm이며, 바다에서 사용하기 위해 속이 빈 나무로 된 공에 12개의 고어와 양극에 두 개의 고깔을 붙였는데, 항해용으로 이런 유형의 지구의는 최초의 것이었다(Karrow, 1993). 또한 섬세함과 실용성 그리고 견고함 때문에 지금까지도 10여 개가 전해져 오고 있다.

이제 1569년 세계지도의 위선 간격에 대해 살펴보자. 메르카토르가 자신만의 독특한 위선 간격을 창안한 이유는 다름 아니라 항정선을 항해용 지도에 직선으로 표시하기 위함이었다. 이 특별한 위선 간격과 장방형의 원통 도법은 이미 16세기 초반 에츨라우프(Etzlaub)의 지도에서도 발견할 수 있다. 〈그림 6-7〉에서 보듯이 에츨라우프가 제작한 Romweg('로마로 가는 길') 지도(1500년)의 위선 간격은 메르카토르의 1569년 세계지도와 마찬가지로 고위도로 갈수록 그 간격이 넓어지며, 이는 에츨라우프의 나침반 지도(1511년)에서도 마찬가지이다(Schnelbogl, 1966; Englisch, 1996). 에츨라우프의 Romweg 지도는 서유럽 각지에서 로마로 가는 길을 나타낸 여행용 지도이며, 각 지점에서 로마까지의 방향을 정확하게 나타내기 위해(정각성을 위해) 위선 간격을 조절했던 지도인 것이다. 16세기 초면 지도의 정각성을 위해 위선 간격을 조절해야 한다는 사실이 이미 지도 제작자들 사이에

1569년 메르카토르 세계지도의 인문학

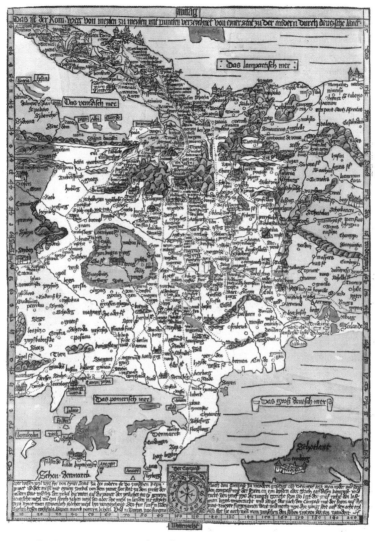

그림 6-7 | 에흘라우프의 Romweg 지도(1500년) 뮌헨 바이엘 시립도서관 소장

상식이었을 수도 있다. 하지만 에흘라우프의 Romweg 지도는 서유
럽에 한정된 극히 작은 육상용 지도이며, 그 지도 속에는 항정선이

없다. ■14

앞서 브로턴(2014)처럼 메르카토르의 1569년 세계지도가 항해도라는 사실에 의문을 제기하는 이도 있다. 그러나 다음과 같은 지도 주기는 메르카토르가 제작하려 했던 지도가 항해도였음을 분명히 입증해 주고 있다.

······이 네 가지 특징은 장소들 간에 서로서로 정확하며, 선장의 보통 해도에서 반드시 나타났던 오류, 특히 고위도 지역에서는 모든 종류의 오류들이 나타났는데 여기서는 어디에서도 이러한 오류의 흔적을 찾을 수 없다.

이제 분명한 것은, 메르카토르는 자신의 세계지도가 항해용으로 사용되기 위해서는 지도에 바람장미와 함께 직선의 항정선이 그려져야 하며, 이를 위해 고위도로 갈수록 위선 간격을 늘리는 독특한 투영법을 도입해야 한다는 사실을 정확히 직시했다는 점이다. 물론 이러한 투영법의 원리를 에슬라우프로부터 얻었든, 아니면 당시 이미 통용되던 상식적 지식으로부터 착안했든 그 역시 큰 문제가 될 수 없다. 왜냐하면 그는 이 독특한 투영법을 이용해 최초로 항해용 세계지도를 만들었고, 대항해 시대 최고의 지도로 각광을 받았으며, 지금도 우리의 사각형 지구관을 지배하고 있기 때문이다.

그렇다면 이제 '메르카토르는 정확한 위선 간격을 어떻게 구축하였을까?'라는 질문에 대한 대답만이 남아 있다. 노르덴셸드(Nordenskjöld, 1889)는 메르카토르가 삼각함수를 이용해 위선의 간격을 계산

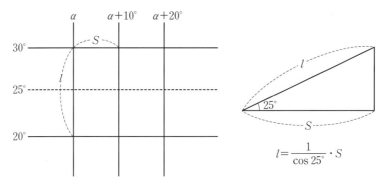

$$l = \frac{1}{\cos 25°} \cdot S$$

그림 6-8 | 노르덴셸드가 추정한 메르카토르 도법의 위선 간격 계산법

했을 것이라고 주장한 바 있다. 10° 간격의 두 위선 한가운데를 지나
는 위선의 위도 값에 대한 코사인 값의 역수, 다시 말해 위도 20°와
30° 사이의 위선 간격은 경선 10° 간격의 길이를 밑변으로 하고 빗변
과의 각도가 25°인 직각삼각형의 빗변 길이로 작도했을 것이라고 주
장했다(그림 6-8). 이 값은 메르카토르의 지도에서 그려진 위선 간격
과는 2% 정도밖에 차이가 나지 않았다. 당대에 뛰어난 수학자였던
그의 이력을 감안하면 아무런 이론적 근거도 없이 단지 작도만으로
시행착오를 거치면서 이 문제를 해결하려 들지 않았을 것이라는 견
해도 나름의 일리가 있다. 하지만 대부분의 연구자들은 정확한 위
선 간격을 수학적 계산이 아니라 작도를 통해 구축했을 것으로 보
고 있다.

우선 캐로(Karrow, 1993)가 말하는 '메르카토르의 비법'에 대해 알아
보자.

메르카토르의 곡선 항정선을 따라 이들 선들이 여러 위선과 교차하는
곳의 경도를 알고, 방위가 같은 직선 항정선을 사용하여 평평한 종이 위

에 이들 좌표를 전환하면 메르카토르 도법의 기본적인 틀이 마련된다.

즉 수학적 계산이 아니라 작도를 통해 구축했으리라고 주장하는 이들은 1541년 지구의의 고어에서 그 답을 찾으려 한다. 〈그림 6-9〉에서 보듯이 지구의에 붙이기 위해 제작된 고어를 펼치면 지구의에서 매끈하게 연결되었던 항정선은 서로 끊어지고, 게다가 곡선으로 나타난다. 또한 고어의 형상이 방추형이기 때문에 고위도로 갈수록 이웃한 고어와의 간격이 넓어진다. 결국 메르카토르는 장방형 도법의 평형 경선을 도입해 이웃한 고어들 사이의 간격을 메움[15]과 동시에 떨어져 있는 항정선을 잇고 마지막으로 이들 항정선이 지도에서 직선으로 표시될 수 있도록 위선 간격을 조작했던 것이다. 이를 연속 그림[16]으로 설명한 것이 〈그림 6-10〉이다. 그 결과 직선의 항정선이 평행한 경선들과 같은 각도로 교차할 수 있었다. 지도 주기에 수학적 해석이 없다는 점도 그러하거니와, 위선 조작 과정이 아무리 복잡하고 지루했을지라도 뛰어난 지도 제도사이자 판각사이기도 했던 그로서는 충분히 감내할 수 있었을 것이다. 따라서 메르카토르의 비법은 수학적 이론보다는 엄청난 시행착오를 거치면서 디바이더나 각도기를 이용한 작도법에 의존했을 가능성이 더 크다고 보는 것이다.

한편 앞서 밝혔듯이 잉글랜드의 수학자인 에드워드 라이트(Edward Wright)는 기존의 메르카토르 지도에서 어쩔 수 없이 받아들여야 했던 거리의 왜곡을 일거에 제거할 수 있는 일련의 표를 제작했다. 그 결과 메르카토르 지도를 덮고 있던 "무지의 두꺼운 안개"를 마침내 제거할 수 있었다. 1599년 라이트는 자신의 책에 '확실한 오류'라는

1569년 메르카토르 세계지도의 인문학

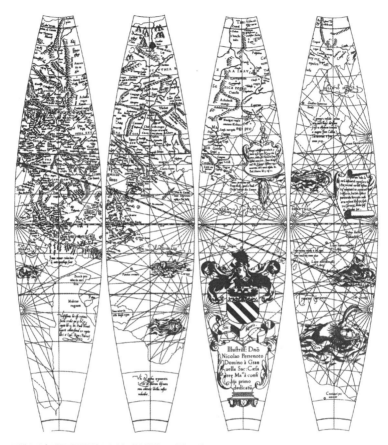

그림 6-9 | 메르카토르의 1541년 지구의에 그려진 고어

제목을 자신 있게 붙였으며, 비전문가와 항해자 모두 이해할 수 있
도록 명료하고 간결한 이 저작물에 메르카토르의 업적을 상세히 설
명했다.[17] 그와 동시에 라이트는 1599년 『확실한 오류』가 출판되기
도 전에 저작권이 요도퀴스 혼디위스 등에 의해 몇 차례 도용당했던
경험 때문에 자신의 업적을 빼앗기지 않으려고 노력했다. 즉 "이것
이 나오게 된 방법은 메르카토르에게서 배운 것도 아니고 다른 누구

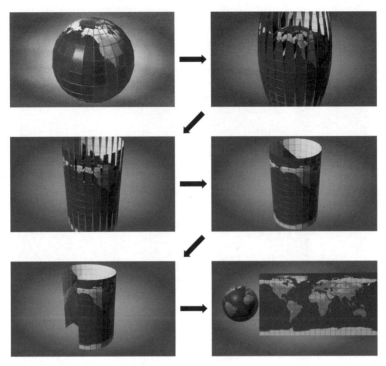

그림 6-10 | 메르카토르 도법이 작도로 구축되었음을 설명하는 연속 그림

에게서도 배운 것이 아니다."라고『확실한 오류』서문에 명확하게 밝
힘으로써 자신의 수학적인 업적에 대한 저작권을 주장했다. 결국 그
는 메르카토르라는 지도 제작자가 가리킨 방향을 수학적으로 따라
가며 독자적인 계산 결과를 만들어 냈던 것이다.

　이제 한 걸음 더 나아가 메르카토르 도법의 수학적 원리를 잉글
랜드 인이 해결했다는 자부심과 애국심이 결합되어, 메르카토르 도
법을 잉글랜드 인들이 만들었다고 주장하는 지경에까지 이르게 되
었다. 예를 들어 핼리 혜성으로 유명한 천문학자 에드먼드 핼리(Ed-
mond Halley)와 같은 잉글랜드 인들은, 이 도법의 창시자는 메르카토

　　　　　　　　1569년 메르카토르 세계지도의 인문학

르가 아니라 라이트라고 주장한 바 있으며(Snyder, 1993), 잉글랜드의 사학자들은 1599년 발행된 리처드 해클루트(Richard Hakluyt)의 저서『잉글랜드의 기본 항로, 항해, 교통 그리고 발견』의 제2판에 삽입된 2도엽으로 된 세계지도를 라이트의 공으로 돌린다. 이 해도는 라이트가 경위선망뿐만 아니라 에머리 몰리뉴(Emery Molyneux)의 1592년판 지구의로부터 지리 정보를 옮겼기 때문에 한때 라이트-몰리뉴 지도로 불리기도 했다(몬모니어, 2006).

영욕의 400년

메르카토르의 1569년 세계지도가 세상에 나오자마자 열렬하게 환영을 받은 것은 아니었다. 그는 자신이 사망하기 전 발간된 1585년, 1589년『아틀라스』어디에도 1569년 투영법이 반영된 지도를 싣지 않았다. 그의 사후 1595년에 발간된『아틀라스』에는 이 투영법으로 제작된 세계지도를 비롯해 아프리카, 아시아, 아메리카 대륙도가 실려 있을 뿐이다. 하지만 오르텔리우스라는 인물이 세계적인 지도 제작자로 부상하는 데 결정적인 계기가 된 1570년『세계의 무대』와 페트뤼스 플란시위스(Petrus Plancius)의 1592년 세계지도「플라니스피어」에 1569년 세계지도의 내용들이 중요한 자료원의 구실을 했다. 이와는 달리 메르카토르 도법이 직접 적용된 예들도 있었다. 베르나르트 판 덴 퓌터(Bernard van den Putte)라는 안트베르펜의 판각사는 1569년 세계지도를 목판본으로 제작한 바 있다. 1594년 매슈 쿼드(Matthew Quad)의 *geographic Handbook*에 실린 동판 지도, 1597년

요도퀴스 혼디위스가 제작한 「기독교–기사 지도」(그림 6-11), 1599년 리처드 해클루트의 『잉글랜드의 기본 항로, 항해, 교통 그리고 발견』에 실린 지도에 메르카토르의 투영법이 이용되었다.

16세기 후반 잉글랜드가 북방 항로 개척에 뛰어들면서 존 디(John Dee)라는 인물과 연계되어 메르카토르의 1569년 세계지도는 유독 잉글랜드 궁정 관리, 정치가, 탐험가, 학자들로부터 주목을 받았다. 하지만 정작 주목을 받은 것은 메르카토르 도법에 의해 그려진 바탕 지도가 아니라 지도 왼편 하단에 자그맣게 자리 잡은 북극 지방 지도였다. 이에 대한 논의는 이 책 제7장과 제8장에서 자세히 다룰 예정이다. 잉글랜드에서 이러한 관심이 메르카토르 투영법의 위선 간격에 대한 수학적 해법으로 발전했다고 볼 수 있는데, 1589년 토머스 해리엇(Thomas Harriot)의 로그탄젠트 공식 제안, 1595년 에드워드 라이트의 시컨트 값 합산 해법, 그리고 1645년 헨리 본드(Henry Bond)의 로그탄젠트 해법 등이 그것이다. 이제 메르카토르의 1569년 세계지도는 항해도로 사용될 완벽한 준비가 되어 있었다.

1647년 로버트 더들리(Robert Dudley)가 편찬한 『바다의 비밀』이라는 해양 아틀라스와 핼리 혜성으로 유명한 천문학자 에드먼드 핼리(Edmund Halley)의 1686년 「무역풍 지도」에 메르카토르 도법이 사용되었다. 이처럼 지도 제작자나 과학자에 의해 메르카토르 투영법이 사용된 예는 있으나, 18세기 후반까지 실제 항해용 지도로 사용된 경우는 흔치 않았다. 등장방형 도법으로 제작된 평면 지도(plane chart)를 고집하는 당시 항해사들의 보수성도 큰 몫을 차지했겠지만, '메르카토르 식 항해'를 위한 선결 조건이 갖추어져 있지 않은 상황에서 항정선을 이용한 항해는 불가능했다(몬모니어, 2006). 그건 다름 아닌

1569년 메르카토르 세계지도의 인문학

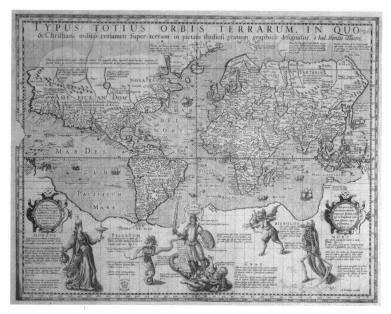

그림 6-11 | 1597년 요도퀴스 혼디위스가 제작한 「기독교-기사 지도」

정확한 각도를 측정하기 위한 정밀한 육분의(六分儀), 오차가 많은 천문 도표에 의한 경도 측정이 아니라 정확한 경도를 측정할 수 있는 해상용 크로노미터(chronometer), 그리고 전 세계 바다에서의 자기편차를 정확하게 나타낸 자기 편차 지도 등은 18세기 후반이 되어서야 일반화될 수 있었다.

이제 19세기 중엽이 되면서 메르카토르 도법에 의한 해도는 항해용 지도의 진정한 표준으로 자리 잡게 되었다. 메르카토르 도법으로 제작된 지도들은 항해도뿐만 아니라 해풍, 해류, 수온 등을 나타내는 각종 해도의 바탕 지도로 이용되었으며, 적도 중심의 메르카토르 세계지도는 아틀라스의 바탕 지도와 벽걸이용 세계지도의 표준이 되었다. 지도에 관한 한 19세기는 가히 메르카토르의 완벽한 지배하에 있었다고 말할 수 있을 정도였다. 하지만 절정기에는 항상 새로운 도전의 씨앗이 싹트는 법. 1830년대 미국 해양측량국 국장이었던 퍼디낸드 루돌프 해슬러(Ferdinand Rudolph Hassler)가 제안한 다원추 도법(多圓錐圖法)이 이러한 도전의 시작이었다. 다원추 도법은 측량 결과, 수심, 상세한 지세 등을 한 장의 지도에 나타내는 국지적인 틀로서는 완벽했다. 동서 방향으로 축척이 일정하고 중앙 경선 부근의 대축척 지도에서는 축척, 면적, 각, 방향 등의 왜곡이 거의 없어 낱장의 지도에서 그은 직선 항로는 실제 항해와 거의 오차가 없었다.

하지만 문제는 이웃한 지도를 이을 경우였다. 각 도엽은 나름의 중앙 경선을 가지고 있어 이웃한 도엽을 붙이면서 넓은 지역으로 확장할 수 없었다. 게다가 소축척 지도일 경우 직선은 항정선이 아니고 각은 왜곡되며, 곡선의 경위선망에서 경위도를 쉽게 읽을 수 없었다. 이러한 약점에도 불구하고 이제 해도의 투영법으로서 메르카토르 도법과 다원추 도법 그리고 새로운 강자로 떠오른 람베르트(Lambert) 정각원추 도법의 경쟁은 19세기에 이어 20세기 내내 이어져 왔으며, 실제 항해사들이나 해군에서는 여전히 메르카토르 도법에 의한 항해도를 선호하고 있다. 현재 우리나라의 경우 1:10,000, 1:20,000 항해도와 1:5,000, 1:20,000 항박도의 경우 메르카토르 도법에 의해 제작되고 있다. 하지만 해저지형도, 지자기전자력도, 중력이상도, 천부지층분포도 등은 표준 위선 35° 45′과 36° 45′의 분할 접선 람베르트 정각원추 도법에 의해 제작되고 있다. 한편 20세기 초반까지 메르카토르 도법에 의한 항공도가 영국 공군 및 국제항공연맹의 표준항공도로 자리 잡았지만, 미국 해양측량국을 계승한 미국 해안 및 측지측량국 그리고 미국 공군에서는 람베르트 정각원추 도법을 채택하였다. 오늘날 대부분의 항공도는 도엽 내 분할선이 있는 람베르트 정각원추 도법에 의해 제작된 것이다.

　메르카토르의 원통 도법 원리는 새로운 도법의 개발로 이어졌다. 일반적으로 메르카토르 도법은 적도를 표준 원으로 하며, 이에 접하는 원통 도법이다(그림 6-12-가). 이 경우 투영면이 원통과 접하는 적도를 따라서 축척이 정확하다는 원리를 확장하면서, 바로 특정 자오선과 그 180° 뒤편의 자오선에 접하는 원통 도법(그림 6-12-나)과 임의의 대권과 접하는 원통 도법(그림 6-12-다)이 개발되었다. 전자가 횡축 메르카토르 도법의 원리로 1772년 람베르트에 의해 개발되었다. 횡축 메르카토르 도법에서 직선은 항정선이 아니기 때문에 소축척 지도에 적용된 예는 거의 없으며, 대개 대축척 지도 제작에 이용되고 있다. 우리나라의 경우도 1:5,000 국가 기본도를 비롯해 1:25,000, 1:50,000 등의 대축척 지도에서 횡축 메르카토르 도법이 이용되고 있다. 횡축 메르카토르 도법의 원리는 직교좌표 체계의 구축에도 이용될 수 있었다. 위선의 길이는 고위도로 갈수록 짧아지므로 경위선망으로는 군용 지도와 같이 일정한 간격으로 일률적으로

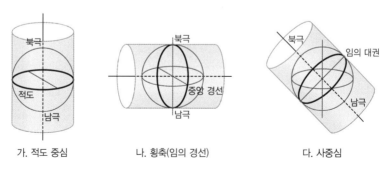

가. 적도 중심　　　　　　나. 횡축(임의 경선)　　　　　　다. 사중심

그림 6-12 | 원통 도법의 3가지 원리

구획된 등장방형 방안(직교좌표)을 만들어 낼 수 없다. 즉 같은 길이의 방안으로 구성된 직각좌표 체계(군사 좌표, UTM 좌표)에는 또 다른 체계가 요구되었다. 직각좌표 체계 중에서 UTM 좌표 체계(Universal Transverse Mercator coordinate system)가 가장 대표적인 예인데, 지구 전체를 하나의 좌표 체계로 구획할 수 있다는 장점을 지니고 있다. 한편 우리나라 직각좌표 체계는 서부원점(동경 125°, 북위 38°), 중부원점(동경 127°, 북위 38°), 동부원점(동경 129°, 북위 38°) 3곳의 원점을 기준으로 구성하였는데, 이들에 관한 상세한 내용은 이 글의 범위를 넘어선다. ■18

임의의 대권에 외접하는 〈그림 6-12-다〉가 사중심 메르카토르 도법의 원리이며, 1903년 로젠문트(M. Rosenmund)에 의해 처음으로 개발되었다(Snyder, 1993). 이 도법은 1920년대 이르러 장거리 비행을 위한 지도 제작에 처음으로 이용되었으며, 대권 항로를 따라 저왜곡의 회랑 지도가 만들어질 수 있었다. 이뿐만 아니라 남북 혹은 동서가 아닌 특정 방향으로 아주 긴 국가나 대륙, 혹은 횡단 경로에 대해 기하학적으로 보다 더 정확한 모습을 제공할 수 있게 되었다. 한편 횡축 메르카토르 도법의 원리는 한층 더 진화하여 위성 영상을 지도화하는 틀로도 이용되었다. 지구는 자전하고, 스캐너가 장착된 위성은 선회하며, 회전축은 계속해서 달라지기 때문에 위성 영상 정보에 지상의 경위도 좌표를 부여하는 일은 쉽지 않았다. 이를 해결한 이가 바로 20세기 최고의 투영법 학자인 존 파 스나이더(John Par Snyder)이다. 그는 일반 지도 투영법, 그중에서도 횡축 메르카토르 도법의 틀에 위성 정보를 표시할 수 있는 공식을 개발했는데, 이를 우주 사중심 메르카토르 도법(Space Oblique Mercator Projection)이라고 부른다(몬모니어, 2006).

19세기 들어 해도로서 확고한 입지를 갖게 된 메르카토르의 1569년 세계지도는 이제 아틀라스의 배경 지도와 벽걸이용 지도의 표준이 되었다. 어쩌면 벽면에서 볼 수 있는 직각과 메르카토르 지도의 장방형이 잘 어울리기 때문에 더욱더 환영을 받았는지 모른다. 19세기 후반을 지나면서 메르카토르 세계지도의 위세는 점차 꺾이기 시작했지만 1930년대까지 이를 대체할 만한 다른 투영법은 없었다. 하지만 제2차 세계대전 기간부터 새로운 투영법이 줄줄이 쏟아져 나오면서 메르카토르 지도의 영광은 그 빛이 바래기 시작했다. 게다가 이 시기부터 지도에 대한 또 다른 수요가 폭발적으로 늘어나기 시작했는데, 그것은 다름 아닌 주제도였다. 각 나라의 면적이 주제도 제작에 큰 영향을 미치기 때문에 면적 확대라는 극단적인 약점을 지닌 메르카토르 도법은 주제도의 바탕 지도로서 그 약점을 숨길 수 없었다. 이제 밀러(Miller) 도법, 구드(Goode) 단열 도법, 로빈슨(Robinson) 도법, 판 데르 그린텐(Van der Grinten) 도법, 빈켈 트리펠(Winkel tripel) 도법 등 정각성, 정적성, 정방위성, 정거성 어느 하나도 갖추지 못한 절충 도법들에게 자신의 자리를 내주어야 했다. 특히 랜드맥널리, 내셔널지오그래픽 등 대형 지도 제작사들이 표준 투영법으로 로빈슨 도법과 같은 특정 도법을 선호함에 따라 메르카토르의 입지는 더욱 좁아질 수밖에 없었다.

하지만 설상가상, 이런 상황에서 메르카토르 도법은 아르노 페터스(Arno Peters)라는 인물에 의해 결정타를 맞게 된다. 지도학에 문외한인 정치학자 페터스는 메르카토르 지도를 유럽 중심적, 제국주의적 입장을 옹호하는 지도라고 맹비난하면서, 그것에 대한 대안으로 과학적이고 민주적이며 제3세계에 대해 우호적이기까지 한 자신의 지도를 제안했다. 이 이야기는 마지막 제9장에서 하려 한다.

1. 제리 브로턴(Jerry Brotton)은 잉글랜드 런던대학교 퀸메리 칼리지(Queen Mary College)에서 르네상스를 전공하는 역사학 교수이며, 2010년 영국 BBC 방송 다큐멘터리 'Maps: Power, Plunder and Possession'의 진행을 맡는 등 지도와 관련된 역사를 대중에게 알리는 데 기여하고 있다. 이 다큐멘터리의 영향을 받았는지는 알 수 없으나 2011년 KBS 방송 특집 다큐멘터리 4부작 '문명의 기억, 지도'가 방영되었고, 이 다큐멘터리의 1부 '달의 산'의 소재가 바로 「혼일강리역대국도지도」였다.

2. 몬모니어(2006)는 이 지도의 크기가 바로 장점인 동시에 단점이라고 설명했다. 크기가 커서 자세한 내용을 담을 수 있다는 점에서는 장점이지만, 벽걸이용 지도로서 빛이나 더러운 손길에 취약하다는 점은 단점이라고 했다. 그 결과 현재까지 남아 있는 지도 수가 적고, 고지도나 지도학사에 관한 저서에 전자 모사본으로 등장하는 경우가 거의 없다는 사실이 이를 잘 설명해 준다는 것이다.

3. Jomard, E. F., 1842~1862, *Les Monuments de la géographie*, no.21, Paris: Duprat.

Mercator, 1891, *Drei karten von Gerhard Mercator: Europa-Britische inseln-Weltkarte. Facsimile-lichtdruck nach den Originalen der Stadtbibliothek zu Breslau*, ⋯ hrsg. von der Gesellschaft für Erdkunde zu Berlin, Berlin: W. H. Kühl.

International Hydrological Bureau, 1931, Text and Translation of the Legends of the original Chart of the World by Gerhard Mercator, issued in 1569, Monaco, International Hydrological Bureau. (Pamphlet accompanying facsim. of chart.) 그리고 Hydrological Review(1932) 9, no.2, pp.7~45.

Hoff, B. v., 1961, *Map of the World (1569) in the Form of an Atlas in* the Maritime Museum 'Prins Hendrik' at Rotterdam, Imago Mundi supplement no.6, Rotterdam: Maritime Museum 'Prins Hendrik.'

4. Heyer, A., 1889, *Drei Mercatorkarten in der Breslauer Stadtbibliothek, Zeitschrift für wissenschaftliche Geographie* 7: pl.2.

Brown, L., 1952, *The World Encompassed: An Exhibition of the History of Maps held at the Baltimore Museum of Art*, pl.41, Baltimore: Waters Art Gallery.

Taylor, E. G. R., 1955, "John Dee and the Map of North-East Asia", *Imago Mundi* 12, opp.104.

Cumming, W. P., 1958, *The Southeast in Early Maps*, pl.7, Princeton: N. J.: Princeton University Press.

Bagrow, L. and R. A. Skelton, 1964, *The History of Cartography*, pl.70, rev. and enlarged by R. A. Skelton, London: C. A. Watts & Co.

Shirley, R. W., 1983, *The Mapping of the World: early Printed World Maps*, 1472-1700, pp.140~141, London: Holland Press.

Nebenzahl , K., 1990, *Atlas of Columbus and the Great Discoveries*, pp.128~129, New York: Abbeville Press.

5. Kohl, J. G., 1869, *History of the Discovery of Maine*, pl.22, in William Willis, ed., *Documentary History of the State of Maine*, Vol.1, Portland: Bailey and Noyes. pl.22.

Brazil, 1899, *Frontières entre le Brèsil et la Guyane Française*, pt.1, pl.19, Paris:A. Lahure.

Fite, E. D. and A. Freeman, 1926, *A Book of Old Maps, Delineating American History from the Earlist Days Down to the Close of the Revolutionary War*, pl.22, Cambridge: Harvard University Press.

Norlund, N. E., 1943, *Danmarks kortlaegning; en historisk fremstilling udgivet met stottet af Carlsbergfondet*, Geodaetisk Institut

1569년 메르카토르 세계지도의 인문학

Publikationer, no.4, pl.23⑵, Copenhagen: E. Munksgaard.

Randles, W. G. L., 1956, "South-east Africa as Shown on Selected Printed Maps of the Sixteen Century", *Imago Mundi* 13, opp.84.

Taylor, E. G. R., 1956, "A Leter Dated 1577 from Mercator to John Dee", *Imago Mundi* 13, p.62.

Beylen, Jules v., 1962, "Schepen op kaarten ten tijde van Gerhard Mercator", *Duisburg forschung* 6, figs.26~28.

Kyewski, B., 1962, "Über die Mercatorprojection", *Duisburg forschung* 6, fig.13.

Skelton, R. A. et al., 1965, *The Vinland Map and the Tartar Relation*, pl.15, by R. A. Skelton, T. E. Marston, and G. D. Painter, New Haven: Yale University Press.

Osley, A. s., 1969, *Mercator: A monograph on the lettering of maps, etc in the 16th century Metherlands with a facsimile and translation of his treatise on the italic hand and a translation of Ghim's Vita Mercatoris*, p.73, New York: Watson-Guptill.

Sigurdson, H., 1971, *Kartasaga island*, vol.1, p.229, Rey kjavik: Bókaútgáfa Menninggarsjóðs og þjóðvinafèlagsins.

Putman, R., 1983, *Early Sea Charts*, pp.86~87, 95, 110~111, 122~123, New York: Abbeville Press.

Nebenzahl, K., 1990, *Atlas of Columbus and the Great Discoveries*, p.126, New York: Abbeville Press.

6. 벨기에 신트니클라스 시에 있는 메르카토르 박물관에도 메르카토르의 1569년 세계지도 복사본이 걸려 있다. 관장에게 이 지도의 원본이 어디 것인지 물어보 았더니 브레슬라우(Breslau) 판본이라고 했다. 필자가 가지고 있는 복사본과 거 의 같아 현재 래스프리닷컴에서 판매되고 있는 지도가 브레슬라우 판본으로 여 겨지지만 확실하지는 않다.

7. 메르카토르가 1552년에 이주해 말년까지 살면서 이 지도를 만들었던 도시는 뒤스부르크이며, 이 도시는 윌리히·클레베·베르크 공국에 속한 도시이고, 이 공국의 제후가 윌리엄 공작이다.

8. 이는 원추 도법의 전형적인 특성으로 프톨레마이오스의 『지리학』이 소개되면서 르네상스 초기 지도들 대부분은 원추 도법에 의해 제작되었다. 1507년 발트제뮐러의 세계지도, 1531년 피네의 심장형 세계지도, 메르카토르의 1538년 세계지도 역시 원추 도법의 변형이다.

9. 이어지는 글의 내용으로 보아 장방형 도법의 특징을 설명하고 있어, 여기서 말하는 항해도가 포르톨라노인지 아니면 칸티노 세계지도와 같은 것을 의미하는지 확실하지 않다.

10. 이에 대해 16세기 초반에 이미 포르투갈의 과학자 페드루 누네스가 '나선형 항정선'의 개념에 대해 언급한 바 있다.

11. 여기서 대권의 20°란 원주 360°에 대한 20°, 다시 말해 지구 둘레의 1/18에 해당하는 길이를 말한다.

12. "행복한 국가, 행복한 왕국, 그곳에서는 유피터르의 고귀한 자손인 정의 여신이 영원히 통치하고, 아스트라이아가 봉을 다시 움켜쥔 채 신성한 선량함과 손잡고 고개를 들어 하늘을 쳐다보며 최고 군주의 의지에 따라 만물을 통치하면서 불행한 인간들을 하느님의 유일한 절대 권력에 복종시키는 데 헌신하며 행복을 추구하고 …… 그리고 선의 적이며 아케론 강을 요동치게 하는 불경스러움이 더러 음울한 무질서를 일으키기도 하지만, 공포는 감지되지 않는다. 세상 꼭대기에 계시는 선하디선한 하느님 아버지는 고개를 끄덕여 만물을 호령하시고, 하느님의 과업과 하느님의 왕국을 절대 버리지 않으실 것이다. 시민들은 현명한 통치가 이루어지는 이곳에 있을 때 복병을 겁내지 않고, 끔찍한 전쟁과 음울한 기근을 두려워하지 않으며, 아첨꾼의 쓸데없는 험담에서 핑계를 죄다 쓸

1569년 메르카토르 세계지도의 인문학

어버리고 …… 부정직함은 경멸을 받다 엎드리고, 선량한 행동은 도처에서 우정을 낳고, 서로의 약속은 왕과 하느님을 섬기기에 마음을 다하는 사람들을 한데 묶는다."

13. 이 지도는 당연히 메르카토르의 1569년 세계지도를 말한다.

14. Romweg 지도에서 개별 도시와 로마와의 방향은 굳이 바람장미와 함께 방사상의 직선 항정선으로 표시할 필요가 없다. 왜냐하면 지도에서 둘 사이의 방향을 나침반으로 직접 측정하면 되기 때문이다. 게다가 이 지도처럼 그 크기가 작다면 말할 나위도 없다. 하지만 해도의 경우 지도에 표시되지 않은 임의의 지점에서 임의의 지점까지의 방향을 알아야 한다면 바람장미와 항정선은 반드시 요구된다.

15. 고어의 오른쪽 가장자리 경선은 오른편에 이웃한 고어의 왼쪽 가장자리 경선과 같은 경도 값을 가지고 있다.

16. 뒤스부르크 시 역사박물관(Kultur-und Stadthistorisches Museum Duisburg)의 메르카토르 전시실에는 메르카토르의 1569년 세계지도 제작 원리를 설명하는 교육용 전시물이 있는데, 여기서 아이디어를 얻어 필자가 그것을 재현한 것이 〈그림 6-8〉이다.

17. 에드워드 라이트(Edward Wright)는 케임브리지 대학교의 첫 학생이었고 강사였으며, 당대에 저명한 수학자 중 한 명으로 간주되었다. 그는 몇 번에 걸쳐 바다 여행을 했고, 동인도 회사의 항해 조언자가 되었으며, 동시대의 한 사람인 마크 리들리(Mark Ridley)[1613년 자신의 책 *A short treatise of magnetical bodies and motions*에서 튜더 왕조 말기와 스튜어트 왕조 초기의 자기 과학자 테일러(B. Taylor)에 대해 언급했다(London: Methuen, 1934)]에 따르면, "수학에 매우 능력 있고 수학으로 인해 고통을 받은 남자이며 동인도 회사를 위한 항해 기술이라는 책의 출판고문을 담당할 만한 자격 있는 사람이었다."라고 한다.

18. UTM 좌표 체계와 우리나라 대축척 지도에 운용되고 있는 직각좌표 체계에 관해서는 권동희(1998)의 『지형도 읽기』, pp.35~47을 참조할 것.

1569년 메르카토르 세계지도의 인문학

제7장

존 디와 메르카토르

메르카토르의 지리학은 16세기 유럽 국가들 중에서 유독 잉글랜드에서만 국가의 운명을 논하는 자리에서 주목을 받는다. 왜? 이것이 바로 이 책 제7장과 제8장에서 말하려는 내용이다. 최근 발간된 메르카토르 관련 서적들(Crane, 2002; 몬모니어, 2006; 테일러, 2007)에서도 존 디와 관련된 메르카토르의 이야기가 일부 실려 있지만 소략하기 그지없다. 이 책에서는 존 디와 메르카토르 그리고 잉글랜드의 북방 탐험에 관한 이야기를 의도적으로 길게 써 보았다. 왜냐하면 이 긴 이야기가 기존의 메르카토르 관련 서적들과 차별성을 부각시킬 수 있는 방편이 될 것으로 판단했기 때문이다.

1560년대에 이르면 남쪽 바다, 다시 말해 태평양으로의 무역 항로와 무역 거점 모두 에스파냐와 포르투갈에 의해 완전히 장악되었다. 아직 해군력에서 이들 국가와 경쟁할 수 없었던 잉글랜드가 할 수 있는 일은 해적질뿐이었다. 결국 잉글랜드는 독자적인 무역 항로 확보만이 젖과 꿀이 흐르는 동방 무역에 참여할 수 있는 유일한 길이며, 그것이 바로 북방 항로의 개척이라는 결론에 이르게 되었다. 이 무렵 북방 항로를 긍정적으로 그려 놓은 오르텔리우스의 세계지도(1564년), 메르카토르의 세계지도(1569년), 오르텔리우스의 『세계의 무대』에 수록된 세계지도(1570년) 등이 계속해서 쏟아졌으며, 그중 가장 주목을 받은 것이 바로 메르카토르의 1569년 세계지도였다. 하지만 역설적이게도 주목의 대상이 된 것은 항정선을 직선으로 표시할 수 있어 최상의 항해도라고 지금까지 평가받고 있는 메르카토르 도법으로 제작된 바탕 지도가 아니라, 그 지도 왼편 하단에 삽입도 형식으로 자리 잡고 있는 작은 북극 지도였다. 북극 중심 방위 도법을 이용한 이 작은 지도 하나가 길버트, 더들리, 헤이튼, 월싱엄 등 엘리자베스 1세 휘하의 모험 귀족들과 존 디, 해클루트와 같은 잉글랜드 지리학자들 눈에 들어왔던 것이다.

이 장에서는 우선 잉글랜드 북방 탐험에 관한 한 최고의 이론가인 존 디의 학문적 배경을 살펴보고, 다음으로 잉글랜드에서 시도되었던 1570년 이전의 북방 탐험 역사를 1550년 이전과 이후로 나누어 살펴보려 한다. 이는 계속된 좌절에도 불구하고 집요하게 시도된 잉글랜드의 북방 탐험을 이해하는 배경지식이 될 수 있으며, 왜 잉글랜드에서 국가적 운명을 논하는 자리에 메르카토르의 지식, 그중에서도 1569년 세계지도가 관심의 대상이 되었는가를 이해할 수 있는 근거가 될 것이다.

존 디의 등장

존 디(John Dee, 1527~1608)는 메르카토르나 리처드 해클루트와 달리 우리 학계에서는 비교적 생소한 인물로, 흔히 '마법사 존 디', '존 디 박사'[1] 등으로 알려져 있다(그림 7-1). 하지만 존 디는 1570년대 잉글랜드의 북방 탐험과 관련해 가장 비중 있는 인물의 한 사람이며, 엘리자베스 1세 치세에 해군력 확장을 바탕으로 대영제국의 건설을 구상한 탁상파 지리학자의 전형이었다.[2] 루뱅 대학에서 유학을 마치고 귀국한 존 디는 1550년 초반부터 잉글랜드의 북방 탐험에 적극 관여하였다. 따라서 이후 존 디의 행적을 살펴보고 나아가 메르카토르 지리학이 잉글랜드 북방 항로 개척에 관여하는 과정을 설명하려면 그의 학문적 배경에 대한 이해가 선행되어야 할 것이다.[3] 아

그림 7-1 | 존 디의 초상

주 단편적인 글을 제외하고는 존 디에 관한 국내 문헌을 찾기 어렵고, 국내 포털 사이트의 검색창에 존 디로 쳐 보아도 별다른 자료가 발견되지 않는다. 우선 독자들의 이해를 돕기 위해 한 가지 예를 들자면, 케이트 블란쳇(Cate Blanchett)이 열연했던 영화 '엘리자베스: 골든에이지(Eliazbeth: The Golden Age)'(2007)에서 엘리자베스 여왕이 에스파냐 '무적함대' 아르마다(Armada)의 침공 위협을 눈앞에 두고 직접 찾아가 전쟁의 승패를 문의했던 사람이 바로 존 디였다. 실제로 1527년 런던에서 태어난 존 디는 16세기, 특히 엘리자베스 1세 시대에 활약한 과학자, 지리학자, 점성술사인 동시에 엘리자베스 1세의 비밀 첩보원이었던 인물이다. 이언 플레밍(Ian Fleming)의 소설, 그리고 그것이 영화화된 '007' 시리즈의 제임스 본드는 20세기판 존 디를 모델로 한 것이다(Deacon, 1968).

메르카토르보다 15세 연하인 존 디는 1527년 런던 근교에서 웨일스 (Wales) 출신이자 헨리 8세의 궁정에서 하급 관리[4]로 일했던 롤런드 디(Roland Dee)의 장남으로 태어났다. 존 디의 부친은 당시 대부분의 웨일스 사람들이 그러했듯이, 자식 교육에 남다른 열성을 보였고 출세를 위해 자식이 대학에서 법학 공부를 하길 바랐다. 하지만 존 디는 수학에 남다른 재능을 보였으며, 대학에서 주로 그리스 어, 라틴 어, 철학, 기하학, 대수학, 천문학을 공부했다(Woolley, 2002). 일반적으로 존 디는 엘리자베스 1세 시대 여왕의 스파이 겸 수정 구슬과 대화하는 마법사로 알려져 있지만, 16세기 중반까지 학문적으로 변방에 불과했던 잉글랜드가 대륙으로부터 지리 및 지도와 같은 선진 기술을 도입하고 이를 실용화하는 데 큰 역할을 했던 인물이다. 존 디가 유학 시절 헤마 프리시위스(Gemma Frisius)의 제자였던 메르카토르와 루뱅 대학에서 맺었던 인연은 그가 죽을 때까지 다양한 경로를 통해 이어졌으며, 이는 메르카토르로 대변되는 북유럽의 신지리학이 잉글랜드에 소개되는 계기가 되었다.

16세기 초반까지 잉글랜드는 인문학뿐만 아니라 지도학과 같은 실용적 학문에서 후진 상태를 면치 못했으며(그림 7-2 참조), 포르투갈이나 에스파냐에 비교하면 대서양 항로와 신대륙 식민지의 개척에서도 보잘 것이 없었다. 실제로 1499년 에라스뮈스의 잉글랜드 방문에서 보듯이, 르네상스의 새로운 학문적 분위기나 당시 대륙에서 최고의 화두였던 종교 개혁 모두 대륙으로부터 온 학자나 종교인들을 통해 전달되었다. 이와는 달리 존 디는 20세의 어린 나이에 당시 상업과 학문에서 새로운 요람으로 급성장하던 플랑드르의 핵심 도시인 안트베르펜과 루뱅을 직접 찾아 나섰다. 이미 지적한 바 있지만, 16세기 중엽 세계 무역의 중심지는 에스파냐의 무역항 세비야(Savilla)와 더불어 플랑드르 지방의 항구 노시 안트베르쎈이었다. 물론 안트베르펜도 에스파냐 국왕 겸 신성로마제국 황제 카를 5세, 나중에 그의 아들 펠리페 2세가 다스리던 에스파냐의 영토였다. 한편 루뱅은 안트베르펜에 이웃한 대학 도시로 15세기 말에 플랑드르 최초의 대학인 루뱅 대학이 설립된 도시였다. 루뱅 대학은 종교적으로는 가톨릭에 가까웠지만, 당시 인기 있던 천문학, 지리학, 지도학, 측량학 등이 발달해 있었으며, 특히 이들 분야에서 유럽 최고의 지성 중 한 명인 헤마 프리시위스가 교수로 재직하고 있었다(Koeman et al., 2007). 바로 이곳에 20세 잉글랜드 청년 존 디가 유학을 왔던 것이다.

존 디가 처음 루뱅 대학에 온 해는 1547년으로, 당시 35세이던 메르카토르는 스승인 헤마 프리시위스의 품을 떠나 독자적으로 지도 및 지구의 제작으로 명성을 쌓아 나가던 시점[5]이었다. 존 디가 정확히 몇 달 동안 루뱅에 머물렀는지는 확실하지 않지만 그다지 오래 있었던 것 같지는 않다. 존 디의 일기에 의하면 자신이 돌아갈 때 메르카토르가 만든 커다란 2개의 지구의와 천구의를 잉글랜드로 가져왔는데, 이것들을 케임브리지 대학교 트리니티 칼리지(Trinity College)의 학생들과 연구원들이 이용할 수 있도록 기증했다고 한다. 하지만 테일러(Taylor, 1930)는, 이 지구의와 천구의는 메르카토르가 단독으로 제작한 것이 아니라 그가 제작에 일조했던 헤마 프리시위스의 1537년 작품임이 분명하다고 주장했다. 왜냐하면 메르카토르의 지구의는 1541년에 만들어졌지만, 메르카토르의 천구의는 1551년이

1569년 메르카토르 세계지도의 인문학

되어서야 비로소 완성되었기 때문이다. 디가 언제 입수했는지 모르 겠지만 메르카토르가 만든 지구의와 천구의 한 쌍이 자신의 모틀레 이크(Mortlake) 도서관에 있었으며, 1583년 이 도서관에 도둑이 들어 지구의 및 천구의 한 쌍과 함께 여러 가지 수학 기구들이 망가졌다 고 자서전에서 언급한 바 있다(Woolley, 2002).

한편 잉글랜드 지리학에서 항정선이 그려진 메르카토르의 1541년 지구의가 갖는 또 다른 의미는 북극 지방에 관한 정보 바로 그것이 다. 원래 'Fretum Trium Fratrum'이란 지명은 헤마 프리시위스가 자 신의 1530년 지구의에 표시한 것으로, 아메리카 대륙 북쪽에서 대 서양과 태평양 사이를 연결하는 가장 좁은 해협을 가리키는 용어였 다. 이 해협의 존재가 메르카토르의 1538년 세계지도와 1541년 지 구의에 수용되면서, 16세기 후반 내내 잉글랜드의 북방 항로 개척 에 절대적인 영향을 미쳤다. 왜냐하면 1550년 루뱅에서 잉글랜드로 돌아온 존 디가 처음 맡은 공식적인 업무가 바로 무스코비 컴퍼니 (Muscovy Company)의 자문역이기 때문인데, 이 회사는 북방 항로의 개척과 무역을 목표로 런던의 귀족과 상인들이 투자한 회사였다. 물 론 디가 이 일을 맡게 된 데는 여러 가지 배경이 있었겠지만, 루뱅에 서 메르카토르와의 교류를 통해 얻은 지식이 크게 작용했음에 의심 의 여지가 없다. 그 이후로도 북방 항로 개척에 관해 존 디와 메르카 토르의 교류는 계속되었다.

존 디의 학문적 성장

존 디는 1547년에 이어 그다음 해인 1548년에 두 번째로 루뱅을 방문했는데, 이번에는 학생 신분으로 무려 2년간이나 루뱅에 머물렀다. 물론 이때 메르카토르와의 친분도 두터워졌다. 디의 말을 인용하면 다음과 같다.

> 3년 동안 우리는 서로 떨어져 있은 적이 거의 없었으며, 그것은 학문과
> 철학에 대한 우리 둘의 열정 때문이었다. 우리가 함께 만난 후 한 시간에
> 단 3분이라도 어렵고 유용한 문제의 연구에서 벗어난 적이 거의 없었다
> (테일러, 2007).

21세의 유학생 존 디가 그처럼 학문적 열정을 보였던 것은 당연한 일일 수 있다. 하지만 열다섯 살이나 더 많고 이미 지도학과 지리학에서 독자적인 영역을 구축한 메르카토르가 이 같은 모습을 보여 주었다는 사실은, 메르카토르가 지적 탐구에서 얼마나 헌신적이고 열성적이었는지, 그리고 젊은 디가 받았던 그에 대한 인상이 얼마나 강렬했는지를 잘 말해 준다. 물론 메르카토르가 자신의 일에 전념한 것은 이단 혐의에서는 풀려났지만 감시의 시선에서 벗어나기 위한 의도도 있을 것으로 판단된다.

마법사로서 존 디의 이력은 이번 연구의 범위를 벗어난다. 하지만 존 디가 이곳 플랑드르에 유학을 온 데에는 루뱅 대학의 개방적 학문 분위기에서 수학과 항해술 등 당시의 첨단 학문을 배우고자 하는 목적만 있는 것은 아닌 것 같다. 존 디의 평전을 쓴 디컨(Deacon,

1968)에 의하면, 이곳 루뱅은 존 디가 도착하기 12년 전 아그리파(H. C. Agrippa)라는 인물이 피신해 있던 곳이었다. 그는 카를 5세의 섭정으로 이 지역을 통치하던 파르마의 마르가리트의 비서이자 사서였으며, 1531년 안트베르펜에서 *De Occulta Philosophia*라는 마법에 관한 책을 발행한 바 있었다. 또한 존 디는 이곳에서 수학자 겸 중국의 『주역(周易)』에 능통한 동양학자 안토니우스 고가바(Antonius Gogava)도 만났는데, 존 디는 이미 잉글랜드에서 그의 이론에 심취해 있었다고 한다. 결국 마법사 혹은 판별점성술사로서 디의 이력은 이곳 루뱅 체류와도 밀접한 관계가 있음을 알 수 있다.

존 디는 루뱅 유학 시절(1548~1550)에 단지 루뱅에만 머문 것이 아니었다. 그는 잉글랜드로 돌아가기 전까지 저지 국가들뿐만 아니라 멀리 프랑스도 방문하면서 다양한 인물들과 교류를 나누었다. 테일러(Taylor, 1930)는 존 디가 16세기 잉글랜드 지리학사에서 매우 중요한 지위를 차지한다고 주장하면서, 그가 자신의 스승이자 멘토로서 당대 최고의 지리학자 5명을 언급했다는 사실을 강조했다. 페드루 누네스, 헤마 프리시위스, 헤르하르뒤스 메르카토르, 아브라함 오르텔리우스, 오롱스 피네가 그들이다. 이들 중에서 포르투갈 왕의 궁정 우주지학자 겸 뛰어난 수학자였던 페드루 누네스 역시 존 디와 같은 시기에 루뱅 대학 혹은 브뤼셀을 방문 중이었고, 이때 존 디와 누네스의 교류가 이루어졌던 것이다. 누네스의 항정선(정방위 나선)에 관해서는 제6장에서 이미 언급했기 때문에 생략한다.

1550년 7월 존 디는 루뱅을 떠나 파리로 갔다. 이미 루뱅에 있을 때부터 강연을 했는데, 그의 강연을 듣기 위해 유럽 전역에서 학자들이 몰려들었다고 한다. 당시 브뤼셀 궁정에 머물던 카를 5세의 귀족들, 덴마크 왕의 외과 의사인 요아네스 카피토(Joannes Capito), 그리고 나중에 주 프랑스 잉글랜드 대사가 되는 윌리엄 피커링 경(Sir William Pickering)도 그의 수강생들이었다. 또 다른 존 디의 평전 집필자 클루리(Clulee, 1988)에 의하면, 피커링 경은 존 디의 루뱅 유학 시절 후원자였으며, 존 디의 초기 모습을 "키가 크고 약간 마른 이 젊은이는 자기 나이에 비해 노숙하게 보이면서 피부가 곱고 혈색이 좋으며 좋은 인상을 지니고 있다."라고 기록한 바 있다.

파리에서 존 디는 나중에 자신의 5명 스승 가운데 하나라고 주장한 콜레주드프랑스(Collège de France)의 수학 교수 오롱스 피네를 만났다. 존 디가 스승이라고 주장하는 피네나 누네스 모두 메르카토르나 프리시위스와 마찬가지로 이미 일가를 이룬 대학자들이었기 때문에, 어쩌면 존 디는 루뱅 대학의 스승들로부터 피네나 누네스를 소개받았을 가능성이 있다. 피네는 심장형 도법으로 만든 1531년 세계지도로 유명한데, 메르카토르의 1538년 세계지도 역시 심장형 도법을 이용해 만든 지도였다. 따라서 메르카토르가 피네의 영향을 받았는지는 불분명하지만 그의 존재를 알았거나 교류했을 것으로 판단된다. 물론 두 지도는 북서 항로의 가능성에서 차이가 난다. 앞에서 밝혔듯이 메르카토르의 지도에서는 헤마 프리시위스의 영향을 받아 북서 항로가 열려 있지만, 피네의 지도에서는 북서 항로마저 닫혀 있어 어느 쪽 북방 항로를 통해서도 중국으로 가는 것이 불가능했다. 이에 대해서는 다음 절에서 자세히 소개할 예정이다.

존 디는 콜레주드랭스(Collège de Rheims)에서 유클리드 기하학에 관한 공개 강의를 했는데, 공개 강의 그 자체가 당시로서는 파격이었다. 매 강의마다 만석을 이루었을 뿐만 아니라 대학의 담벼락에 올라 열린 창문으로 흘러나오는 강의를 경청하는 학생들로 인산인해를 이루었다고 한다. 당시 프랑스 왕 앙리 2세(Henri II)의 궁정에는 많은 잉글랜드 사람들이 있었기 때문에 존 디의 공개 강의는 대학 세계를 넘어서서 잉글랜드 정계에도 큰 반향을 일으켰다. 당시 그곳에 있던 잉글랜드 인사로는 프랑스 대사 피커링 경, 추밀원의 위원이었던 젊은 헨리 시드니(Henry Sydney), 그리고 그의 처남들인 로버트 더들리(Robert Dudley)와 헨리 더들리(Henry Dudley)가 있었다. 그들은 존 디의 학문적 성취와 명성을 현장에서 확인했으며, 존 디가 귀국 후 여러 방면에서 활동하는 데 직접적인 도움을 주거나 후원자 역할을 하였다(Taylor, 1930). 실제로 존 디처럼 잉글랜드 사람으로 대륙에서 이처럼 환대를 받은 경우는 그 이후 상당 기간이 지나서야 가능했다.

존 디는 귀국하기 전 여러 곳에서 다양한 제안을 받았다. 파리에서는 프랑스 왕으로부터 수학 교사 자리를 제안받았고, 파리 대학에서는 수학 교수직을 제안받았다. 또한 오스만튀르크로 가는 프랑스 특별대사 드 몽락(de Monlac)의 동행 제안을 받기도 했으며, 보헤미아 왕의 궁정 우주지학자 자리를 제안받기도 했다(Deacon, 1968). 존 디는 이 모든 제안을 거절하고 잉글랜드로 돌아왔다. 그는 귀국 후 옥스퍼드 대학에서도 교수직을 제안받았지만 여전히 거절했다. 그는 자신의 지식을 바탕으로 잉글랜드를 위해 일해야 한다는 확고한 신념이 있었으며, 가능하면 잉글랜드의 궁정 관리로 일하길 원했다. 그것이 애국심 때문인지 아니면 권력욕 때문인지는 알 수 없으나, 존 디는 숱한 노력과 시도에도 불구하고 말년까지 자신이 기대한 만큼의 자리를 얻지 못했다.

존 디의 이중성

존 디에게는 죽는 순간까지 마법사라는 딱지가 붙어 다녔다. 그러한 사실은, 당시 그가 낙후된 잉글랜드의 지리학, 지도학, 항해술 분야에서 탁월한 재능을 보여 주었음에도 불구하고 당대 실력자들 사이에서 그다지 높게 평가받지 못했던 이유이기도 했다. 또한 초창기 북서 항로에 대한 자신의 학문적 소신에도 불구하고 북동 항로를 지지했으며, 후반기에 들어서면서 다시 소신을 바꾸어 북동 항로를 주장하게 된다. 그러나 북동 항로에 대한 자신의 확신에도 불구하고 계속해서 북서 항로 탐험에도 관여하였다. 또한 그는 신교와 가톨릭 사이에서도 번민을 하였다.

이러한 존 디의 다면성은 여러 가지 증거로 입증할 수 있는데, 리처드 디컨(Richard Deacon)이 쓴 *John Dee: Scientist, Geographer, Astrologer and Secret Agent to Elizabeth I*(1968), 니콜라스 클루리(Nicholas H. Clulee)가 쓴 *John Dee's Natural Philosophy: Betwee Science and Religion* (1988), 벤저민 울리(Benjamin Woolley)가 쓴 *The Queen's Conjurer: The Science and Magic of Dr. John Dee, Advisor to Queen Elizabeth I*(2002) 등 디에 관한 평전의 제목에서도 그의 다면성을 확인할 수 있다. 이들 책에서는 디를 과학과 마술이라는 도저히 양립할 수 없는 두 분야에서 양다리를 걸치고 있는 인물로 상정하면서, 그의 양면성 혹은 다면성을 극적으로 대비시켰다. 하지만 이는 20세기 혹은 21세기 우리의 관점에서 본 것일 수도 있다. 왜냐하면 당시 과학과 마술의 경계는 오늘날 그것처럼 뚜렷이 구분되는 것이 아니기 때문이다.

리빙스턴(Livingstone, 1994)의 지적처럼, 16세기와 17세기 과학 혁명의 과정에서 마술적 그리고 종교적인 요소들이 근대 과학의 탄생에 적극적으로 개입했다는 증거는 도처에서 발견할 수 있다. 즉 지적 반권위주의와 혁신적 기술의 물결이 과학 혁명을 이루는 데 결정적인 역할을 한 것은 사실이지만, 그렇다고 해서 이전 세대 사고 양식과의 완전한 단절에 이어 새로운 과학 정신의 도래라는 방식으로 과학 혁명의 전개 과정을 이해하는 것은 너무 단견이라고 하지 않을 수 없다. 예를 들어 지동설을 통해 우리 스스로를 신성한 우주의 중심에서 벗어나게 한 케플러(J. Kepler) 역시 스스로를 점성술사로 간주했으며, 그의 저서에는 '수학적 신비주의'가 혼재되어 있다. 이는 뉴턴의 경우도 마찬가지였다. 존 디는 합리성과 실용성이라는 르네상스의 시대정신에 부합되는 수학을 지구적 세계(지리학 및 지도학적 탐구)와 천구적 세계(마술적 탐구)를 파악하는 핵심적인 도구로 이해했던 것이다.[6] 따라서 디에게 마술과 과학은 동전의 앞뒤 면이었다고 볼 수 있다.

한편 종교적인 측면에서도 디의 이중성을 확인할 수 있다. 잉글랜드에서의 종교적인 문제는 종교 개혁과 반종교 혁명으로 점철된 대륙에서의 종교적 갈등과는 사뭇 다른 양상이었다. 이와 같은 사실은 당시 잉글랜드 왕들이 보여 준 종교관에서 잘 드러난다. 사제 선임권과 교회 재산 등 가톨릭교회의 권위를 부정하고 스스로를 국가의 종교적 수장으로 옹립했던 헨리 8세, 스승으로부터 적극적인 개신교 교육을 받아 프로테스탄트의 열렬한 지지자였던 에드워드 6세, 그에 반해 한사코 프로테스탄트를 인정하지 않고 구교를 따르면서 철저하게 신교도들을 탄압했던 피의 메리 1세(Blood Mary I), 그리고 프로테스탄트의 지지 속에서 왕위를 차지했지만 구교와 신교 두 종교 사이에서 적절하게 줄타기했던 엘리자베스 1세, 이 모두는 디가 살았던 16세기의 잉글랜드 왕이나 여왕들이었다. 결국 이런 틈바구니 속에서 자신의 젊은 시절을 보내야 했던 디의 종교적 변신은, 실용적 과학자로서 목숨을 부지하기 위한 어쩌면 당연한 선택이었을 수도 있다.

디의 종교관에 대한 일화가 하나 있다(무어, 2010). 그는 1555년 5월 이단 혐의를 받고 보너(Bonner) 주교의 석탄 창고에 피의자 신분으로 감금되었다. 그해 8월부터 디의 피의자 심문이 개시되었는데, 어찌 된 일인지 11월에는 당시 또 다른 피의자 존 필포트(John Philpot)의 심문장에 여러 심문관 중 한 명으로 등장했다. 이제 프로테스탄트라는 피의자에서 오히려 프로테스탄트를 심문하는 심문관으로 바뀌었던 것이다. 물론 보너 주교와 디 사이에 어떤 거래가 있었는지 알려진 것은 없다. 보너 주교와 필포트 사이에 성 키프리아누스(Cyprianus)에 관한 논쟁[7]이 벌어지고, 이에 디가 끼어들자, "당신은 내 신앙 문제에 대해 다른 사람들을 교육시키기에는 신학에 입문한 연조가 너무 짧소. 다른 것은 나보다 더 해박한지 모르겠으나, 신학에 관해서만은 내가 당신보다 더 오랜 세월을 종사해 왔으니까요."라며 그의 변절과 종교적 천박함을 조롱했다고 한다.

디는 또다시 종교적 변신을 꾀했는데, 이번에는 메리 여왕의 사망 직후 로버트 더들리(Robert Dudley)의 부탁으로 엘리자베스 1세의 대관식 날짜를 정하는 일에 관여하였다. 물론 디가 열렬한 프로테스탄트였던 로버트 더들리의 아버지 노섬벌랜드(Nothumberland) 공작(John Dudley) 시절부터 더들리 집안과 교류했었다는 점에서 이러한 변신

1569년 메르카토르 세계지도의 인문학

은 놀라운 일도 아니었다. 그 후 여왕의 여러 프로테스탄트 총신들과 교제하면서 잉글랜드의 해외 탐험, 외교 정책, 국무장관 월싱엄(Walsingham)의 개인 첩보원, 게다가 여왕의 개인사까지 관여하면서 존 디는 전성기를 맞이하였다. 하지만 종교에 관한 한 그의 이중성은 잉글랜드에서 처음으로 종교 개혁을 단행한 헨리 8세나 주군인 엘리자베스 1세에 대해서도 마찬가지였다. 헨리 8세는 재정이나 서임권에서는 교황으로부터 독립했지만, 의식이나 관례는 철저히 가톨릭적이었다. 그리고 필요하다면 언제든지 이혼할 준비가 되어 있었다. 이는 엘리자베스 1세도 마찬가지인데, 프랑스 대사 앙드레 위로(André Hurault)에게 말했듯이, "예수 그리스도는 단 한 분뿐이야. ……나머지는 시시한 논쟁일 뿐이야." 어쩌면 엘리자베스 1세의 종교관 역시 바로 디와 같은 16세기 실용적 과학자의 종교관이었을 수 있다(서머싯, 2005).

과학과 마술, 신교와 구교와 같은 정신세계에 대한 디의 양면성은 그에 관한 지리학적 논의에서 약간 벗어나 있다고 볼 수 있다. 그러나 북방 항로 개척 과정에서 보여 준 디의 양면성은 정신세계에서의 그것에 못지않았다. 디는 1550년 초반 런던의 모험 상인 기업이 주도한 북동 항로 탐험에 깊숙이 관여하지만, 1576년부터 시작된 세 번에 걸친 프로비셔(M. Frobisher)의 북서 항로 탐험에서는 선원들의 교육뿐만 아니라 직접 투자를 하기도 했다. 그러나 이번에는 펫과 잭먼의 1580년 북동 항로 탐험에 또다시 관여하였다. 그는 북방 항로에 관한 학문적 판단에도 불구하고, 개인적 성취나 정치적 판단에 따라 계속해서 자신의 소신을 바꾸었던 것이다. 어쩌면 존 디는 신교와 구교, 과학과 마술, 제국과 세계 체계, 선발 해양국과 후발 해양국, 귀족과 상인 부르주아 등 다층적 양면성으로 대변되는 근대 유럽의 시발점인 16세기의 상징적 인물로 볼 수 있다.

1550년 이전 잉글랜드의 북방 항로 개척 과정

1492년 베네치아의 항해사 콜럼버스는 에스파냐 왕의 면허와 지원을 받아 서쪽으로 인도를 향해 떠났다. 당시 유럽 인의 관점에서 인도란 현재의 인도뿐만 아니라 동남아시아, 중국, 심지어 일본까지 포함하는 광의의 개념으로, 해로로 갈 수 있는 아시아 해역을 말한다. 하지만 콜럼버스가 도착한 곳이 인도인지 아니면 새로운 대륙인지 확인되지 않았음에도 불구하고, 그 다음 해인 1493년 교황■8은 서둘러 새로이 발견한 영토에 관한 조약 체결을 주선하였다. 즉 카보베르데(Cabo Verde) 제도 서쪽 끝을 통과하는 자오선을 기준으로 새로 발견하는 비기독교 국가의 모든 권리를 서쪽은 에스파냐에, 동쪽은 포르투갈에 부여한다는 것이었다. 물론 포르투갈의 반발로 이 자오선이 서쪽으로 몇백 마일 옮겨진 새로운 조약이 그 다음 해인 1494년에 체결되었는데, 이것이 바로 토르데시야스(Tordesillas) 조약이다. 그 결과 현재의 브라질이 포르투갈령에 속하게 된다(카, 2006; CCTV 대국굴기 제작진, 2007a). 이 조약의 결과 에스파냐는 단 한 번의 서쪽 항해로 지난 100년 동안 인도 항로를 찾아 나섰던 포르투갈과 세계를 양분할 수 있었고, 해양 강대국 포르투갈과 무력 충돌을 피할 수 있어 일석이조, 아니 그 이상의 과분한 결과를 얻었다.

한편 1497년 베네치아의 선원이었던 조반니 카보트(Giovanni Cabot,

영어명 존 캐벗)는 잉글랜드 국왕 헨리 7세의 면허[9]를 받아 북방 항로를 통해 중국으로 가려 했다.[10] 당시 그가 알고 있던 지리 정보는 5년 전 인도를 발견했다고 주장한 콜럼버스의 수준을 벗어나지 못했다. 따라서 그가 발견한 뉴펀들랜드(Newfoundland)는 아시아 대륙 동북단에 있는 섬으로, 그곳에서 남서쪽으로 계속 가면 중국에 이를 수 있을 것이라고 판단했으며, 그는 한 번도 그곳이 신대륙(아메리카)이라는 생각을 갖지 않았다. 당시의 국제 정세와 항해술에 정통했던 카보트는 토르데시야스 조약에 영향을 받지 않는 새로운 항로를 통해 중국과 인도로 가려 했던 것으로 볼 수 있다. 따라서 이 당시 그의 북방 항로 개척 사업은, 신대륙의 존재를 인정하고 동쪽이든 서쪽이든 북방 항로를 지나 아메리카와 아시아 사이의 해협을 빠져나와 태평양으로 진출하려던 1550년대 이후 잉글랜드의 북방 항로 탐험과는 구분된다.

1501년 아메리고 베스푸치(Amerigo Vespucci)는 남아메리카 탐험 결과, 그곳이 중국이나 인도로 가는 항로의 장애물인 또 다른 대륙이라고 인정했으며, 1506년 발트제뮐러(Waldseemüller)는 베스푸치의 이름을 따서 이 새로운 대륙을 아메리카로 명명했다.[11] 따라서 1508년 조반니 카보트의 아들 세바스티안 카보트(Sebastián Cabot)가 헨리 7세의 면허를 받아 북방 항로를 찾아 나선 것은, 실제로 잉글랜드가 아메리카 대륙 북안을 돌아 북서 항로를 통해 중국으로 가려던 최초의 시도로 볼 수 있다. 하지만 다음 해 헨리 7세는 사망하고 헨리 8세의 치세로 들어서면서 잉글랜드의 북방 항로 탐험은 일시에 중단된다. 헨리 8세로부터 북방 항로 개척에 대한 지원을 받지 못한 세바스티안 카보트는 1512년 에스파냐로 가서 통상원의 수석항해사

지위를 얻게 되었고, 그 후 에스파냐의 항해술 발달에 크게 기여하였다(스켈톤, 1995, p.130).

헨리 8세 시절 잉글랜드의 역사는 이 글의 범위를 벗어난다. 하지만 6명의 아내를 맞이해 궁정 내 끊임없는 갈등을 일으켰고, 교황과 불화를 일으키면서 스스로 국교회의 수장을 자임하고, 임기 내내이웃 프랑스와 전쟁을 치러야 했던 헨리 8세로서는 북방 항로 탐험에 투자할 시간적·정신적 여유가 없었을 수도 있다. 또한 당시 잉글랜드의 항해술과 지리학 및 지도학 지식은 대륙에 비해 현격한 격차를 보였는데, 당대 최고의 항해사 중 한 명인 세바스티안 카보트마저 없는 상황에서 북방 항로 탐험은 추진력을 잃을 수밖에 없었다.실제로 헨리 8세가 재임하던 시절(1509~1547)에 잉글랜드가 직접 진행한 탐험은 거의 없었다. 묘하게도 헨리 8세가 사망한 다음 해인1548년에 에스파냐에 있던 세바스티안 카보트는 추밀원과 런던 상인들의 주선으로 잉글랜드로 돌아오게 되었다. 혹시 있었을 수도 있는 헨리 8세와 세바스티안 카보트 사이의 불편한 관계에 대해서는별로 알려진 것이 없다.

1520~1530년대 사이에 북방 항로와 관련해 주목할 만한 인물이 여럿■12 있지만, 그중에서 로버트 손(Robert Thorne)은 그 대표적인 인물이었다. 그의 편지와 그 속에 포함된 지도는 나중에 해클루트의 *Divers Voyages to America*(1582)에 소개된 바 있는데, 그것들은 향후잉글랜드 해상 활동에 큰 영향을 미쳤다. 이 편지는 손이 외교관이던 리 박사(Dr. Lee)에게 보낸 것■13으로, 여기서 그는 '북방 항로의가능성과 이 항로의 편리함과 유용함'을 설파했다. 손은 대담하게

1569년 메르카토르 세계지도의 인문학

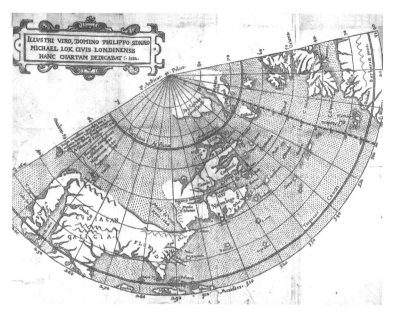

그림 7-2 | 마이클 록의 북서 항로 지도, 1582(출처: Baldwin, 2007)

도 "사람이 살지 않는 토지는 없으며, 또 항해가 불가능한 바다도 없다."라고 주장하면서, "북방의 바다가 북극까지 항해 가능한지 확인해 보고 싶다."라고 적어 놓았다. 또한 손은 자신이 항해 가능하다고 본 세 방향의 북방 루트를 제시했는데, '동쪽을 향해 나아가는 항로', '서쪽을 향해 나아가는 항로', 그리고 '북극권 직항'이 그것이었다(스켈톤, 1995).

북방 항로를 찾는 탐험은 아니었지만 1527년에 있었던 존 러트(John Rut)의 항해 역시 나름의 의미가 있다. 왜냐하면 잉글랜드 북방 항로 탐험의 최종 목적지는 태평양이며, 러트 항해의 목적 역시 남쪽 바다■14로 가는 잉글랜드만의 항로를 찾는 것이었기 때문이다. 또 다른 흥미거리는 이 항해에 이용된 조반디 다 베라차노(Giovanni

da Verrazzano)의 지도인데, 이 지도는 베라차노가 헨리 8세에게 헌
정한 지도였다. 〈그림 7-2〉는 마이클 록(Michael Lok)[15]이 벨라차
노 지도를 바탕으로 1579년 프로비셔 항해에 대한 보고서와 함께 그
린 지도인데, 손의 지도와 마찬가지로 해클루트의 *Divers Voyages to
America*(1582)에 실려 있다. 이 지도는 태평양으로 진출하려는 잉글
랜드의 입장에서 보면 두 가지 매력적인 가능성을 보여 주는데, 그
하나는 그린란드와 뉴펀들랜드 사이에 펼쳐진 널찍한 북서 항로이
며, 다른 하나는 북위 40° 부근 대서양에서 태평양으로 바로 연결되
는 좁다란 지협이다.

북방 항로를 개척하려 했건 아니면 아메리카 대륙을 관통하는 해
협을 찾으려 했건, 1520년대 있었던 탐험은 동방 무역의 후발 주자
인 잉글랜드가 태평양으로 나아가 말루쿠(Maluku) 제도의 향료와 카
타이의 보화를 얻겠다는 적극적인 의지로 볼 수 있다. 이를 위해서
는 헨리 8세의 면허가 절대적인데, 에스파냐에서 무역과 탐험에 종
사하던 로저 발로(Roger Barlow)는 자신의 저서 『지리학』(1535)을 통해
국왕을 비롯한 잉글랜드의 유력 인사들에게 해외 무역의 중요성을
상기시키려 했다. 이 책은 신대륙 발견 이후 잉글랜드에서 발간된
최초의 근대식 지리학 저서로, 잉글랜드 지리학의 출발점으로 간주
되고 있다(Taylor, 1930). 비록 둘 사이에 약 50년의 시간 간격이 있지
만, 1535년에 『지리학』을 발간한 발로나 손의 편지와 지도, 그리고
마이클 록의 보고서와 지도를 자신의 책(1582)에 삽입한 해클루트 모
두 당시의 왕이나 여왕에게 북방 탐험의 가치를 알리고, 그들로 하
여금 북방 항로 탐험에 투자하도록 종용하기 위한 것이었음을 알 수
있다.

1550년대 북동 항로의 개척

1494년 교황의 중재로 에스파냐와 포르투갈 사이에 맺은 토르데시야스 조약 덕분에 이들 두 나라는 기존의 식민지뿐만 아니라 새로이 발견하는 영토에 대한 모든 권리를 주장할 수 있었다. 물론 잉글랜드는 헨리 8세가 교황의 서임권을 부인하고 스스로 국교회의 수장임을 선언함으로써 교황으로부터는 비교적 자유로웠지만, 동방 무역과 식민지 개척의 후발 주자로서 기존의 대서양 항로를 이용하려면 에스파냐나 포르투갈과의 마찰은 불가피했다. 잉글랜드는 대서양 항로 대신 중국으로 가는 북동 항로와 북서 항로를 찾을 필요가 있었고, 그러기 위해서는 북극 지역에 대한 정확한 지도와 지리 정보가 필요했다. 따라서 당시 북극 지방에 관한 한 최고의 지리 정보를 가지고 있던 메르카토르와의 접촉은 불가피했으며, 메르카토르 역시 자신의 지도를 개선하기 위해 카보트, 젠킨슨, 프로비셔, 펫(Pet)과 잭먼(Jeckman) 등 북방 항로를 다녀온 잉글랜드 탐험가들의 정보가 필요했던 것이다. 이 일 역시 무스코비 컴퍼니의 기술 자문역을 맡고 있던 존 디가 가교 역할을 했음은 자명한 일인데, 잉글랜드의 유명한 지리학자인 해클루트, 메르카토르의 친구이자 유명한 지도 제작자인 오르텔리우스 그리고 메르카토르의 막내아들 뤼몰트도 이 일에 관여했다.

무스코비 컴퍼니는 메리 여왕 재위 시절인 1555년에 북동 항로의 개척과 러시아 및 중국과의 무역을 위해 만든 잉글랜드 최초의 합자 회사였다. 이보다 먼저 있었던 1553년 휴 윌러비(Hugh Willoughby)와 리처드 챈슬러(Richard Chancellor)의 북동 항로 항해가 회사 설립의 계기가 되었으며, 에드워드 6세 시절 최고의 권력자인 존 더들리(John Dudley)의 지원이 이 회사의 설립에 밑거름이 되었다. 존 디와 북방 항로 개척, 이에 영향을 미친 메르카토르와의 관계를 이해하기 위해서는 더들리 가문에 대한 설명이 필요하다(Barber, 2007). 존 디는 1551년 루뱅과 파리의 생활을 청산하고 귀국했다. 앞서 밝혔듯이 외국에서 여러 직을 제의받고 또한 귀국 후 옥스퍼드 대학에서도 교수직을 제안받지만, 그는 이 모두를 거절하고 당대 최고 권력자인 노섬벌랜드 공작(존 더들리) 집안의 가정 교사로 들어갔다.

노섬벌랜드 공작에게는 여러 명의 자식들이 있었는데, 그들 모두 존 디로부터 사사를 받았다. 그중 아버지와 같은 이름을 쓰는 장남 존 더들리는 존 디와 동갑이었고, 그 아래 아들로는 아버지의 워릭(Warwick) 백작 작위를 물려받은 엠브로스 더들리, 엘리자베스 1세의 총신이며 그녀와 염문을 뿌렸던 로버트 더들리, 그리고 앤 그레이와 결혼해 잠시나마 여왕의 남편이었던 길퍼드 더들리가 있었으며, 딸로는 헨리 시드니 경과 결혼한 메리가 있었다. 한편 존 더들리의 경우와 마찬가지로, 아버지와 같은 이름을 쓴 로버트 더들리의 아들 로버트 더들리는 사생아란 이유로 아버지의 작위를 이어받지 못했고, 이탈리아로 망명해 토스카니(Toscani) 대공 휘하의 우주지학자 겸 조선 기술자로 활약했다. 그는 메르카토르 도법을 이용한 최초의 해양 아틀라스인 『바다의 비밀(Arcano del Mare)』■16을 만들었다. 더들리 가문은 몰락과 재기를 거듭하면서■17, 16세기 튜더 왕조에서 큰 족적을 남긴 최고 가문이었을 뿐만 아니라, 북방 항로 개척과 지도 제작을 지원하면서 잉글랜드의 해양 세력화에도 일조했다.

1551년 노섬벌랜드 공작 존 더들리는 조반니 카보트의 아들 세바스티안 카보트와 함께 페루를 침공할 계획을 세우기도 했으나, 잉글랜드 양모의 새로운 시장을 개척하기 위해서는 남아메리카보다는 러시아 쪽이 더 낫다는 판단에 북동 항로를 거쳐 중국으로 가는 길을 발견하는 쪽으로 선회했다. 어차피 탐험 비용을 부담해야 하는 런던 상인의 입장에서도 북동 항로가 최선이었다. 왜냐하면 잉글랜드의 탐험대가 북서 항로를 개척하거나 아메리카 대륙을 침공할 경우 포르투갈이나 에스파냐와의 마찰은 불가피하며, 그 경우 기존 무역 체계의 붕괴로 입게 될 손해를 고려하지 않을 수 없기 때문이었다. 따라서 북동 항로 탐험을 목표로 하는 모험 상인 기업이 만들어지면서 챈슬러와 윌러비가 주도한 1553년 탐험은 런던의 거상으로부터 막대한 지원을 받을 수 있게 되었다. 이 탐험의 결과 러시아와의 교역 협정이 맺어졌고, 이를 수행하기 위해 1555년 무스코비 컴퍼니가 만들어졌다. 그 다음 해인 1556년 무스코비 컴퍼니는 백해(白海, White Sea) 너머 동쪽으로 가는 북동 항로를 찾으러 새로운 탐험대를 보냈지만 기상 악화 등의 이유로 회항하고 말았다. 이 항해의 실패로 북동 항로에 대한 관심은 극도로 줄어들지만, 이는 오히려 중국으로 가는 육로 탐험에 매진하는 계기가 되기도 했다(스켈톤, 1995).

몽골 제국 당시 유럽에서 실크 로드를 거쳐 중국으로 가는 길은 비교적 안전했다. 그러나 그 이후 오스만튀르크의 성장과 중앙아시아 부족 국가 간의 내전 등으로 실크 로드는 위험한 길이 되고 말았다. 하지만 1550년대 러시아 황제였던 뇌제(雷帝) 이반(Ivan)의 영토 확장(남으로는 카스피 해 북안까지)과 잉글랜드와의 교류 확대 덕분에, 무스코비 컴퍼니 소속의 잉글랜드 탐험가들은 육로를 통한 중국으로의 무역로 개척에 몰두하였다. 육로 개척의 대표 주자는 앤서니 젠킨슨(Anthony Jenkinson)이었다.[18] 1558년에 그는 챈슬러의 1553년 경로를 그대로 답습하면서 잉글랜드에서 백해의 아르한겔스크(Arkhangel'sk)까지 해로를, 그곳부터 모스크바까지는 육로를 이용해 도착했다. 그 후 뇌제 이반의 특허장을 소지한 채 오카(Oka) 강과 볼가(Volga) 강을 따라 남쪽으로 내려와, 카스피 해 북안에 있는 아스트라한(Astrakhan)에 도착했다. 카스피 해를 건넌 후 계속 동진한 그는 중앙아시아의 심장부인 부하라(Bukhara)까지 갔지만 그곳에서 되돌아왔다.

모스크바를 기점으로 한 1561년 그의 두 번째 육로 여행은 페르시아까지 이어졌다. 그 후 젠킨슨은 1566년과 1571년 두 차례에 걸쳐 러시아와의 무역 면허를 갱신하기 위해 다시 모스크바에 갔다. 한편 1558년 첫 번째 육로 탐험 이후 2년이 지난 1560년에 작성한 젠킨슨의 탐험 보고서는, 중국과의 무역이 쇠퇴한 이래 아시아 내륙의 교역 상태와 카스피 해 주변의 종교에 대해 유럽 인이 작성한 최초의 보고서였다. 여기에는 노정에서 볼 수 있었던 각종 자연 조건과 정치적 상태, 산물 그리고 상인 등 여러 가지 사실들뿐만 아니라 여행 경로와 시간에 관해서도 기록해 놓았다(스켈톤, 1995).

1553년 북동 항로 결정에서 존 디의 판단

잉글랜드 북방 항로 탐험에서 '북서 항로냐, 북동 항로냐'의 논쟁은 1553년 탐험부터 시작되었는데, 그 이전까지는 북서 항로의 발견에 초점이 맞추어져 있었다. 어쩌면 1553년과 1580년 북동 항로 탐험은

1569년 메르카토르 세계지도의 인문학

잉글랜드가 추구했던 북방 항로 개척사에서 이례적인 사건으로 볼수 있다. 1553년 윌러비와 챈슬러의 북동 항로 개척은 전적으로 런던 상인들에 의해 주도된 것이었다. 타타르(Tatar) 지방과 중국에서 새로운 양모 시장을 찾으려는 런던 상인들의 기대와 이미 언급한 바있는 북서 항로에 대한 런던 상인들의 우려가 결합된 결과였다. 하지만 이 탐험의 학문적 조언자인 존 디는 북서 항로가 더 희망적인 것으로 판단했으리라는 것이 테일러의 주장이다(Taylor, 1930). 그의 주장은, 존 디가 자신의 스승인 헤마 프리시위스의 지구의와 타빈곶이 그려진 프톨레마이오스의 지도를 가지고 있었다는 사실과 카를 5세에게 보낸 잉글랜드 주재 에스파냐 스파이로부터 받은 편지에서 그 근거를 찾고 있다.

하지만 존 디는 1576년 마틴 프로비셔(Martin Probisher)의 북서 항로 개척과 1577년 프랜시스 드레이크(Francis Drake)의 세계 일주에 관여했고, 프로비셔의 탐험이 실패로 돌아서자 바로 1580년 윌리엄 펫(William Pet)과 찰스 잭먼(Charles Jackman)의 북동 항로 탐험에 적극 개입하였다. 이 원정 역시 런던 상인이 주축이 되어 이루어졌다.[19] 양모와 모직이 주요 수출품이던 런던 상인의 입장에서 불확실한 북서 항로보다는 안정적인 북동 항로 개척이 최선의, 아니 어쩔 수 없는 선택이었을 수 있다. 이처럼 잉글랜드 북방 항로 개척에서 북서, 북동 어느 한쪽을 결정하지 못했던 데는 나름의 이유가 있었을 것으로 판단된다. 여기서는 테일러(Taylor, 1930)의 *Tudor Geography: 1485~1583*에 소개된 도표(그림 7-3)를 통해 16세기 북극 지역과 북방 항로에 대한 다양한 개념들을 살펴보고, 이들을 디의 견해와 비교해 보면서 이 논쟁에 대한 배경을 이해해 보고자 한다.

(Ⅰ)은 콜럼버스 이전의 관점으로, 그린란드가 육교를 통해 대륙과 연결되어 있다는 생각이다. 아메리고 베스푸치에 의해 신대륙이 알려진 바로 그 다음 해인 1502년에 만들어진 칸디노 지도에서도 그린란드는 아시아의 동쪽 끝에 있다고 해석되었다. 이 경우 북동 항로는 백해 근처에서 막힐 수밖에 없다.

(Ⅱ)는 그린란드가 아시아의 끝에 붙어 있고, 신대륙은 해협에 의해 아시아 대륙의 동북쪽에서 분리된 섬들과 대륙으로 이루어졌다는 생각이다. 따라서 이 해협의 북쪽에 아시아, 남쪽에 아메리카가 있으며, 북동 항로는 단지 만을 빙 돌아 제자리에 올 뿐이라고 생각했다. 이 생각은 디와 메르카토르의 스승이던 카를 5세의 우주지학자 헤마 프리시위스의 견해이다.

(Ⅲ)은 (Ⅱ)와 마찬가지로 북쪽 바다가 만으로 되어 있으나, 신대륙이 아시아에 연결된 거대한 만이라는 점에서 다르다. 이는 1526년 프란시스쿠스 모나휘스의 세계지도나 1531년 오롱스 피네의 세계지도에 나타난 세계관이다. 이 경우 어느 쪽의 북방 항로로도 중국에 이르는 길은 없다.

(Ⅳ)는 (Ⅲ)과 거의 유사하나, 더 이상 아메리카는 섬이 아니고 북쪽으로 나 있는 물길[아니안(Anian) 해협][20]에 의해 아시아와 분리된 거대 대륙으로 보는 입장이다. 스승인 헤마 프리시위스의 견해에서 벗어난 메르카토르의 독자적인 견해로 오르텔리우스도 이에 동의했다. 이 경우 북동 항로보다는 북서 항로를 통해 아니안 해협에 도달하는 것이 현명한 판단이다. 왜냐하면 북서 항로가 북동 항로에 비해 훨씬 더 남쪽에 있기 때문이다.

(Ⅴ)는 헤마 프리시위스의 수정된 북극관으로, 뉴펀들랜드가 아

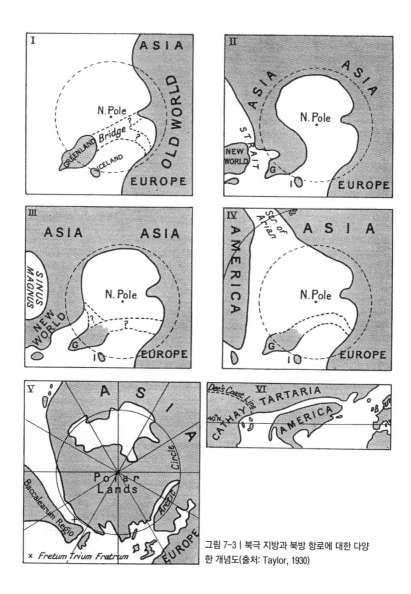

그림 7-3 | 북극 지방과 북방 항로에 대한 다양
한 개념도(출처: Taylor, 1930)

시아의 일부라는 생각에서 벗어났다. 마르코 폴로(Marco Polo)의 증
거가 불분명하다고 인정하면서 'Fretum arcticum sive Fretum trium
fratrum'을 아시아의 북동쪽 연장과 코르테레아티(Cortereati: 뉴펀들랜

드와 그린란드) 위에 위치시켰다. 이 역시 북동 항로로 아시아에 가는 것은 불가능하다.

한편 (Ⅵ)은 (Ⅱ)와 (Ⅳ)의 견해를 합성한 것으로 아시아와 아메리카 사이에 해협이 존재하고, 중국으로 갈 경우 북서 항로의 우수성을 강조하고 있다. 북서 항로의 래브라도(Labrador) 쪽 동편 입구는 북위 60°에 위치해 있고, 서편 입구는 북위 40° 부근에 위치해 있다. 따라서 얼음으로 1년 내내 거의 막혀 있는 동편 입구보다는 늘 열려 있는 서편 입구 쪽으로 북서 항로를 찾는 것이 현명하다는 결론이 도출되며, 이것이 바로 드레이크의 또 다른 탐험 목적[21]이기도 했다. (Ⅵ)에 그려진 점선은 존 디가 생각하는 중국 북방 해안선으로, 아랍의 지리학자 아불페다(Abulfeda)의 영향[22]이 반영된 것이다.

이들 도표에서 보듯이 북동 항로에 비해 북서 항로의 항해 가능성은 기본적으로 헤마 프리시위스의 견해에 의존하고 있는데, 메르카토르와 함께 만든 그의 지구의는 당시 유럽의 세계관을 지배하고 있었다. 헤마 프리시위스의 지도 및 지구의와 더불어 1540년대 최고의 지도였던 제바스티안 뮌스터(Sebastian Münster)의 1540년 지도에도 북극 지방에 대해서는 헤마 프리시위스의 견해가 반영되어 있었다. 이러한 사실은 헤마 프리시위스의 탁월한 지적 능력도 그 이유가 되겠지만, 그가 카를 5세의 궁정 우주지학자였다는 사실에 주목할 필요가 있다. 당시 카를 5세의 영토는 신성로마제국뿐만 아니라 에스파냐까지 포함하고 있었기 때문에, 헤마 프리시위스는 독일과 플랑드르의 지리학 및 지도학적 이론과 에스파냐의 항해와 탐험을 통한 실제 경험들을 쉽게 통합할 수 있는 위치에 있었다. 이것이 바로 헤마 프리시위스가 당대 최고의 우주지학자로 등극할 수 있었던 이유인 동시에 20세 청년 디가 루뱅 대학의 유학을 자청한 이유이기도 했다. 따라서 몇 년 전까지 대학자의 문하에 있던 존 디가 자신의 학문적 소신을 꺾고 북동 항로를 지지했던 것은, 무스코비 컴퍼니의 주도 세력인 런던 상인들의 입김이 크게 작용했던 결과로 보아야 할 것이다.

한편 〈그림 7-4〉의 지도는 1570년대 후반 이후 존 디의 북동 항로 선호를 그대로 보여 주는 지도이다. 이즈음 그는 아랍의 지리학자 아불페다의 영향을 받아 북동 항로의 열렬한 지지자로 변했다. 이 지도는 버흘리 하우스(Burghley House)■23 도서관에 소장된 아브라함 오르텔리우스의 『세계의 무대』에 첨부된 지도로, 1580년에 디가 그

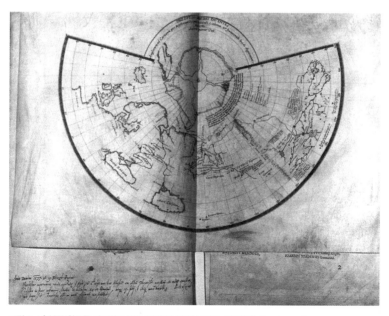

그림 7-4 | 북동 항로를 강조하고 있는 존 디의 북반구 지도, 1580(출처: Sherman, 1998)

린 것으로 알려져 있다(Sherman, 1998; Baldwin, 2006). 부채꼴 모양의 이 지도는 위도 북위 40~90°, 경도는 잉글랜드에서 중국까지 200° 범위를 포함하고 있다. 이 지도는 펫과 잭먼의 1580년도 북동 항로 탐험과 관련된 지도로 판단되는데, 특히 타빈 곶이 북위 70°보다 남쪽에 있으며, 중국의 해안이 도표 (Ⅵ)처럼 아시아 대륙 북동부에 자리 잡고 있어 북동 항로의 유리함을 강조하고 있다. 이 지도에서 주목할 또 다른 점은, 북극 지방의 전체적인 윤곽이 메르카토르의 1569년 세계지도의 삽입도와 거의 일치한다는 사실이다. 디는 메르카토르와의 관계를 평생 동안 적절하게 이용하면서도 그의 학문적 그늘에서 벗어나려 무진 애를 썼지만(Taylor, 1930, pp.132~133), 결국 그는 말년까지 메르카토르의 학문적 그늘에서 벗어나지 못했음을 알 수 있다.

1. 1998년에 우리나라에 소개된 피터 애크로이드(Peter Aykroyd)가 지은 『디 박사의 집(The House of Doctor Dee)』이라는 소설이 있다. 이 소설은 역사 소설은 아니지만, 16세기 잉글랜드의 존 디를 상정한 현대 소설이다. 이 논문에서 소개하는 존 디의 배경 이야기를 이해한다면, 역자의 지적과는 달리 일반 독자가 이 소설에 다가서는 것도 어렵지 않을 것이라고 판단된다.

2. 존 디나 해클루트와 같은 잉글랜드의 탁상파 지리학자들이 주장하는 제국이란 식민지나 상관(商館)을 건설하여 광대한 지역에 걸쳐 실질적으로 영토와 무역을 장악하는 포르투갈이나 에스파냐 식의 제국이 아니라, 잉글랜드 주변의 해역을 discover(북방 항로의 소규모 탐험을 통해)와 recover(과거 역사나 전설을 근거로 한 영유권 주장을 통해)의 탁상공론을 통해 가상적인 제국을 주장하는 행위를 말한다. 이들 탁상파 지리학자들은 세계지도를 통해 잉글랜드가 확장할 수 있는 무한한 공간에 대한 비전을 제시했는데, 이처럼 이데올로기 차원에서 만들어진 제국을 Baldwin(2007)은 '종이제국(paper empire)'이라고 했다.

3. 16세기 잉글랜드 지리학의 고전에 해당되는 E. G. R. Taylor(1930)의 *Tudor Geography: 1485~1583*에서, 전체 8개 장 중 무려 3개의 장이 존 디의 지리학, 특히 잉글랜드의 북방 탐험과 관련된 내용이다. 실제로 16세기 잉글랜드 지리학에서 존 디의 위상은 절대적이라고 할 수 있지만, 아주 단편적인 글을 제외하고는 디에 관한 국내 문헌을 찾기 어렵다.

4. 롤런디 디는 런던의 강력한 포목업자 길드에 속해 있었으며, 이를 계기로 헨리 8세 궁정의 '남자 재봉사'로 고용되었다고 한다. 하지만 직접 바느질을 하기보다는 왕의 궁정에 필요한 직물을 구입하거나 관리하는 직책이었다.

5. 이 시기는 메르카토르가 1543년 이단 혐의로 투옥되었다가 풀려난 이후인데,

오로지 지도 및 지구의 제작에 몰두하던 시절이었다.

6. 1570년 헨리 빌링슬리(Henry Billingsley)가 번역한 유클리드(Euclid)의 기하학 책에 쓴 존 디의 서문 형식의 글이 어쩌면 그가 과학이나 수학에 가장 실질적으로 기여한 것으로 볼 수 있다. 그는 수학, 특히 대수학 및 기하학과 다양한 기술이나 기법과의 관계 및 응용에 관해 언급했다. 존 디는 스스로 로저 베이컨(Roger Bacon)의 문하임을 밝히면서, 수학을 측량술, 항해술, 우주지, 수로학을 위한 근본적인 기초 학문으로 다루어야 한다고 주장했다.

7. Foxe(1563), *Acts and Monument*에서 인용한 Woolley(2002), p.39~41을 참조할 것.

8. 15세기 말 유럽의 국제 규정에 따르면 비가톨릭 영토의 통치와 주권 귀속 문제는 교황의 고유 권한이었다. 그리고 당시 교황이었던 알렉산드르 6세는 에스파냐 출신이었다. 그가 교황으로 선출되고 여러 가지 특권을 누릴 수 있었던 것은 모두 가톨릭 부부 왕 덕분이었다. 따라서 에스파냐가 포르투갈 함대 준비를 문제 삼자 교황은 드러내놓고 에스파냐 편에 섰으며, 1493년 5월 3일 첫 번째 칙서를 발표하기에 이르렀다(CCTV 대국굴기 제작진, 2007, 『대국굴기 강대국의 조건/포르투갈과 스페인』, p.21 인용).

9. 카보트는 이(자신의) 발상을 실현하는 곳으로 잉글랜드를 선택했다. 전에 가 보았던 사우샘프턴에서의 이야기, 즉 잉글랜드의 서부 지역에서는 100년 전부터 해 오고 있는 아일랜드 근해 어업의 경험으로 어부들이 북해의 항해에 익숙하다는 것이었다. ……게다가 당시 잉글랜드 왕 헨리 7세는 장미전쟁도 끝나서 국력 증강을 생각할 여유가 생긴 것인지 상업을 일으키는 일에 열심이어서 카보트의 제안에 원조를 아끼지 않겠다고 약속해 주었다(시오노 나나미, 2013, pp.207~208).

10. 조반니 카보트의 북방 항로 개척을 단지 대구잡이와 관련시켜 해석하기도 한

다(마크 쿨란스키, 2014, 『대구』, pp.74~76).

11. 신대륙을 콜럼버스가 최초로 발견하였다는 사실에 대해서는 이견이 분분하다. 특히 최근에 일부 학자들(예를 들어 멘지스, 2004; 멘지스, 2010; 류강, 2010)은 중국이 15세기 초반에 이미 신대륙 해안의 탐험을 완료했다고 주장한다. 하지만 이 글에서 더 이상의 논의를 발전시키는 것은 논지를 훼손할 가능성이 있어 무의미하다고 판단된다.

12. 1520~1530년대 잉글랜드의 지리학, 지도학, 항해술은 극도로 낙후되어 대부분 안트베르펜이나 저지 국가들로부터 영향을 받았고, 이와 동시에 에스파냐의 영향도 받았다. 에스파냐로부터 영향은 대부분 세인트루카르(St. Lucar)나 세비야(Sevilla)에 거주하는 잉글랜드 상인들로부터인데, 로버트 손을 비롯해 로저 발로, 헨리 라티머, 브리지스 등이 그들이다. 여러 가지 이유가 있겠지만, 존 디가 1540년대 후반에 루뱅으로 유학을 떠난 것도 이런 연유에서 비롯된 것일 수 있다.

13. "손이 헨리 8세에게 편지를 보낸 것은 1527년이다. 그의 '카타이아로의 여행에 관한 책과 지도'는 50년 뒤 존 디 박사의 손에 건네졌다."라고 지적하였다(스켈톤, 1995). 또한 Taylor(1930)에 의하면 헨리 8세에게 헌정된 로저 발로(1535)의 『지리학』에 실린 북방 항로의 개척에 관한 호소와 손이 리 박사에게 보낸 편지 내용이 거의 일치한다고 지적했다. 실제로 로저 발로는 1526년에 세바스티안 카보트와 함께 남아메리카 라플라타(La Plata) 강 원정에 동행한 바 있다.

14. 에스파냐 인들은 파나마 지협이 대략 동-서로 달리고 있어 지협의 북쪽에 있는 '북쪽 바다' 대서양과 구분하여, 그 남쪽에 있는 태평양을 '남쪽 바다(Mar de Sur)'라고 불렀다. 1513년 카리브 해에서 파나마 지협을 가로질러 남쪽 바다를 처음 본 최초의 유럽 인이 바로 발보아(Balboa)이다.

15. 마이클 록은 세 차례에 걸친 프로비셔의 북서 항로 탐험을 지원하던 재정 담

담관이자 스스로도 이 탐험에 많은 투자를 한 인물이다. 하지만 탐험이 실패로 막을 내리자 파산하고 말았다.

16. 로버트 더들리의 이 아틀라스 한 질이 최근 부산에 설립된 국립해양박물관의 대표 전시물로 선정되어 전시 중이다. 박물관 측이 10억이 넘는 금액을 들여 구입했다고 전해진다.

17. 에드먼드 더들리(Edmond Dudley, 1462~1510)는 헨리 8세 재임 초기에 반역죄로 처형을 당했지만, 그의 아들 존 더들리는 헨리 8세 시절 재기에 성공했고 에드워드 6세 때는 노섬벌랜드 공작이 되면서 최고 권력자로 부상했다. 에드워드 6세가 죽자 존 더들리는 아들 길퍼드 더들리와 헨리 7세의 증손녀 제인 그레이를 결혼시켜 자신의 며느리를 여왕 자리에 앉혔다. 하지만 제인 그레이는 9일 만에 폐위되고 남편 길퍼드와 함께 처형되었다. 존 더들리 역시 같은 이름을 쓰는 아들과 함께 메리 여왕이 등극하면서 반역죄로 처형되었다. 그러나 더들리 집안의 반전은 또다시 시작된다. 아버지, 형님과 함께 투옥되었던 로버트 더들리는 석방되었고, 곧이어 등극하는 엘리자베스 1세 시절에는 그녀의 총신이자 숨겨진 애인으로 또다시 권력의 무대에 진입했다. 하지만 엘리자베스 1세도 아버지 로버트도 떠나면서, 같은 이름을 쓰는 그의 아들 로버트 더들리는 사생아란 이유로 아버지의 작위를 물려받을 수 없었기에 조국 잉글랜드를 원망하면서 이탈리아로 망명길에 올라야만 했다.

18. Wikipedia, http://en.wikipedia.org/wiki/Anthony_Jenkinson

19. 1580년 펫과 잭먼의 북동 항로 탐험은 조지 반(George Barne, 1532-1593)과 롤런드 헤이워드(Rowland Heyward, 1520~1594)의 지원으로 이루어졌는데, 이 둘 모두 상인인 동시에 런던 시장을 지낸 행정가이기도 했다. 특히 조지 반의 경우 그와 이름이 같은 아버지 조지 반 역시 런던 시장을 지낸 상인으로서 1553년 윌러비 경의 북동 항로 탐험을 재정적으로 지원한 바 있어, 2대에 걸쳐 북동 항로 개척과 인연을 가지고 있다. 롤런드 헤이워드 역시 북동 항로에 인연을 갖고 있었는

1569년 메르카토르 세계지도의 인문학

데, 그는 1550년대 제1차 북동 항로의 탐험 결과인 무스코비 컴퍼니의 설립자로서, 모스크바를 기점으로 육로를 통한 앤서니 젠킨슨의 중앙아시아 탐험(1558년) 및 페르시아 탐험(1561년)을 적극 지원하기도 했다.

20. 지금까지 전해지고 있는 지도 중에서 아니안(Anian) 해협을 표시한 최초의 지도는 베네치아의 지도 제작자 볼로니노 찰티에리(Bolognino Zaltieri)가 1566년에 판각한 북아메리카 대륙 지도이다.

21. 1574년 3월 추밀원은 윌리엄 호킨스(William Hawkins)와 일단의 서부 지역 모험가들을 대표한 험프리 길버트(Humphrey Gilbert)의 사촌인 리처드 그렌빌(Richard Grenville)로부터 남쪽 바다로의 항해를 위한 하나의 제안을 받았다. 그렌빌의 제안은 마젤란 해협을 통과한 후 에스파냐가 점유하고 있는 영토의 남쪽 아메리카의 태평양 연안에 있는 라플라타 강 주변에 정착지를 탐험하고 발견하는 평화로운 탐험을 수행하자는 것이었다. 물론 그렌빌의 제안은 실현되지 않았지만, 그의 계획은 드레이크(Drake)의 탐험으로 이어졌다.

22. 디의 대영제국에 관한 4권의 책 중 마지막 책인 *The Great Volume of Famous and Rich Discoveries*에서 언급한 내용으로, 이는 라무시오(Ramusio) 혹은 포스텔루스(Postellus)의 글에서 인용한 아불페다(Abulfeda)의 주장인데 금으로 인쇄할 만한 가치가 있다고 디는 주장했다(Taylor, 1955). 즉 "아시아 해안은 러시아까지 줄곧 북서쪽으로 달리는데, 그 결과 지나야 하는 가장 북쪽에 있는 지점은 아주 친숙한 노르웨이의 북단이다."

23. 링컨셔 스탬퍼드(Lincolnshire Stamford)에 있는 윌리엄 세실(William Cecil, 1520~1598) 경의 대저택을 말한다. 그는 엘리자베스 1세 시절 재무상으로 여왕의 핵심 참모 중 한 사람이었고, 여기서 버흘리(Burghley)는 그가 1572년에 받았던 남작 작위의 이름이다.

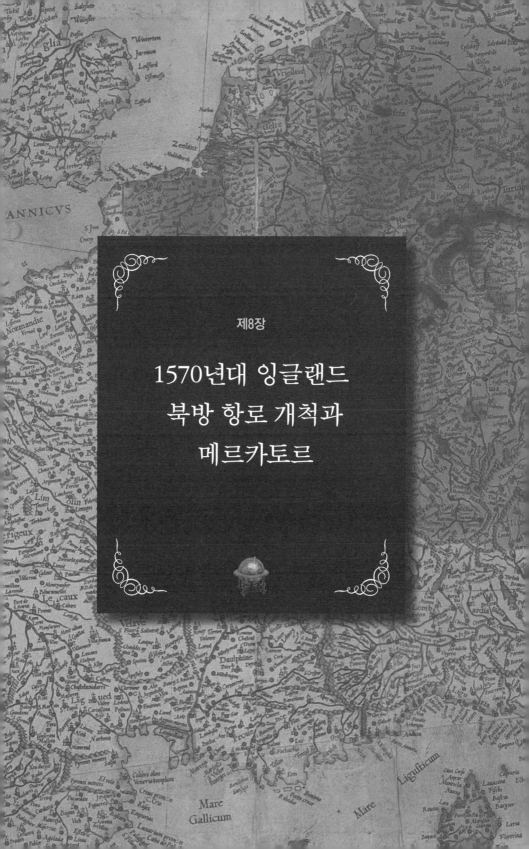

제8장

1570년대 잉글랜드 북방 항로 개척과 메르카토르

앞 장에서 살펴보았듯이 잉글랜드는 15세기 후반 조반니 카보트의 북서 항로 개척을 필두로 북방 항로 개척에 강한 의욕을 보였다. 특히 1570년대는, 1576년에서 1578년까지 세 차례에 걸친 프로비셔의 북서 항로 탐험, 1577년 출발해 1580년에 돌아온 드레이크의 세계 일주, 그리고 1580년 펫과 잭먼의 북동 항로 탐험 등 일련의 북방 항로 탐험이 집중되던 시기였다. 하지만 당시는 이미 에스파냐와 포르투갈이 세계의 바다, 무역로, 무역 거점 모두를 장악하고 있던 상황이었다. 따라서 후발 해양국 잉글랜드의 입장에서 북방 항로 탐험은, 강대국들과의 마찰을 피하면서 아직 그 어느 나라도 영유권을 주장하지 않던 북방 해역을 관통해 태평양에 이르는 항로를 찾으려 했던 국가의 명운을 건 중요한 사업이었다. 잉글랜드는 이들 탐험을 위한 준비 과정에서 당시 잉글랜드를 대표하는 지리학자인 존 디와 리처드 해클루트[1]뿐만 아니라, 대륙의 대표적인 지도학자인 아브라함 오르텔리우스 그리고 헤르하르뒤스 메르카토르도 참여했다.

북방 항로를 찾으려는 프로비셔의 탐험이나 펫과 잭먼의 탐험 모두 실패로 끝났지만, 그들은 아시아와 아메리카 사이에 놓인 아니안 (Anian) 해협[2]의 존재를 확신하고 여기에 이르는 북서 항로 혹은 북동 항로 중 어느 한쪽의 가능성을 타진하기 위해 북쪽 바다를 향해 떠났던 것이다. 이와는 달리 드레이크의 세계 일주가 북방 항로 개척과 무슨 관계가 있는지 되물을 수 있다. 하지만 드레이크의 세계 일주를 단순히 어느 호사가나 해적의 모험심 정도로 치부해서는 안 된다(Bawlf, 2003). 드레이크의 세계 일주는 엘리자베스 1세와 그녀의 총신들이 모두 참여했으며, 목적지가 알렉산드리아(Alexandria)라고 속일 정도로 비밀리에 추진된 대형 국가 프로젝트였다. 비록 그

1569년 메르카토르 세계지도의 인문학

의 항해에 관한 문건 대부분은 소각되거나 소실되었지만, 여러 가지 정황 증거로 볼 때 그의 탐험은 에스파냐와 포르투갈이 장악한 동방 무역에 대한 잉글랜드의 새로운 도전으로 보아야 할 것이다. 특히 탐험 도중 북서 항로의 서쪽 출구를 태평양 쪽에서 찾으려 했다는 점에서 이 역시 잉글랜드의 북방 항로 개척과 결코 무관하지 않다는 사실을 반증해 주고 있다(Nuttall, 2012).

드레이크의 세계 일주가 기존의 에스파냐와 포르투갈의 무역 패권에 도전했다는 점에서 보면 마젤란의 세계 일주 역시 같은 의미를 지닌다. 마젤란의 세계 일주를 단지 남아메리카 대륙이 미지의 대륙(남극)과 떨어져 있으며 그 해협을 통해 태평양으로 갈 수 있는가를 확인하기 위한 탐험 정도로 본다면, 그것 역시 너무나 근시안적인 해석이다. "혹시 향료 제도가 토르데시야스 조약에 의한 대척 경계선에서 에스파냐 쪽에 있는 영토가 아닐까?", 혹은 "포르투갈이 아직까지 점령하지 않은 향료 제도는 없을까?", "인도양과 대서양을 거쳐 에스파냐로 귀환하지 않고 원래 지났던 태평양을 다시 건너 아메리카로 귀환할 수 있는 항로는 없을까?" 등등, 마젤란의 항해는 아메리카로부터 서쪽 항로를 통해 태평양으로의 활로를 찾고, 나아가 포르투갈이 이미 확고하게 장악하고 있는 동방 무역에 비집고 들어갈 틈을 찾기 위한 에스파냐의 도전으로 보아야 할 것이다. 50년 후, 이번에는 잉글랜드가 드레이크로 하여금 에스파냐와 포르투갈의 아성에 도전했던 것이다.

따라서 잉글랜드가 진출하고자 했던 태평양에서 당시 어떤 일이 벌어지고 있었는지를 살펴보는 것은, 1570년대 집중된 잉글랜드의 북방 항로 탐험을 이해하는 또 다른 관점이 될 수 있다. 잉글랜드에서 북방 항로에 대한 관심은 15세기 후반부터 시작되었지만, 북동 항로와 북서 항로 중 어느 쪽을 선택하느냐는 학자마다, 이해 당사자마다 각기 다르며 나름의 논쟁의 역사를 가지고 있다(스켈톤, 1995). 그러나 지리학, 지도학, 항해술에 있어 후진국이었던 잉글랜드는 북방 항로의 가능성과 선택에서 대륙 학자들의 견해에 절대적으로 의존할 수밖에 없었으며, 1570년대는 이 논쟁이 절정에 달했던 시기였다. 더군다나 이 시기에 주목할 만한 지도학적 사건이 발생하는데, 그것은 바로 메르카토르의 새로운 투영법으로 만들어진 그 유명한 1569년 세계지도가 등장했다는 사실이다. 이 지도의 등장은 향후 잉글랜드의 북방 항로 탐험에 여러 모로 영향을 미쳤다.

이 장에서는 1570년대 집중된 잉글랜드의 북방 항로 탐험을, 당시 잉글랜드 내부 사정, 태평양에서 에스파냐와 포르투갈의 경쟁, 그리고 메르카토르와 존 디를 중심으로 하는 북방 항로에 대한 지리학적 논쟁 등 다양한 관점에서 살펴보려 한다. 이는 그 이후 월터 롤리(Walter Raleigh)■3의 북아메리카 식민 이주, 캐번디시(Thomas Cavendish)■4의 세계 일주, 에스파냐 아르마다(Armada)의 격침 등 유럽 변방의 후진국이었던 잉글랜드가 대영제국으로 변모해 나가는 과정에서 지리학적 그리고 지도학적 지식이 어떻게 기여했는가를 살펴보는 또 다른 부수적 효과도 얻을 수 있을 것이다.

1570년대 잉글랜드의 내부 사정

1558년 엘리자베스 1세가 왕위에 올랐을 때 잉글랜드는 종교적 갈

등, 전쟁, 태업 등으로 붕괴 직전 상태였다. 특히 남아메리카 에스파냐 식민지로부터 다량의 은이 유럽으로 유입되면서 물가는 폭등하였고 서민의 삶은 극도로 피폐해졌다. 이는 전 유럽의 문제로 잉글랜드도 예외는 아니었다(이영림 외, 2011). 잉글랜드의 주요 수출품은 양모와 모직물인데, 경제 상황이 악화됨에 따라 이들 상품의 유럽 수출이 격감했다. 잉글랜드 정부와 상인들은 이러한 문제를 해결하기 위해 새로운 시장과 새로운 교역 상대를 찾아 나서야만 했다. 1550년대 북동 항로를 개척하면서 구축된 러시아와의 무역은 런던 상인들이 주축이 된 무스코비 컴퍼니가 독점하고 있었다. 그 후 엘리자베스 1세의 즉위와 함께 로버트 더들리를 중심으로 하는 젊은 모험 귀족들이 새로운 권력층으로 부상했고, 그들은 무스코비 컴퍼니의 북방 교역 독점을 와해시키고 새로이 동방 무역에 참가하여 에스파냐나 포르투갈과 같은 부를 잉글랜드도 누려야 한다고 주장했다. 따라서 그들은 필요하다면 언제든지 포르투갈이나 에스파냐와의 일전도 불사하겠다는 각오였다.

이들 그룹의 한 멤버이며 군인이자 탐험가인 험프리 길버트(Humphrey Gilbert) 경이 1566년 "A Discourse of a Discoverie for a New Passage to Cathaia"라는 문건을 내놓으면서 1570년대 잉글랜드의 북방 항로 탐험이 본격적으로 전개되었다. 그는 기존의 북동 항로에 비해 북서 항로의 용이함을 내세우면서, 이를 통해 북아메리카 북서 해안에 동방 무역을 위한 전진 기지를 건설해야 한다고 주장했다. 그의 문건과 지도는 프로비셔의 북서 항로 탐험을 선전하기 위해 조지 개스코인(George Gascoigne, 1525~1577: 잉글랜드의 시인, 극작가 겸 소설가)에 의해 1576년에 출판되었다(Baldwin, 2007). 여기에 실린 목판본 세

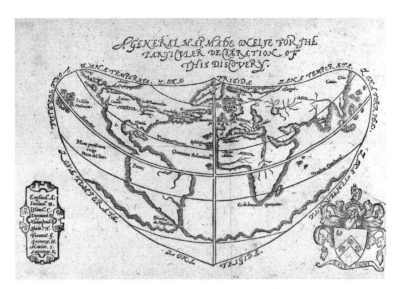

그림 8-1 | 북서 항로를 강조하고 있는 험프리 길버트의 세계지도, 1576(출처: Baldwin, 2007)

계지도(그림 8-1)는 아메리카 대륙의 폭을 작게, 그리고 북서 항로의 위치를 위도 60° 아래에 위치시킴으로써 북서 항로의 유리함을 선전하고 있다. 또한 북서 항로를 통해 말루쿠(Maluku) 제도로 가는 것이 희망봉이나 마젤란 해협을 경유하는 것보다 더 짧다는 것을 강조하고 있다. 이 지도는 오르텔리우스의 1564년 세계지도를 기본으로 제작한 것으로, 시기적으로 보아 길버트의 1566년 제안은 오르텔리우스의 지도에서 자극을 받은 것이 아닌가 판단된다. 또한 이 시기에 프로비셔의 북서 항로 탐험을 추진하기 위해 카타이 컴퍼니(Cathay company)가 새롭게 설립되었고, 길버트의 지도가 이 모험의 진행 과정에 중요한 역할을 했다(스켈톤, 1995).

북서 항로의 수월성을 주장하면서 북방 무역의 독점권에 도전하는 모험 귀족들의 요구에 맞서 무스코비 컴퍼니는 육로를 통해 부하라(Bukhara)까지 다녀온 앤서니 젠킨슨(Anthony Jenkinson)[5]을 내세워 북동 항로의 우위를 강조하였다. 결국 양 진영을 대표한 길버트와 젠킨슨은 엘리자베스 1세와 추밀원 의원들 앞에서 청문회 형식의 논박을 벌였지만 어느 쪽도 만족할 만한 결과를 얻지 못했다. 길버트는 여왕에게 모험 기업 설립을 위한 제안을 했지만 여왕으로부터 별다른 언질을 받지 못했고, 무스코비 컴퍼니는 길버트의 주도권을 막는 데는 성공했지만 어느 방향으로도 탐험을 진전시키지 못했다. 결국 잉글랜드의 북방 항로 탐험은 이제 1560년대를 지나 그 전성기인 1570년대로 넘어가게 되었다.

1570년대 잉글랜드의 외교 정책, 해외 탐험 등을 이해하기 위해서는 저지 국가의 정치적·경제적 상황을 이해해야 할 필요가 있다. 당시 저지 국가는 에스파냐가 파견한 알바(Alba) 공작의 폭정에 반대해 오라녀 공 빌럼(Prins van Oranje Willem)[6]을 중심으로 하는 독립 운동이 극에 달했던 시기였다. 또한 안트베르펜을 비롯한 저지 국가의 여러 항구 도시들은 금융업, 수공업, 어업, 중계 무역 등이 고도로 발달해 유럽 경제권의 핵심을 이루고 있었다. 따라서 저지 국가의 향배는 향후 유럽 대륙의 판도를 결정짓는 중요한 변수였기 때문에, 이 좁은 지역에 에스파냐, 프랑스, 잉글랜드의 외교력과 군사력이 총동원되었다(CCTV 대국굴기 제작진, 2007b).

 잉글랜드로서는 저지 국가가 에스파냐의 손아귀에 들어가는 것도 문제이지만, 저지 국가와 국경을 맞대고 있는 프랑스의 손에 들어가는 것은 더욱더 용납할 수 없었다. 하지만 1571년 레판토(Lepanto) 해전의 승리로 에스파냐가 저지 국가 그리고 궁극적으로 잉글랜드로 병력을 돌릴 여유가 생김에 따라 잉글랜드로서는 에스파냐를 경계해야 하는 상황에 직면하게 되었다. 또한 1572년 성 바르톨로메오의 학살 사건[7]을 계기로 프랑스마저 가톨릭 세력이 득세함에 따라 잉글랜드는 에스파냐는 물론이고 이제 프랑스마저 경계해야 하는 난처한 상황에 빠지고 말았다. 그간 잉글랜드는 에스파냐와 프랑스 사이에서 특히 여왕의 결혼 문제를 핑계 대면서 양다리 외교를 펼쳤지만, 이제 이들 가톨릭 연합의 공동 과녁이 되고 말았다. 위기에 몰린 엘리자베스 1세는 저지 국가에 파견한 험프리 길버트를 소환했고, 또한 프랑스 대사로 있던 프랜시스 월싱엄마저 귀국시켜, 궁정은 이제 젊은 모험 귀족들이 득세하는 형국이 되었다(서머싯, 2005).

그 다음 해인 1573년 프랜시스 월싱엄은 추밀원 위원이자 국무장관으로 임명되었는데, 이는 잉글랜드의 외교 정책에서 큰 변화를 의미한다. 이전 국무장관이던 윌리엄 세실 경은 항상 에스파냐와의 유화적인 정책을 추구하던 비둘기파였다면, 국무장관에 새로이 임명된 월싱엄을 비롯해 더들리, 해턴[8] 등은 이제 에스파냐와의 전쟁은 불가피하며 펠리페 2세에 대한 보다 공격적인 정책을 주문했던 매파로 분류되었다.[9] 엘리자베스 1세는 이들 모험 귀족들의 제안과 압박에도 불구하고 잉글랜드 국력의 한계를 인정해야만 했다. 따라서 가능하면 에스파냐와의 마찰을 피하려는 것이 그녀의 일관된 정책 기조였다. 하지만 1570년대 후반에 이르면 결국 모험 귀족들과 함께 여왕마저도 잉글랜드의 해상 확장을 강력하게 주장하는 주창자가 되었고, 향후 잉글랜드의 모든 해외 모험 사업을 계획하는 데에 중추적인 역할을 담당하게 되었다.

1575년에 이르면서 저지 국가의 사태는 점점 미궁에 빠졌다. 네덜란드의 독립 영웅인 오라녀 공 빌럼은, 만약 잉글랜드가 저지 국가를 지원해 준다면, 제일란트(Zeeland)와 홀란트(Holland)의 종주권을 엘리자베스 1세에게 주겠다는 제안을 했다. 이처럼 저지 국가 사태가 혼미를 거듭하고 있는 와중에 에스파냐와 잉글랜드의 관계는 긴장과 화해가 반복되었고, 이는 다시 해외 탐험에도 영향을 미쳤다. 1576년 초 추밀원이 에스파냐에 대항하는 계획과 저지 국가의 제안을 수용하는 안에 대해 논의하자 긴장은 더욱 고조되기 시작했고, 1576년 3월에는 잉글랜드를 수호하기 위한 의회가 소집되었다. 따라서 이 몇 달 동안 정치적 분위기는 에스파냐와의 마찰을 전제로 한 드레이크의 계획을 추진하기에 안성맞춤이었다. 그는 에스파냐 본토는 물론이며 남아메리카에 있는 에스파냐의 여러 해안 도시들을 약탈하고 에스파냐의 수송선을 사략질하려고 계획했으며, 어떻게 해서든지 태평양으로 나아가 잉글랜드를 위한 동방 무역의 활로를 찾으려 했다. 그러나 3월 후반에 들어 여왕의 입장이 완전히 바뀌었다. 그녀는 의회 그리고 저지 국가와 갈등을 빚었으며, 에스파냐와 평화를 유지하는 쪽으로 다시 한 번 선회했다(서머싯, 2005, pp.339~343). 이러한 정국의 혼란 속에서 프로비셔의 북서 항로 탐험이 개시되었고, 그 1년 후인 1577년에는 드레이크가 원정길에 올랐다.

태평양에서의 에스파냐와 포르투갈의 경쟁

유럽 인 최초의 세계 일주[10]는 에스파냐의 왕이자 신성로마제국의 황제인 카를 5세의 지원을 받은 포르투갈 사람 마젤란(Magellan)에 의해 1522년에 완성되었다. 비록 본인은 필리핀 해역에서 사고로 사망했지만, 마젤란 해협을 통과해 태평양을 건넌 자신의 함대는 기어코 에스파냐로 귀환했다. 우리는 여기서 이 항해의 목적에 대해 주목할 필요가 있다. 마젤란과 그의 후임 함장인 엘카노(Elcano)는 필리핀과 향료의 주산지인 말루쿠 제도에 도착하고는 그곳이 에스파냐의 영토임을 선언하였다(스켈톤, 1995). 그러나 무역풍과 적도 해류로 인해 아메리카로의 귀환이 불가능하자 포르투갈이 재배하고 있던 인도양을 지나 희망봉을 돌아 귀환했다. 토르데시야스 조약에 의한 경계선의 대척 경계선은 대략 일본 오카야마(岡山) 동쪽을 지나기 때문에, 말루쿠 제도는 당연히 포르투갈의 영토였다. 하지만 당시는 경도 측정의 정확성이 떨어지던 시기라 말루쿠 제도의 영유권이 불분명했다. 마젤란의 항해는, 자신들이 점유하고 있던 아메리카에서 서쪽을 향해 나아가 당시 인도양을 장악하고 있던 포르투갈의 간섭 없이 말루쿠 제도의 영유권을 선점하기 위한 항해로 보아야 할 것이다.

카를 5세는 1525년에 다시 마젤란의 항로와 같은 항로를 따라 로아이사[11]를 함장으로 하는 7척으로 된 함대를 말루쿠 제도로 보냈다. 이 함대에 마젤란의 사망 후 대리 함장이었던 엘카노가 부함장 겸 수석 수로 안내인으로 참여하였다(채플린, 2013). 하지만 그 사이에 말루쿠 제도는 이미 포르투갈이 점령해 있었다. 2년간의 피비린내 나는 전투 끝에 겨우 살아남은 에스파냐 선원들은 모두 항복했고, 단지 3명만이 목숨을 부지한 채 에스파냐로 돌아갔다(Bawlf, 2003). 1527년에는 아스테카 왕국을 함락시키고 남아메리카의 정복자가 된 코르테스[12]가 로아이사를 구하기 위해 3척의 배를 파견했지만 결과는 마찬가지였다. 단지 한 척만 탈출해 필리핀에 도착했으나, 이 역시 태평양을 건너는 항로를 찾지 못했다(Taylor, 1930). 결국 카를 5세는 태평양을 통한 향료 무역 도전에서 참패를 인정해야만 했다. 1529년 그는 35만 두카토(ducato)에 말루쿠 제도의 모든 권리를 포르투갈에 이관했고, 말루쿠 제도 동쪽 17° 지점에 양국의 경계선을 설정하는 사라고사(Zaragoza) 조약[13]을 체결하였다(밀턴, 2002).

향료 제도에 대한 미련을 버리지 못한 에스파냐는 1542년 빌라로보스(Villalobos)[14]를 대장으로 하는 일단의 탐험대를 멕시코에서 서태평양으로 보냈는데, 주목적은 여전히 향료 제도였다. 그는 항해 도중 어느 섬에 도착했는데, 당시 신성로마제국의 황태자였던 펠리페 2세의 이름을 따 이 섬을 '필리핀'으로 명명했다. 이 원정대 역시 귀환 항로를 찾지 못해 포르투갈 인들에게 항복했다. 카를 5세로부터 제위를 넘겨받은 펠리페 2세는, 비록 향료 제도는 얻을 수 없더라도 필리핀을 기점으로 하는 일본 및 중국과의 삼각 무역을 통해 극동에서 포르투갈과의 경쟁에 나서려 했다. 실제로 펠리페 2세는 지난번 로아이사 탐험 때 살아남은 3명 중의 하나인 우르다네타(Urdaneta)[15]를 설득해, 필리핀까지 함대를 안내하고 아메리카로 귀환하는 항로를 찾으라고 명했다. 1565년 레가스피(Legazpi)[16]를 대장으로 하는 탐험대는 세부(Cebu) 섬에 상륙해 에스파냐 최초의 식민도시를 건설했다. 한편 우르다네타는 왕의 또 다른 명령을 수행하기 위해 필리핀에서 북쪽으로 거의 일본에 해당하는 위도(북위 36°)까지 올라가서 편서풍을 받으면서 캘리포니아 북쪽 해안에 도착했다. 그 후 남쪽으로 내려와 멕시코의 아카풀코(Acapulco)에 도착하면서 4개월간에 걸친 일주 항해를 완료했다(스켈톤, 1995; Bawlf, 2003).

여기서 주목해야 할 것은 우르다네타에 의해 귀환 항로가 발견되었다는 점이다. 다시 말해 이제 에스파냐는 중국과 일본의 실크, 금, 보석, 도자기 등을 멕시코의 은과 교환할 수 있는 확실한 동방 무역의 거점을 마련했다는 사실이다.

우르다네타의 경로는 전 세계 곳곳에 널린 에스파냐의 점령지를 하나로 연결하는 수단이 마련되었다. 따라서 에스파냐는 (우르다네타의 항로가 발견된) 이후 200년이 넘도록 공식적인 일주 항해를 계획해야 할 이유가 따로 없었다. 적어도 1년에 한 번 갤리언선 한 척이 마닐라와 멕시코의 아카풀코 사이의 1만 3,000킬로미터 정도의 거리를 왕복했다. 그 정도면 당시 통상적인 대양 횡단으로는 가장 긴 거리였다. 이제 대서양과 태평양은 에스파냐의 관리와 서류와 정착민과 물자를 나르는 바쁜 통로가 되었다. ……그리고 태평양을 건너는 은 보물선은 특별한 호위가 없었다. 에스파냐 사람들은 그들의 바다가 외부인들의 출입이 금지된 그들만의 호수라고 생각했다. 은을 가득 실은 에스파냐의 보물선들은 해적들에게 더 없이 좋은 표적이 되었다(채플린, 2013, p.97).

결국 인도와 중국을 찾아 아프리카 남단을 횡단한 포르투갈과 남아메리카의 남단을 넘은 에스파냐가 태평양에서 서로 만났고, 말루쿠 제도, 필리핀, 일본, 중국 등 극동의 무역망이 에스파냐와 포르투갈에 의해 완전히 장악되었다. 1580년 포르투갈이 에스파냐에 병합되면서[17] 토르데시야스 조약과 사라고사 조약은 실질적으로 무의미해졌지만, 어쩌면 1571년 에스파냐의 마닐라-멕시코 간 무역로가 완성되면서 동방 무역을 놓고 두 나라 사이에 첨예하게 대립하던 양상은 잠정적으로 해소되었다고 볼 수 있다.

잉글랜드는 태평양 상에서 일어나고 있던 에스파냐의 항해와 점령에 관한 새롭고 상세한 정보를 책자나 인쇄된 지도보다는 에스파냐에 거주하는 잉글랜드 무역상이나 탐험가들로부터 얻을 수 있었다 (Taylor, 1930). 1560년대와 1570년대에 이러한 역할을 한 사람으로 로저 보드넘(Roger Bodenham), 헨리 호크스(Henry Hawks), 존 프램프턴 (John Frampton)을 들 수 있다. 그중에서 프램프턴은 에스파냐의 주요 항해서와 지리서를 영어로 번역했지만, 나머지 둘은 직접 항해에 참가하면서 에스파냐의 최근 태평양 횡단 정보를 잉글랜드로 전했다. 이들 중 보드넘은 1563~1564년 사이에 에스파냐의 함선을 타고 멕시코와 동인도 제도 사이를 왕복하기도 했다. 더욱이 에스파냐 주재 잉글랜드 대사의 비망록에 의하면(Taylor, 1930), 보드넘은 1565년 우르다네타의 항로를 따라 필리핀으로 가는 5명의 선장 중 한 명으로 선정되었다고 한다. 그가 실제로 이 항해에 참가했는지는 불확실하지만, 1571년 잉글랜드로 귀국하여 해외 개척에 관심이 있는 잉글랜드의 모험가 집단에게 가치 있는 지식과 경험을 전해 주었던 것만은 분명하다. 한편 호크스는 우르다네타의 항해에 동행한 디에고 구티에레스(Diego Gutierrez)와 친분을 갖고 있어 태평양 횡단 교역에 대해 정확한 정보를 가지고 있었다. 또한 그는 에스파냐가 최근 멕시코 서부의 쿨리아칸(Culacán)에서 북서 항로의 서쪽 끝을 찾으려 2척의 배를 보냈다는 사실을 잉글랜드에 전하기도 했다.

이처럼 1570년 초반이 되면 잉글랜드는 에스파냐가 태평양에서 점점 안정적인 교역망을 확보해 나가고 있음을 여러 경로를 통해 확인할 수 있게 되었고, 더 이상 지체했다가는 동방 무역에 영영 참여할 수 없을 것이라는 위기감을 느끼게 되었다. 이를 해결하기 위해서는 두 가지가 필수적이었다. 하나는 북서 항로에 대한 정확한 지식인데, 결국 잉글랜드는 오르텔리우스와 메르카토르로 대변되는 플랑드르 지리학을 찾을 수밖에 없었다. 다른 하나는 이를 수행할 대규모 탐험대를 조직하는 것으로, 드레이크의 세계 일주 역시 이러한 배경에서 비롯된 것으로 보아야 할 것이다.

1570년대 잉글랜드의 북방 탐험과 메르카토르

프로비셔의 첫 번째 북서 항로 탐험[18]은 1576년에 이루어졌으며, 황금이 포함된 것으로 오해했던 광석과 함께 이누이트(Inuit) 족 어부를 데리고 왔다. 금에 흥분한 궁정의 총신들과 존 디 그리고 여왕은 그 후 두 번에 걸친 프로비셔의 북서 항로 탐험에 투자자로 혹은 후원자로 그의 성공을 기원했다. 첫 번째 탐험의 진정한 의도는 알 수 없으나, 그 후 계속된 탐험은 북서 항로의 개척이라는 원대한 사업 계획보다는 오로지 금에서 쏟아져 나올 이익에만 관심이 집중되었다(Deacon, 1968). 프로비셔가 메르카토르의 1569년 세계지도를 항해에 휴대했을 것이라는 사실 이외에, 1576년 이후 두 번 더 이루어진 그의 탐험에서 메르카토르가 기여한 것은 별반 없었다. 하지만 그의 1569년 세계지도는 북서 항로 개척을 발의하고 그것을 추진한 험프리 길버트나 실제 북서 항로 탐험에 투신한 프로비셔에게는 불확실한 북동 항로를 대신할 수 있는, 그리고 무스코비 컴퍼니의 북방 무역 독점권에 도전할 수 있는 계기나 근거가 되었던 것만은 사실이다.

프로비셔의 두 번째 항해가 시도되었던 1577년에 들어서면서 디, 메르카토르, 오르텔리우스 사이에 북방 항로에 관한 정보 및 의견 교환이 활발하게 진행되었다. 그해 1월 디는 오르텔리우스에게 편지를 보내 1553~1556년의 잉글랜드 북동 항로 탐험과 재탐험의 당위성, 이 항해와 관련된 고대인의 언급과 행보, 항해가를 위한 새로운 항해 매뉴얼 준비 등에 대해서 언급했다. 하지만 결정적인 내용은, 다른 지도에서 볼 수 없었던 아메리카 북부 해안의 지명(Cape Paramantia, Los Jardinos 등)들이 무슨 근거로 삽입되었느냐는 것이었다 (Taylor, 1956; Skelton, 1962). 이 편지에 대해 오르텔리우스가 답장을 보냈다는 기록은 없으나, 오르텔리우스는 3월에 런던을 방문하고는 윌리엄 캠던(William Camden)[19], 리처드 해클루트, 존 디를 차례로 만났다. 당시 옥스퍼드 대학을 막 졸업한 해클루트는 오르텔리우스를 스파이라고 확신했는데, 그의 말을 빌리면 "오르텔리우스가 잉글랜드에 온 것은 다름이 아니라 프로비셔의 탐험을 정탐하기 위해 온 것인데, 당시가 바로 프로비셔가 북서 항로에 다시 나서는 시점이었기 때문"이라는 것이었다(Crane, 2002).

메르카토르가 디에게 보낸 답신이 4월 20일인 것으로 보아, 디가 오르텔리우스에게 편지를 보낸 후 비슷한 내용을 메르카토르에게도 보낸 것으로 보아야 할 것이다(Taylor, 1956). 디 질문의 주요 내용은 1569년 세계지도에 있는 극지방 삽입도와 그 위에 첨부된 범례의 출처에 관한 것이었다. 하지만 디는 메르카토르로부터 제이콥 크노인의 실체나 *Inventio Fortunatae*의 저자에 대한 명확한 답변을 듣지 못했다. 이것이 현재까지 알려진 디와 메르카토르 간의 마지막 서신 교환이었다. 이후 몇 주가 지나 프로비셔의 두 번째 항해가 시작되었다. 디는 첫 번째 탐험에서 홀(Hall)■20과 프로비셔에게 약간의 항해술 교육은 했지만 적극적으로 개입하지는 않았다(Taylor, 1930). 더군다나 프로비셔가 자신의 첫 번째 항해를 마치고 돌아오기 전인 1576년 8월에, 디는 '대영제국'의 잠재력에 관한 4권의 책 시리즈 중에서 그 첫 권■21을 단 6일 만에 집필하여, 크리스토퍼 해턴에게 헌정했다. 따라서 당시 그가 오르텔리우스와 메르카토르에게 편지를 보내면서 북아메리카의 해안에 관심을 가졌던 것은, 프로비셔의 탐험을 위해서라기보다는 당시 자신이 집필하고 있던 저서와 관련이 있을 것으로 판단된다.

메르카토르는 쾰른(Köln)의 서적상 버크만(Berkman)의 런던 대리인으로 일하고 있던 자신의 아들 뤼몰트(Rumold)로부터 편지 한 통을 받았다. 이에 대해 메르카토르가 보낸 답장에는, "아주 중요한 문제에 대해 이야기를 했구나. 물론 프로비셔의 발견에 대해서는 아주 간략히 언급을 했지만."이라고 적혀 있었다고 한다(Crane, 2002). 적어도 이 편지는 프로비셔의 1차 항해가 끝난 이후의 상황을 담고 있기 때문에 1576년 이후의 편지로 보아야 하며, 그럴 경우 이 당시 중요한 일이라면 아마 드레이크의 탐험에 관한 것임에 틀림없다. 잉글랜드 지식인과 탐험가들은 북방 영토에 대한 관심 때문에 메르카토르의 지식이 필요했고, 또한 그것의 진실 여부를 검증하고 싶었던 것이다. 마찬가지로 잉글랜드의 계속된 탐험으로 북방 영토에 관한 지도학의 키를 잉글랜드가 쥐고 있기 때문에, 메르카토르는 그것을 알기 위해 상당한 노력을 기울였던 것으로 볼 수 있다. 극비에 부쳐졌던 드레이크의 탐험 계획이라 하더라도, 디를 비롯한 잉글랜드의 여러 지식인들과 교류를 하고 있던 뤼몰트에게 그것이 포착되지 않을 수 없었을 것이며, 바로 그것이 뒤스부르크에 있는 아버지에게 보낸 바로 '중요한 문제'가 아닐까?

드레이크는 1577년 12월에 출발해 이듬해인 1578년 9월에 마젤란 해협을 건너 태평양에 도착했다. 그는 남아메리카 태평양 연안의 여러 도시들을 약탈하면서 선박들을 나포했다. 북쪽으로 계속 항해한 드레이크는 밴쿠버 섬 바로 남쪽(북위 48°)에 이르러 추위 때문에 더 이상 북상하지 못하고 방향을 돌렸고, 그 이후 남하하면서 상륙한 곳이 바로 노바알비온(Nova Albion, New England)이다. 확실하게 밝혀진 것은 아니지만 그의 탐험 목적이 북서 항로의 태평양 쪽 입구를 찾아 기존의 북서 항로 항해와는 반대 방향인 태평양에서 대서양으로 진입해서 잉글랜드로 귀환하려 했다고 추론하는 이도 있다(Bawlf, 2003; Nuttall, 2012). 이러한 시도가 사실인지, 시도에도 불구하고 실패로 돌아간 것인지 모두 추측에 불가하지만, 북아메리카 대륙의 북서쪽을 탐험하는 과정에서 캘리포니아에 있는 한 항구에 장기간 정박했던 것만은 사실이다.

이 와중에 잉글랜드는 이미 실패를 맞보았던 북동 항로로 다시 펫과 잭먼의 탐험대를 보냈다. 이 탐험대의 기술적 자문을 맡았던 해클루트는 디의 자문에 의혹을 제기하면서, 그가 늘 자신의 학문의 보증자로 내세우던 메르카토르에게 직접 자문을 구했다(밀턴, 2003). 이에 대해 메르카토르의 전기 작가 테일러는 "(해클루트가 메르카토르에게 보낸) 그 편지는 1580년 5월 탐험대가 출발한 이후에 작성되었고 또한 전해졌을 것임이 거의 확실하다."라고 주장했다(테일러, 2007). 왜냐하면 헤클루트가 보낸 편지는 사라졌지만, 5월경에 보낸 것이 확실하고 어떤 경우든 탐험이 시작되기 전에 메르카토르의 답장을 받기에는 너무 늦게 보냈던 것만은 사실이기 때문이다. 이 편지에 대해 메르카토르의 답변은 다음과 같다.

제이콥 크노인의 항해에 대한 문건은 내가 오르텔리우스에게 빌려 보고는 그에게 돌려주었고, 디의 편지에 답하기 위해 오르텔리우스에게 다시 빌려달라고 했으나, 그는 그것을 누구에게 다시 빌려 주었는지 모른다고 했다. 따라서 그 문건이 없어져 당신의 질문에 정확하게 답할 수 없다(Taylor, 1956).

결국 해클루트가 보낸 편지의 질문 역시 디가 메르카토르에게 보낸 1577년 편지의 질문과 대동소이한 것으로 볼 수 있다.

해클루트는 탐험대가 이미 출발한 후 메르카토르에게 편지를 보낸 것이다. 해클루트의 입장에서는 자신이 자료를 조사하는 데 모든 수단과 방법을 다했다는 것을 투자자들에게 보여 주고 싶었고, 따라서 항해자들을 올바르게 안내하기 위해서라기보다는 오히려 투자자들을 안심시키기 위해 메르카토르에게 편지를 썼을 수도 있다. 이와는 달리 디의 대영제국 구상이라는 황당한 주장에 대한 반대 논거를 메르카토르로부터 찾기 위한 시도였을 수도 있다. 여하튼 메르카토르는 해클루트의 편지를 받고 그해 7월 28일에 답신을 보냈다. 그 편지에서 메르카토르는 탐험이 시작된 이후에 편지를 받게 된 것에 대해 서운한 감정을 숨기지 않았으며, 어쩌면 펫과 잭면의 탐험 경로와 드레이크의 귀환 경로에 대해 무언가 숨기기 위해 자신에게 일부러 편지를 늦게 보낸 것으로 판단했다(Taylor, 1930).

메르카토르는 자신이 디를 비롯한 잉글랜드의 모험 투자가들에게 이용당하고 있음에 불쾌한 마음을 갖게 되었다. 그래서 메르카토르는 그해 12월 런던에 체류 중이던 친구 오르텔리우스에게 편지를 보내, 자신은 이번 탐험(펫과 잭먼의 북동 항로 탐험)이 동쪽에서 돌아오는 드레이크의 소함대를 태평양의 어디에선가 만날지 모른다는 희망을 갖고 출항했으며, 어쩌면 노략질한 드레이크의 함대를 보호 내지 호위하기 위해 보낸 것이 이 탐험대의 은밀한 목적이라 믿는다고 말했다(Crane, 2002). 물론 이는 메르카토르의 잘못된 판단임에 분명하다.

존 디의 대영제국

1570년 중반까지 엘리자베스 1세와 그의 총신들은 포르투갈과 에스파냐의 동방 무역 선점이라는 현실을 인정하고 해외 원정을 가급적 삼가는 잉글랜드 고립주의를 견지했다. 하지만 이 시기가 되면 펠리페 2세는 저지 국가에 주둔하고 있던 자신의 군대와 에스파냐 본토의 해군을 연합하여 잉글랜드를 침공하려는 계획을 추진하기 시작했으며, 이에 불안을 느낀 잉글랜드 궁정은 동요하기 시작했다(서머싯, 2005). 또한 비둘기파의 수장인 세실(Cecil)이 국무장관 자리에서 물러나고 매파인 월싱엄(Walsingham)이 그 자리를 차지하자, 엘리자베스 1세 궁정의 분위기는 타도 에스파냐 쪽으로 기울기 시작했다.

이러한 분위기를 틈타 존 디는 4권의 책을 집필하면서, 대영제국의 구상을 여왕에게 설파하기 시작했다. 하지만 셔먼(Sherman, 1998)의 지적처럼, 엘리자베스 1세 치세 때 대영제국은 단지 과거에 대한 국수주의적 전망과 미래에 대한 낙관주의적 전망에서만 존재하던 제국, 다시 말해 '종이 제국(paper empire)'에 불과했다.

이 기간 동안 디는 항해에 대한 기술 자문 역에 그치던 초기 역할에서 벗어나, 대영제국이라는 자신의 아이디어에 의거해 잉글랜드의 해외 탐험이 갖는 특별한 정치적 의미를 선전하기 시작했다. 어쩌면 19세기 들어 '대영제국'이라는 실체가 구현된 것으로 보아, 그가 명명한 상상 속의 '대영제국'은 아주 중요한 미래를 예언했던 것으로 볼 수 있다. 1576년과 1577년 사이에 디가 집필했다는 책은 모두 4권이지만 이 중 2권만 그 일부가 전해질 뿐이다(Taylor, 1930). 1576년 맨 먼저 집필했던 것이 바로 *General and Rare Memorials Pertayning to the Perfect Art of Navigation*인데, 여기서 그는 해양 강국 잉글랜드에 대한 자신의 견해를 피력했다. 또한 디는 엘리자베스 1세로 하여금 에드가(Edgar) 왕의 선례에 따라 아서(Athur) 왕의 옛 대영제국을 재건하고 보존하며, 번영시키기 위한 기초로서 상비군으로 된 제국해군을 창설해야 한다고 주장했다.

1576년 가을에 집필된 두 번째 책 *Queen Elizabeth her Arithmetical Tables Gubernatick: for Navigaion by the Paradoxall Compass and Navigaion in Great Circles*와 세 번째 책은 사라져 버렸다. 하지만 *The Great Volume of Famous and Rich Discoveries*라는 제목의 마지막 책은 1577년에 집필되었고 그 원고는 남아 있다. 네 번째 책에서는 솔로몬(Solomon) 왕의 항해부터 오피르(Ophir)까지 극동의 부를 찾으러 나

1569년 메르카토르 세계지도의 인문학

섰던 여러 항해에 대해 전설, 성서 그리고 역사에 근거하여 방대하게 편집하였다. 이 과정에서 디는 북동 아시아에 관한 다소 관례에 벗어난 지도를 제시했는데, 그는 이 지도에서 중국으로 가는 아주 쉬운 항로가 있다고 믿었으며 잉글랜드가 반드시 이를 추구해야 한다고 주장했다. 디는 결론부에서 외국 영토에 대해 엘리자베스 1세의 영유권을 과감하게 주장해야 한다고 앞서 나가면서, 그의 '대영제국' 논의는 정점에 이르렀다(Clulee, 1988).

테일러(Taylor, 1930)는, 갑자기 등장한 디의 애국주의적 논설이 드레이크의 항해 계획과 관련된 그 무엇일 수 있다고 주장했다. 왜냐하면 레스터 경(로버트 더들리)이 그 항해의 추진자들 중 하나이고, 드레이크의 대부였던 베드퍼드(Bedford) 경이 드레이크의 출발 직전에 디를 방문했기 때문이며, 디는 *Famous and Rich Discoveries*에서 제안한 급박한 항해를 통해 태평양에서 아시아와 아메리카를 분리하고 있는 아니안 해협에 대한 자신의 이론이 검증될 수 있을 것이라고 언급했기 때문이다. 1570년 후반, 다시 말해 잉글랜드의 북방 항로 개척이 본격적으로 이루어지던 시기에 존 디가 방대한 분량의 책을 집필한 이유가 분명해진다. 존 디는 결코 이들 항해나 발견 계획에서 창안자나 주요 계획가로 참여하는 것이 아니었다. 하지만 디는 자신의 책을 근거로 엘리자베스 1세와 그녀의 총신들이 자신의 정치적 견해를 채택할 수 있는 기회를 마련하고자 했다. 또한 가능하다면 이들 활동가들과 함께 외교 및 제국주의 정책의 일원으로서 정치 공간에 끼어들고자 했던 것이다.

1580년 10월 3일 오전 11시, 디는 리치먼드(Richmond) 궁전의 정원

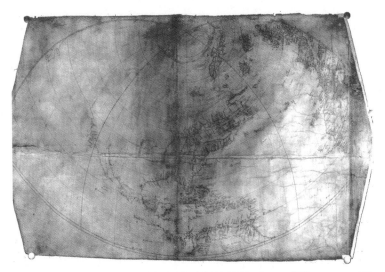

그림 8-2 | 아메리카 대륙의 식민화 정책을 위해 존 디가 만든 북반구 지도, 1580(출처: Sherman, 1998)

에서 두 개의 두루마리를 펼치면서 이 영토가 여왕의 것이라 선언했다. 셔먼(Sherman, 1998)은 그 지도가 현재 대영박물관에 'Cotton MS Augustus I.i.1.'이라는 이름으로 보관된 것과 거의 같은 것이라고 주장했다(그림 8-2). 서유럽에서 아시아 동단까지 펼쳐진 이 지도 한가운데에, 잉글랜드가 에스파냐와 경쟁 중인 아메리카 대륙이 놓여 있었다. 이 지도에서 아메리카의 동부 해안은 자세하지만, 내륙과 서부 해안의 정보는 아주 소략했다. 실제로 이 지도의 자세한 지리 정보는 1569년 메르카토르의 세계지도와 비슷하지만, 아주 상이한 투영법으로 그려졌으며 몇 가지 중요한 부분들이 수정되어 있다. 어쩌면 이 지도는 전설 속의 아서 왕, 머독 왕자의 이야기까지 끌어들이면서, 팽창주의 모험 귀족들의 정치 이데올로거 역할을 하려 했던 존 디의 의도가 가장 잘 드러난 지도가 아닌가 한다.

1569년 메르카토르 세계지도의 인문학

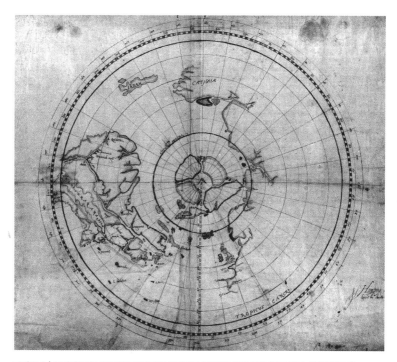

그림 8-3 | 북서 항로를 강조하면서 험프리 길버트를 위해 존 디가 만든 북극 지도, 1583(출처: Sherman, 1998)

디가 그린 것으로 알려진 또 다른 지도가 있다. 〈그림 8-3〉은 'Humfray Gylbert Knight his charte'라는 제목의 지도로서, 디는 1590 년대 자신의 저서 목록에 이 지도를 포함시켰다. 이 지도 역시 외곽 이 메르카토르의 1569년 세계지도와 마이클 록의 1582년 지도(그림 7-2 참조)와 흡사한데, 특히 4개의 섬으로 된 북극 지방 윤곽은 메르 카토르의 1569년 세계지도의 삽입도를 그대로 모방한 것이었다. 이 지도의 또 다른 특징은 당시 자신의 주장(북동 항로 선호)과는 달리 북 서 항로의 편리함을 특별히 강조하고 있었다. 하지만 클루리(Clulee, 1988)의 지적처럼, 이 지도에는 험프리 길버트와 디 사이의 암묵적인 거래가 숨겨져 있었다. 즉 1580년 길버트는 북위 50° 이북에서 발견한 모든 땅을 디에게 준다고 약속했고, 북서 항로를 이용해 서쪽으로 떠났다. 결국 이 지도는 디의 개인적 그리고 정치적 염원 모두를 담은 지도로 볼 수 있다. 물론 디는 이 약속으로부터 아무것도 얻지 못했다.

이상에서 살펴본 바와 같이 잉글랜드에서는 15세기 말 존 캐벗(조반니 카보트)에 의해 북서 항로 탐험이 시작되었지만, 아시아와 아메리카 사이에 있는 해협을 통해 태평양으로 진출하려는 잉글랜드의 본격적인 북방 항로 탐험은 1550년대 들어 시작되었다. 1560년대에 들어서서도 여전히 해군력에서 에스파냐나 포르투갈과 경쟁할 수 없었던 잉글랜드는 젖과 꿀이 흐르는 동방 무역에 본격적으로 참여하기 위해서는 독자적인 무역 항로, 다시 말해 북방 항로를 개척해야 한다는 결론에 이르게 되었다. 이 무렵 북방 항로를 긍정적으로 그려 놓은 오르텔리우스의 세계지도(1564년)가 등장했고, 이를 계기로 험프리 길버트 경이 1566년 "A Discourse of a Discoverie for a New Passage to Cathaia"라는 문건을 내놓으면서 1570년대 잉글랜드의 북방 항로 탐험은 본격적으로 전개되었다.

1570년대에 접어들면서 북서 항로를 긍정적으로 그려 놓은 메르카토르의 1569년 세계지도와 오르텔리우스의 『세계의 무대』(1570)에 수록된 세계지도와 같은 지도들이 계속해서 쏟아졌던 것이 잉글랜드의 북방 항로 탐험에 자극제가 되었음이 분명하다. 게다가 엘리자베스 1세의 등극과 함께 로버트 더들리를 필두로 한 활동가 그룹이 새로운 권력층으로 부상했고, 1560년대 후반과 1570년대 초반에 이르면 멕시코와 필리핀을 왕복하는 에스파냐의 태평양 무역 항로가 정착되었다. 또한 저지 국가를 사이에 두고 에스파냐와 잉글랜드의 갈등이 증폭되면서, 이제 잉글랜드로서는 에스파냐와의 마찰을 무릅쓰고라도 새로운 부를 찾기 위해 동방 무역에 참가하지 않을 수 없게 되었다. 그 결과 프로비셔의 북서 항로 탐험, 드레이크의 세계 일주, 펫과 잭먼의 북동 항로 탐험 등 일련의 북방 항로 탐험이 1570년대 후반에 집중되었다.

존 디를 연결 고리로 한 메르카토르와 잉글랜드 지리학과의 관계는 이것으로 끝이 난다. 하지만 앞서 이야기했듯이 메르카토르 지도가 지닌 항해도로서의 매력은 끝나지 않았다. 메르카토르 지도에 대한 잉글랜드의 관심은 결국 위선 간격의 수학적 해법으로 발전하게 되었다. 1589년 토머스 해리엇의 로그탄젠트 공식 제안, 1595년 에드워드 라이트의 시컨트 값 합산 해법, 그리고 1645년 헨리 본드의 로그탄젠트 해법 등이 그것이다. 이제 메르카토르의 1569년 세계지도는 항해도로 사용될 완벽한 준비가 되어 있었다.

1. 리처드 해클루트(Richard Hakluyt, 1551?~1616)는 엘리자베스 1세 시절 대표적인 관변 지리학자로 당시 북방 항로 탐험과 북아메리카 식민 사업의 이론적 근거를 마련하는 데 기여했다. 그는 옥스퍼드 대학 크라이스처치 칼리지에서 지리학을 배우고 연구하면서 세계 각국의 항해 기록을 독파해 자신의 나이 29세 혹은 30세이던 1582년에 『아메리카 발견의 여러 항해들: Divers Voyages Touching the Discoverie of America and the Ilands Adjacent unto the Same, Made First of all by our Englishmen and Afterwards by the Frenchmen and Britons』를 간행하였다. 이것이 계기가 되어 프랑스 궁정의 잉글랜드 대사로 부임하는 에드워드 스태퍼드(Edward Stafford) 경의 수행원(목사 겸 비서) 자격으로 1583년부터 1588년까지 프랑스에 체재하였다. 이 기간 중 국무장관 프랜시스 월싱엄(Francis Walsingham)의 지시를 받아 당시 에스파냐와 프랑스의 움직임에 대해 첩보 활동을 하기도 했다. 1584년에는 월터 롤리(Walter Raleigh) 경의 부탁으로 북아메리카 미발견 지역에 잉글랜드 국민을 식민해야 한다는 논의를 담을 글 "A Particuler Discourse Concerninge the Greate Necessitie and Manifolde Commodyties that Are Like to Growe to this Realme of Englande by the Westerne Discoueries Lately Attempted, Written in the Yere"(1584)를 작성해서 엘리자베스 1세에게 제출하였다. 이 보고서는 여왕이 월터 롤리의 탐험을 지원하는 계기가 되었다. 귀국 후 1589년에 『잉글랜드 국민의 주요 항해, 무역 및 발견: The Principall Navigations, Voiages and Discoveries of the English Nation』을 간행하였다. 책이 발간된 것이 마침 잉글랜드가 무적함대를 격멸한 직후였기 때문에, 잉글랜드 국민들은 이 책을 열광적으로 읽었다. 그 후 이 책은 3권으로 된 개정판(1598~1600)으로 간행되었고, 이른바 해클루트의 『항해기』라 하여 국민들 사이에 널리 애독되었으며, 잉글랜드 국민의 해외 진출에 크게 기여하였다.

2. "아니안 해협에 대해서는 마르코 폴로가 북아시아의 한 왕국으로 처음 보고했

다. ……아메리카와 아시아를 가르는 '아니안 해협'이라는 명칭이 지도에 처음 사용된 것은 1562년의 일로, 베네치아의 지도 제작자 자코프 가스탈디가 그해 출간한 소책자에서이다."(스켈톤, 1955, p.143, 주 4)에서 인용)

하지만 그 이후에 제작된 지도인 1564년 오르텔리우스의 지도에서는 아시아 대륙의 북동단 내륙을 아니안으로, 1569년 메르카토르의 세계지도에서는 북아메리카 북서단 내륙을 아니안으로 표시해 놓았다.

3. 월터 롤리(Walter Raleigh, 1554~1618)는 잉글랜드의 관리, 저술가, 시인, 군인, 정치인, 궁정 관리, 스파이, 탐험가 등 엘리자베스 1세 치세에 다방면으로 활약했던 인물이다. 1569년 의용병으로 프랑스의 위그노 전쟁에 참가했고, 1578년 이복형 길버트 롤리의 북아프리카 탐험에 수행하였다. 1579년부터 1583년 사이 아일랜드에서 일어난 데즈먼드(Desmond) 반란의 진압에 참가했고, 1581년부터 궁정 관리로 일했다. 1584년 노스캐롤라이나에서 플로리다까지 북아메리카를 탐험해 처녀 여왕을 기념하면서 플로리다 북부를 '버지니아(Virginia)'로 명명하고 식민지 개척에 나섰으나 실패했다. 1587년 로어너크(Roanoke) 섬의 식민 정착을 위해 두 번째 북아메리카 탐험에 나섰지만 이 역시 실패하고 말았다. 이러한 실패에도 불구하고 롤리의 북아메리카 탐험은 훗날 잉글랜드의 북아메리카 진출의 밑거름이 되었다. 그는 감자와 담배를 잉글랜드로 도입한 사실로도 유명하다.

4. 토머스 캐번디시(Thomas Cavendish, 1560~1592)는 에스파냐와 잉글랜드 사이에 긴장이 고조되던 1586년에 드레이크와 마찬가지로 남아메리카 해안의 에스파냐 마을과 태평양의 에스파냐 선박을 노략질하며 현재의 괌과 필리핀을 거쳐 희망봉을 돌아 잉글랜드로 귀환하면서 잉글랜드의 두 번째 세계 일주 항해의 주인공이 된 인물이다. 그는 에스파냐와 전쟁이 끝난 1589년에 귀환했는데, 당시 노략질한 금, 은, 보화로 부자가 되었다. 이러한 공로를 인정받아 그는 엘리자베스 여왕으로부터 기사 작위를 받았다. 1591년 항해사 존 데이비스(John davis)와 함께 두 번째 세계 일주 항해에 나섰지만, 원인 모를 병에 걸려 1592년 31세의 나이로 남대서양 어센션(Ascension) 섬에서 사망했다.

5. 앤서니 젠킨슨의 육로 탐험에 대해서는 제7장에서 설명한 바 있다.

6. 오라녀 공 빌럼(Graaf van Nassau, 1533~1584)은 영어로는 '오렌지 공 윌리엄 (William I, Prince of Orange)이라고 불리는 16세기 네덜란드의 독립 영웅이다. 1533년 신성로마제국 나사우(Nassau)에서 태어나 1544년 오라녀 공이 되었고, 처음에는 파르마의 마르가리트 궁정의 신하로 재직했다. 하지만 지방 권력이 무너지고 에스파냐 궁정에 모든 권력이 집중되는 것에, 그리고 네덜란드 프로 테스탄트들에 대한 박해에 실망하고는 에스파냐에 대한 저항의 길로 접어들었 다. 처음에는 가톨릭교도였으나 1566년 루터파로 개종했으며, 다시 칼뱅파로 귀의했다. 1568년부터 1576년까지 에스파냐에서 파견된 알바(Alba) 공과 8년간 의 독립전쟁을 이끌었다. 1578년 위트레흐트 동맹(Unie van Utrecht)을 결성하여 네덜란드 북부 7주의 독립을 선포했으며, 이듬해인 1579년에 네덜란드 연방공 화국을 선포하고 초대 총독에 취임했다. 1584년 가톨릭 광신자에 의해 암살되 었다.

7. 프랑스 남부를 중심으로 널리 퍼져 있던 위그노(Huguenot)라 불리던 신교도들 이 빠르게 성장하면서 종교적 영역을 넘어 정치 세력화하기 시작했다. 그 결과 신구교 간에 프랑스 최초의 종교 전쟁인 위그노 전쟁(1562~1598)이 일어났다. 당 시 프랑스 궁정은 위그노인 나바르(Navarre)의 왕과 강한 가톨릭 성향의 기즈가 (les Guise)의 대립으로 혼란한 상태였다. 이 와중에 1562년 신교에 강한 저항감 을 가졌던 기즈 공작이 먼저 예배를 올리던 위그노들을 기습, 공격하면서 8차에 걸친 위그노 전쟁이 시작되었다. 성 바르톨로메오의 학살 사건은 1572년 위그노 전쟁 과정에서 일어난 구교도들에 의한 신교도들의 대학살 사건이다. 두 진영 은 1570년에 생제르맹(Saint-Germain)에서 휴전을 맺고, 두 진영 간의 화해의 상 징으로 신랑으로는 앙리 드 나바르(Henri de Navarre) 공과 신부로는 프랑스 국왕 샤를 9세의 여동생 마르그리트(Marguerite) 왕녀를 내세워 결혼을 추진했다. 당 시 프랑스 권력은 왕의 어머니인 카트린 드 메디시스(Catherine de Médicis)가 권 력을 쥐고 있었다. 결혼을 앞두고 신랑 나바르 공의 부하가 가톨릭교도와 다투 다 찔려 죽는 사건이 발생했다. 태후인 카트린 드 메디시스의 명령으로 1572년

1569년 메르카토르 세계지도의 인문학

8월 24일 한밤에 파리의 모든 가톨릭 교회의 종소리를 시작으로 가톨릭교도들의 무서운 학살이 시작되었다. 이 사건으로 프랑스 전역에서 수만 명의 신교도들이 죽음을 당했다. 마침 이날이 성 바르톨로메오의 날이어서 '성 바르톨로메오의 학살'이라고 부른다. 샤를 9세가 사망하고 앙리 3세가 왕위에 오르면서 상황은 조금씩 달라지기 시작했고, 이후 그 뒤를 이어 나바르 공이 앙리 4세로 왕위에 올랐다. 그는 1592년에 화해를 위해 가톨릭으로 개종하였으며, 1598년에 낭트 칙령(The Edict of Nantes)을 발표함으로써 위그노 전쟁을 종결시켰다.

8. 크리스토퍼 해턴(Christopher Hatton, 1540~1591)은 여왕의 총애를 받아 재산을 일군 가장 대표적인 인물로, 1564년에 왕실 경호대인 연금신사단의 일원이 되었고, 1572년에는 궁정 근위대장에 임명될 정도였다. 1575년에는 기사 작위를 받았고 추밀원 의원으로 발탁되었으며, 1587년에는 대법관에 임명되었다. 그는 엄청난 재산가였음에도 불구하고 노샘프턴 홀덴비(Northampton Holdenby)에 1583년부터 짓기 시작한 초호화 저택 때문에 어려움을 겪기도 했다. 그는 여왕과 더불어 드레이크 세계 일주의 강력한 후원자 중 한 사람이었다. 드레이크는 마젤란 해협을 지나면서 해턴의 문장 속에 있는 금사슴을 기리면서 자신의 배 이름을 'Golden Hind'로 바꾸었을 정도였다. 해턴은 드레이크의 항해로 막대한 수입을 올렸다.

9. "세실이 이끄는 파벌은 주로 진보적 성향을 가진 젠트리 출신의 지식인들로 구성되었고, 종교적으로 프로테스탄트를 신봉하고 케임브리지 대학 출신이라는 학맥으로 뭉쳐 있었다. ……한편, 더들리를 중심으로 한 당파는 대체적으로 오래된 귀족 가문 출신으로 주로 군사적인 업적을 통해 정치적인 세력을 얻고자 노력했던 인물들로 구성되었다. 로버트 더들리를 주축으로 그의 형인 워릭 백작 암브로스, 또 이들의 조카였던 필립 시드니도 이 파벌에 속하였다. 또한 젠트리 출신이었지만 세실의 미온적인 프로테스탄트 옹호 정책에 불만을 품고 퓨리턴으로서 보다 급진적인 개혁을 추구하였던 월싱엄도 이 당파의 일원이었다." (김현란, 2007)

10. 여기서 '유럽 인 최초'란 개빈 멘지스(Gavin Menzies)의 『1421』과 『1434』, 그리고 류강(劉鋼)의 『고지도의 비밀』 등에서 말하는 정화 함대의 세계 일주를 염두에 두고 사용한 것이다.

11. 로아이사(Garcia Jofre de Loaysa: 1490~1526)

12. 코르테스(Hernán Cortés, 1485~1547)

13. 주앙 3세는 필리핀에서 에스파냐의 영유권을 존중해 주는 대신, 에스파냐가 말루쿠에 대한 모든 권리를 포기하는 조건으로 카를 5세에게 35만 두카토를 지불했다. 마젤란이 인솔했던 배 한 척의 400배 이상의 가치를 갖는 금액이었다. 포르투갈의 입장에서 보면 잘못돼도 한참 잘못된 거래였다. 대서양 자오선을 양극에서 뒤편으로 계속 확장하면 말루쿠 제도뿐 아니라 필리핀까지 포르투갈 영역에 속할 테니 말이다. 자오선은 정확하지 않았지만, 그 선이 갖는 의미는 중요했다. 새로운 자오선은 지구 전체에 에둘러 그려진 최초의 공식 경계선이었고 세계를 상대로 제국의 위엄을 과시하는 영유권 선언이었다(채플린, 2013, pp.84~85).

14. 빌라로보스(Ruy López de Villalobos, ca. 1500~1544)

15. 우르다네타(Andrés de Urdaneta, 1498~1568)

16. 레가스피(Miguel López de Legazpi, ca. 1502~1572)

17. 포르투갈의 주앙 3세(1502~1557) 치세는 포르투갈의 최고 전성기였으나, 후사를 남기지 못해 이후 후계 문제로 포르투갈은 혼란에 빠졌다. 1580년 에스파냐의 펠리페 2세는 자신이 주앙 3세의 누이 이사벨라(카를 5세와 결혼)의 아들임을 내세워 포르투갈을 합병했다. 이때 정복군 사령관이 저지 국가의 성상 파괴운동을 진압하려고 펠리페 2세가 파견했던 알바 공작이다.

18. "프로비셔의 첫 번째 항해가 있기 몇 주일 전인 5월 20일, 이 탐험의 재정 담당관이었던 마이클 록은 '설령 북서 항로를 발견하지 못한다고 하더라도 아메리카와의 무역을 여는 계기가 될 것'이라며 이 모험을 위한 회의에서 속내를 드러낸다. 사실 이 시점까지 디가 이 계획에 대해 전혀 몰랐다는 사실은, 모험 귀족과의 연계가 깊은 디를 배제하기 위함으로 볼 수 있다. 따라서 프로비셔의 첫 번째 북서 항로 탐험은 여왕과 모험 귀족들이 후원하는 드레이크의 항해를 견제하면서 아메리카와의 교역을 놓고 경쟁을 벌이는 무스코비 컴퍼니의 독자적 사업으로 판단된다."(Taylor, 1930, p.108)

19. 윌리엄 캠던(William Camden, 1551~1623)은 잉글랜드의 고고학자, 역사가, 지리학자이다. 아브라함 오르텔리우스의 격려하에 1577년부터 잉글랜드와 아일랜드의 지세 및 역사를 조사하기 시작해 1586년 『브리타니아(Britannia)』를 발간했으며, 벌리 경(윌리엄 세실)의 영향으로 엘리자베스 여왕의 1597년까지의 치세를 서술한 역사책 『연대기(Annales)』의 전반부를 1615년에 발간했고, 후반부는 1617년에 완성되었으나 사망한 해인 1625년에 레이던(Leiden)에서, 1627년에 런던에서 발간되었다.

20. 여기 홀(Christopher Hall)은 17세기 북방 항로 개척에 관여했던 홀(James Hall)과는 다른 인물이다.

21. 원 제목을 모두 쓰면, *Genera and Rare Memorials pertayning to the perfect Arte of Navigation*인데, *Pety Navy Royall* 혹은 *The Britisch Monarchy, The Hexameron Brytannicum, The Imperium Brytannicum* 등 다양한 이름으로 불린다.

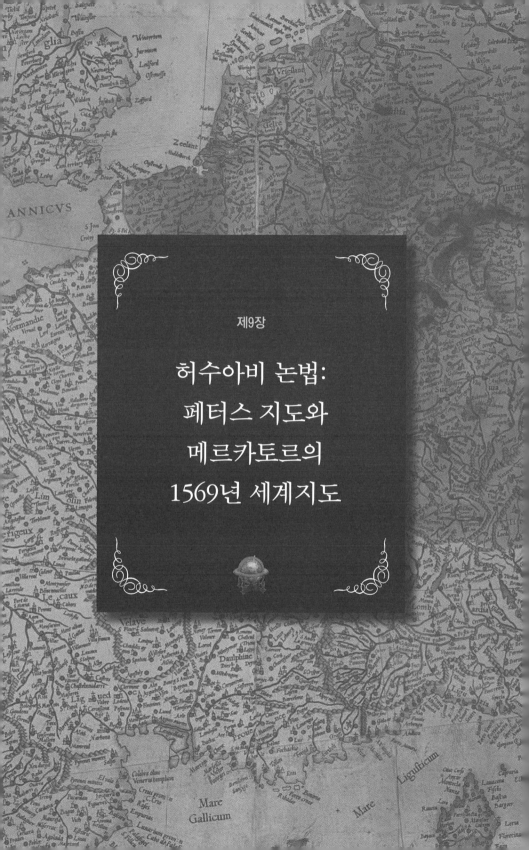

제9장

허수아비 논법:
페터스 지도와
메르카토르의
1569년 세계지도

메르카토르의 1569년 세계지도에 관한 이야기는 이제 16세기 말로부터 20세기 말로 건너뛴다. 그 사이 400년간 이 지도의 영욕에 관해서는 제6장 마지막 절에서 간략히 정리한 것으로 갈음할까 한다. 왜냐하면 이에 관해서는 몬모니어(2006)의 책에 아주 자세히 설명되어 있어 더 이상의 이야기는 사족에 불과하다고 판단하기 때문이다.

이제 메르카토르 세계지도와 관련된 20세기 최고의 지도학적 논쟁[1]에 대해 살펴보자. 지도에 무관심한 일부 매스컴이나 관행적으로 만들어 팔던 교육용 벽걸이 지도에는 지금도 여전히 메르카토르의 1569년 세계지도가 사용되고 있지만, 실제로 20세기 후반에 이르면 이 지도는 더 이상 세인들의 관심에서 멀어졌다. 더욱이 고위도에서의 면적 확대라는 극단적인 약점 때문에 전문가들마저 벽걸이용 지도나 아틀라스의 바탕 지도로 사용하는 것을 자제하라고 경고할 정도였다. 하지만 20세기 말 페터스라는 인물이 등장해 이제 생명이 다한 듯한 이 지도를 마치 부관참시하듯 꺼내 들어 매도함과 동시에 자신의 지도를 대안으로 제시하면서, 역설적으로 메르카토르의 1569년 세계지도가 다시 세인의 주목을 받게 되었다. 다음 글은 페터스 논쟁의 의미를 단적으로 표현한 글인데, 결론부터 이야기하면서 이 장의 이야기를 시작하려 한다.

페터스도, 그의 도법을 둘러싼 논쟁도, 기술적으로나 지적으로나 심각한 오류를 범했고, 그 과정에서 세계를 지도에 옮기는 일과 관련된 중요한 진실이 드러났다. 세계지도는 어느 것이나 불완전하고 태생적으로 선별적이라는 점, 그래서 불가피하게 정치에 희생된다는 점이다. 지도 제작계는 아르노 페터스에도 '불구하고'가 아니라 어느 정도는 페터스 '덕분

1569년 메르카토르 세계지도의 인문학

에' 이 교훈을 여전히 곱씹고 있다(브로턴, 2014).

허수아비 논법(straw man argument)의 사전적 의미를 살펴보면, "논쟁에서 상대방을 공격하기 쉬운 가공의 인물로 또는 상대방의 주장을 약점이 많은 주장으로 슬쩍 바꾸어 놓은 뒤, 그렇게 해서 만들어진 허수아비를 한 방에 날려 버리는 수법이다. 그렇게 하고서는 상대방의 주장이 무너진 것처럼 기정사실화하는 선전을 한다. 예컨대 "어린이를 혼자 길가에 나다니게 하면 안 된다."라는 주장에 대해 "그렇다면 아이를 하루 종일 집 안에 가두어 두란 말이냐?"라고 받아치는 것도 일종의 허수아비 논법이다. 작금의 메르카토르 세계지도는 이전에 비해 해도로서의 기능도, 벽걸이용 지도로서의 기능도, 아틀라스의 배경 지도로서의 기능도 거의 상실한 지도일 뿐이다. 하지만 페터스는 단지 고위도로 갈수록 극도로 확대되는 메르카토르 세계지도의 면적 속성만을 비난하면서, 자신의 지도가 갖는 정적성(正積性)을 통해 자신의 정치적 입장을 내세우려 했다. 따라서 페터스 지도와 그의 주장 방식은 허수아비 논법의 또 다른 사례가 되기에 충분하다.

지도학자이자 역사학자인 아르노 페터스(Arno Peters)는 1916년 5월 22일 태어나 2002년 12월 2일 향년 86세의 나이로 사망했다. 그는 일부 지리학자와 지도학자 사이에서 악명 높은 페터스 도법을 창안하고 지도를 제작한 일로 널리 알려진 인물이다. 하지만 그의 투영법은 1855년 제임스 골(James Gall)■2이 처음 제시했던 정적 도법과 너무나 일치해서 페터스의 독창성이 의심받고 있다. 전문 지도학자들은 우선 골 도법의 존재 자체에 대한 페터스의 무지를 비난했다. 또한 그들은 페터스에 대한 일반인들의 신뢰를 폄하했고 실제 지도 창안자인 골과 연계 지으면서 골-페터스 도법(Gall-Peters projection)이라고 조롱하듯 부르기도 했다. 한편 카이저와 우드(Kaiser and Wood, 2001), 부자코빅(Vujakovic, 2003), 크램프턴(Crampton, 2003)과 같은 이는 페터스 논쟁이 지닌 또 다른 의미에 대해 주목했다. 이들은 지도 표현이 지닌 사회·정치적 의미에 대한 대중적 이해에 주목했으며, 지도를 통해 세상을 보는 새로운 관점이 제시될 수 있다는 측면에서 지도의 정치적 의미에 주목했다. 다시 말해 페터스 논쟁은 정확성이라는 기술적 관점이 아니라 지도의 상대적 가치에 근거해 지도학의 본질에 대한 논쟁을 유발시켰다는 점에서 나름의 의미를 찾을 수 있을 것이다.

이 장에서는 페터스 도법을 둘러싼 논쟁에 대해 살펴보고, 이 논쟁이 지닌 지도학적 함의에 관해 알아보고자 한다. 우선 이 도법의 탄생 과정과 배경, 유행하게 된 이유, 페터스의 『신지도학(The New Cartography)』(1983)의 내용을 비판적으로 분석한 이후, 전문 지도학자들의 대반격, 마지막으로 논쟁의 지도학적 함의에 대해 차례로 살펴보려 한다.

탄생

페터스 도법은 1967년 '헝가리 과학원'의 한 모임에서 처음으로 세상에 소개되었다. 이 투영법은 메르카토르 도법과 마찬가지로 원통 도법에 기반을 둔 것이라 경위선망이 장방형 격자망으로 이루어져 있으며, 정적성을 살리기 위해 경선 간격의 왜곡 정도에 따라 위선 간격을 조절하였다.[3] 또한 이 도법은 투영면인 원통이 지구의에 외접하여 표준선이 하나인 메르카토르 도법과 같은 접선원통 도법이 아니라, 남북위 45°에서 원통이 지구본을 잘라내는 표준선이 2개인 분할접선원통 도법이다. 제작 원리는 골(Gall)의 그것과 같으며, 2개의 표준 위선을 사용하였기 때문에 평균적인 왜곡 정도는 다른 원통 도법에 비해 페터스의 것이 적으나, 형태의 왜곡은 다른 정적 도법과 별반 다르지 않다(그림 9-1).

우선 골 도법과의 유사성은 차치하고 페터스가 자신의 도법에서 추구하는 지정학적 의미란 무엇이었을까? 그것은 다름 아닌 평등성이었다. 모든 세계인과 모든 국가가 평등하게 대접받는 지도가 공평무사한 지도로서 그 정당성을 확보할 수 있다는 것이다. 따라서 페터스 지도가 갖는 정당성은 메르카토르 도법이 갖는 면적 확대의 부당성, 다시 말해 주로 적도 부근에 위치한 제3세계 국가들에 비해 중위도 지방에 위치한 서방 선진국들이 확대·왜곡되고 있다는 사실에서 출발하였다(Peters, 1983; Kaiser, 1987). 페터스가 추구했던 목적이 이루어졌는지는 알 수 없다. 하지만 페터스의 논쟁이 우리에게 시사하는 바도 적지 않다. 이에 대해 브로턴(2014)은 "페터스가 촉발한 '지도전쟁'으로 모든 지도와 투영법은 고의든 아니든 그 시대의 사회와 정치에 영향을 받는다는 인식이 생겼고, 지도 제작자들은 자신의 지도가 이상적 중립성과 과학적 객관성을 실현해 특정 공간을 '정확하게' 표현한 적도, 표현할 수도 없다는 사실을 인정해야 한다."라고 지적했다.

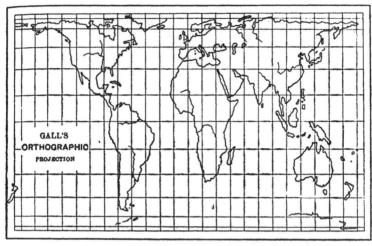

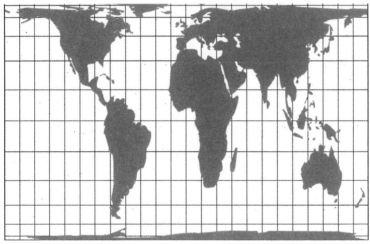

그림 9-1 | 골 도법에 의한 세계지도와 페터스 도법에 의한 세계지도

페터스 도법이 세상에 소개되자마자 즉각적으로 각광을 받았던 것
은 아니었다. 실제로 페터스의 경력을 살펴보면 지도학과는 거리가
멀다. 그는 1945년 베를린에 있는 프리드리히 빌헬름 대학교(Fried-
rich-Wilhelm University)에서 "Film as a Means of Public Leadership"이

1569년 메르카토르 세계지도의 인문학

라는 제목으로 박사 학위를 받았으며, 1958년부터 1964년까지 사회주의 잡지[4]의 저널리스트로 일했다. 1974년에는 '세계사연구소' 개설에 참여했으며, 이듬해인 1975년에 이 연구소의 소장이 되었다. 결국 그의 학문적 배경은 저널리즘, 역사, 미술 등이며, 그는 지도학적 훈련을 어디에서도 받은 적이 없다. 지도학에 훈련이 전무했던 페터스가 어떻게 평등에 기반을 둔 지도에 관심을 갖게 되었는가는 확실하지 않다. 페터스의 생애와 그의 지도학에 대한 연구 결과(Monmonier, 1995; Vujakovic, 2003)에 의하면, 두 가지 사건으로부터 그에 대한 답을 유추할 수 있다. 하나는 페터스의 성장 배경이고, 다른 하나는 '세계사 교과서 사건'이다.

페터스의 부친 브루노 페터스(Bruno Peters)는 사회주의 운동가로 노동조합 운동에 참여한 바 있으며, 전체주의에 동의하지 않았다는 이유로 나치 정권하에서 투옥되기도 했다. 페터스의 어린 시절[5], 그의 집을 방문한 사람 가운데 미국 흑인의 해방에 관해 연구하는 윌리엄 피컨스(William Pickens)라는 학자가 있었다. 그는 흑인 해방에 관한 자신의 저서 *Bursting Bonds*를 페터스의 어머니 루시(Lucy)에게 주고 갔는데, 페터스는 그 책에서 깊은 감명을 받았으며, 모든 세계인을 평등하게 취급해야 한다는 신념, 다시 말해 평등에 관한 세계관이 형성되었다고 한다.

한편 미국 정부는 독일 학교에서 사용할 세계사 교과서를 편찬하기 위해 페터스와 47,000달러로 계약을 맺었다. 그런데 페터스가 공산주의자이며 교과서의 내용이 적색 선전으로 가득 찼다는 이유로 전량 회수되는 사건이 발생했다. 이것이 페터스와 관련된 '세계사 교과서 사건'[6]이다. 하지만 페터스는 이 책을 집필하는 과정에서 세계지도에 관해 흥미를 갖게 되었다고 밝힌 바 있다. 페터스는 당시 지도학에 대한 관심을 자신의 저서 *The New Cartography*(1983)에 나타냈는데, 이들 중 한 구절을 소개하면 다음과 같다.

거만과 외국인 기피증의 원인을 탐구해 보면 볼수록 사람들의 세계관 형성에 결정적인 영향을 준 세계지도로 되돌아간다. 기존의 세계지도는 역사적 상황이나 사건을 객관적으로 나타내는 데 아무런 소용이 없다. 현재의 상황을 세밀히 검토해 본 결과, 근대 지도학의 보다 과학적인 방법에 의해 도달한 결론과는 다른 결론에 도달하게 된다.

페터스와 오랫동안 지인 관계를 유지했던 카이저와 우드(Kaiser and Wood, 2003)에 의하면, 페터스는 1952년 『통시적 세계사(Synchronoptische Weltgeschichte)』를 저술하면서 당시 세계사 교육 과정에 균형과 통합성이 부족하다고 지적했다고 한다. 실제 그가 지적한 사례들을 인용하면 다음과 같다.

- 서구사에 집중되어 있어 나머지 세계에 대해서는 무관심하다.
- 특정 시기, 그것도 최근의 것에 집중되어 있어 이전의 역사적 업적을 무시했다.
- 여전히 '암흑시대'라는 용어를 사용하고 있는데, 당시 유럽 이외의 문명은 전혀 달랐다.
- 왕, 귀족, 전쟁에 관심이 집중되다 보니 문화적 삶이나 대다수의 일반인을 무시했다.

1569년 메르카토르 세계지도의 인문학

따라서 페터스는 기원전 3000년부터 현재까지 매 10년마다, 그리고 매 세기마다 편견 없이 모든 역사적 사건에 공간적 위치를 부여했다. 즉 역사학자임에도 불구하고 그는 지도학자(지리학자)와 같은 공간 인식을 갖고 있었던 것이다. 하지만 이러한 배경이 자신의 지도 제작으로 바로 이어졌을 것으로 판단하는 것은 비약일 수 있다. 그의 아들 중 한 사람인 아리베르트 페터스(Aribert Peters)는 도법에 관한 중요한 논문을 여러 편 발표하였다(Monmonier, 1995). 따라서 페터스는 자신의 성장 및 학문 배경과 아들인 아리베르트의 지도학 연구가 결합되어 페터스 도법을 창안한 것으로 보아야 할 것이다. 실제로 페터스는 1989년 잉글랜드의 지리학자 피터 부자코빅(Peter Vuja-kovic)과의 인터뷰에서도 골 도법에 대해서는 알지 못했다고 스스로 밝힌 바 있었고, 저서 *The New Cartography*에서도 골 도법에 관한 인용이 없었다.

유행

페터스의 세계지도는 1974년 독일에서 처음으로 발간되었고, 1983년에야 비로소 *The New Cartography*를 통해 영어권에 소개되었으며, 현재까지 프랑스 어판, 에스파냐 어판, 이탈리아 어판, 스웨덴 어판, 네덜란드 어판 등이 간행되었다. 평등, 특히 제3세계 국가들에 대한 평등을 주장한 덕분에 국제연합(UN) 기구, 종교 단체, 국제 인권단체 등이 페터스 지도의 열렬한 지지자이며, 학교나 대학에서도 사용되고 있다. 1984년 *Harpers*라는 잡지의 기사에는 'The Real

World'라는 제목하에 반 페이지 분량의 페터스 지도가 실려 있고, 85개 국가에서 800만 부의 새로운 지도가 팔려나갔다는 기사가 함께 실려 있었다. 아래 크램프턴(Crampton, 1994)의 지적은 당시 페터스 지도의 인기를 극적으로 나타내고 있다.

> 단지 배포된 지도의 매수만 놓고 본다면 페터스의 세계지도는 세상에서 가장 잘 알려진 지도일 것이다. 다만 메르카토르 지도를 제외한다면, 어쩌면 로빈슨의 지도도 예외일 수 있다.

이처럼 짧은 기간에 이렇게 폭넓은 지지층을 얻게 된 것은 지도학사에서 하나의 혁명적 사건임에 틀림없다. 하지만 1970년대 들어 페터스의 도법이 비정상적인 경로를 통해 유행하자 전문 지도학자들은 경악을 금치 못하면서, 주로 페터스 자신의 지도학에 대한 무지와 페터스 도법의 한계를 지적하기 시작했다. 전문 지도학자의 관점에서는 비지도학자인 페터스가 자신의 도법을 어떻게 발명했는가가 중요하겠지만, 대부분의 사람들에게는 그다지 중요한 점이 아닐 수 있다. 오히려 그가 자신의 도법을 선전하는 데에 얼마나 진지했으며, 어떻게 성공을 거둘 수 있었는가가 더 중요한 것일 수 있다.

페터스 도법의 성공 비결에는 저널리스트로서 언론을 다루는 방법을 알고 있던 그의 경력도 들 수 있다. 그는 보도 자료를 배포하고 기자 회견을 여는 등 자신을 비난하는 전문 지도학자들이 의존하는 학술 잡지나 학술 발표와는 다른 경로를 이용했다. 실제로 1973년 페터스가 자신의 지도를 알리기 위해 본(Bonn)에서 연 기자 회견장에 무려 350명의 기자들이 참석했을 정도였다. 이 기자 회견장에 참석한『가디언(Guardian)』지의 기자는 "페터스 박사의 과감한 세계지도(Arno Peters'Brave New World)"라는 기사[7]를 게재하기도 했다. 두 번째 비결은 당시 팽배해 있던 메르카토르 도법에 대한 부정적 견해[지도 전반에 걸친 극심한 면적 왜곡 및 선진국(중위도)-후진국(저위도) 간의 상대적인 면적 왜곡]를 적절하게 이용했다는 점이다. 즉 메르카토르 도법이 제국주의 정책을 옹호하며 국가 간, 민족 간 평등주의에 반하는 지도란 점을 강조하면서, 자신의 도법을 정당화하기 위한 희생양으로 메르카토르 도법을 적절하게 활용했다는 점이다.[8] 그 결과 좌파성향의 단체나 종교 단체들로부터 열렬한 지지를 받게 되는데, 세계교회위원회(World Council of Churches), 기독교자선기구(Christian Aid), 국제연합교육과학문화기구(UNESCO), 국제연합아동기금(UNICEF), 옥스팜(Oxfam)[9] 등이 이에 해당된다.

또한 페터스 도법의 홍보에 가장 결정적인 영향을 미친 인물로 1969년부터 1974년까지 서독 수상을 지냈으며 1971년 노벨 평화상을 수상한 빌리 브란트(Willy Brandt)를 들 수 있다. 그는 1977년 네덜란드 정부의 지원으로 발족한 '국제개발문제에 관한 독립위원회(Independent Commission on International Development Issues)'의 위원장직을 맡았는데, 이 위원회의 목적은 국가 간 경제적·사회적 격차에 대한 해결책을 모색하는 것이었다. 문제는 바로 이 위원회의 최초 보고서인 그 유명한 *North-South: A Program for Survival* 표지에 페터스의 도법이 실렸던 것이다(그림 9-2). 그뿐만 아니라 저작권에 대한 설명이 있는 목차 바로 앞 페이지의 상단에 피터스 도법이 지니는 장점에 대해 극찬을 했다. 즉 "브레멘 대학의 아르노 페터스 박사의 지도는 기존

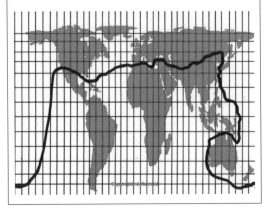

그림 9-2 | *North-South*의 표지
에 게재된 페터스의 세계지도

의 메르카토르 도법과는 달리 유럽 중심의 지리적 그리고 문화적 세
계관에서 벗어나 몇몇 독창적인 속성을 갖추면서 지도학 발전에서
크게 기여했다."라는 것이었다.

〈그림 9-3〉에서 보듯이 이와 같은 예는 우리나라에서도 찾을 수
있다. "서독에서 인기 높은 「피터스」 세계지도"라는 1978년 6월 29
일자 중앙일보 기사에 의하면, "머케터(메르카토르의 영어식 표현) 세계
지도를 식민 지도라 일방적으로 폄하하면서, 종전 지도의 각종 모
순을 제거, 넓이·위치·지축충실도를 비교적 사실대로 도면화하였
기 때문에 날로 좋은 반응을 보이고 있다."라고 보도하고 있다. 이

1569년 메르카토르 세계지도의 인문학

그림 9-3 | 1978년 6월 29일 중앙일보에 게재된 페터스 세계지도에 관한 기사

기사는 간행 시기로 보아 빌리 브란트의 보고서에 영향을 받은 것으로 추론할 수 있다. 실제로 기사의 내용은 페터스 도법의 장점을 부각하는 기존의 주장(면적의 충실성, 지도 중앙에 적도 위치, 경위도에 10진법 적용, 새로운 본초자오선 제시 등)과 일치하며, 기존 지도학계의 주장에 대한 검토 없이 무비판적으로 페터스 도법을 수용했다. 또한 "서독에서는 대륙 간의 크기와 거리가 완벽한 것이기 때문에 시간과 거리감, 그리고 기후대 측정에 안성맞춤이라는 것인 반면, 아프리카와 남아메리카 각국에서는 '이것이 진짜 지도'라면서 주문이 쇄도하는 실정이다."라고 기사를 마무리했다.

1980년대 들어서면서 페터스 도법은 세상에 더욱 알려지는 세 가지 계기를 맞게 되었다. 첫 번째는 미국교회위원회의 적극적인 후

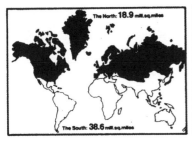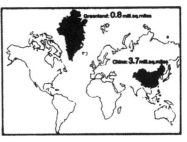

그림 9-4 | 왼편 그림에서 북반구에 비해 남반구가 작게 표현되었고, 오른편에서는 중국이 그린란드보다 작게 표현되었다.

윈 아래 영문판 페터스 세계지도가 제작되었고, 영어와 독일어 2개 국어로 된 페터스의 저서 *The New Cartography*가 간행되었다는 사실이다. 두 번째는 미국교회위원회의 자매지의 발행인인 워드 카이저 (Ward Kaiser)의 적극적인 활동이다. 그는 *USA Today*, *Mother Jones*, *Science 84*와 같은 잡지와의 인터뷰를 통해 메르카토르 도법을 비난하면서 페터스 도법을 적극적으로 홍보했다. 그 결과 *Christian Today*와 같은 유력 신문에서도 메르카토르 도법과 페터스 도법을 비교하면서 페터스 도법의 장점(면적에 대한 신뢰성)이 기사화되기도 했다(그림 9-4). 세 번째로 잉글랜드에서는 1989년에 출판사 롱먼그룹 (Longman Group)에서 *Peters Atlas of the World*를 발간했고, 이 아틀라스는 다음 해 미국에 보급되었는데, 출판사 하퍼 앤드 로(Harper and Row)가 그 역할을 맡았다.

1569년 메르카토르 세계지도의 인문학

페터스의 신지도학

페터스는 자신의 '신지도학' 이전의 세계지도 모두를 비과학적이고 주관적이라고 주장했다. 또한 기존의 세계지도들에는 유럽 중심의 식민제국주의 세계관이 반영되어 있으며, 역으로 그러한 세계지도를 통해 이러한 세계관이 만들어지고 강화된다고 결론지었다. 그는 새로운 과학의 시대에 객관성을 저해하는 기존의 10가지 지도학적 신화에 대해 지적했는데, 이로 인해 새로운 지도학의 출현이 지체되어 왔다고 주장했다(Peters, 1983). 그렇다면 페터스가 주장하는 '신지도학'이란 무엇이며, 그가 주장하는 지도의 과학성과 객관성의 조건에 대해 살펴볼 필요가 있다.

메르카토르 세계지도의 오남용에 대한 지적은 일찍부터 있어 왔으며 현재에도 계속되고 있다. 하지만 메르카토르 세계지도는 여러 가지 단점에도 불구하고 현재까지 가장 널리 쓰이는 지도임이 분명하다. 페터스는 이 점에 착안하여 자신의 '신지도학' 성립의 근거로 메르카토르 세계지도가 유럽 중심적·제국주의적 세계관 형성에 기여한 사실을 비판했다. 마치 모든 지도학적 오류가 메르카토르 도법에서 비롯된 것이며, 그 밖의 모든 지도 역시 메르카토르 세계지도의 아류에 불과하기 때문에 메르카토르 세계지도의 단점을 극복한다면 새로운(페터스 자신의 표현을 빌리자면 가장 객관적이고 가장 평등한) 지도가 가능하다는 논리이다. 어쩌면 그는 부정확한 이야기라도 전문가연하면서 단정적으로 그리고 반복적으로 이야기한다면 대중들은 결국 이를 수용하고 만다는 평범한 진리를 몸으로 알고 있었던 것 같다. 우선 그는 메르카토르 세계지도의 가장 큰 특징이라고 일

컨는 '정각성의 신화(myth of fidelity of angle)'에 주목하면서(Peters 1983, pp.68~73), 그 정각성에 대해 다음과 같은 반론을 제시했다.

첫째, 지구의에서 임의의 3점 가운데 한 점에서 나머지 두 점을 이은 두 대권이 교차하는 각도는 메르카토르 세계지도에서의 그것과 일치하지 않는다. 대권이 직선으로 표현되는 지도는 심사 도법뿐이며, 그렇다고 심사 도법을 어느 누구도 '정각성'을 지닌 지도라고 생각하지 않는다. 따라서 항정선과 정방위선이 일치하지 않는 것 그 자체가 바로 '정각성'이 없다는 것을 증명한다는 주장이다.

둘째, '정각성'이라는 지도학적 속성을 격자망의 특성으로 논의 수준을 격하시켜 생각하더라도 격자망이 교차하는 각도가 지구의의 그것과 같다면 정적성이 확보될 수 있다는 생각은 잘못된 것이라고 보았다. 이는 메르카토르 세계지도만의 속성이 아니라 거의 모든 지도의 속성에 해당되며, 격자망의 특성으로 지도학적 속성을 대신할 수는 없다고 주장했다.

셋째, 만약 지구의에서 교차하는 두 대권의 각을, 교차점을 중심으로 각 대권에 속한 모든 지점 간의 각이 아니라 교차점에서 두 대권에 접하는 접선이 이루는 각으로 정의하면서, 이것이 지구의의 그것과 같다면 '정각성'이 성립된다는 설명은 수용될 수 없다고 보았다. 즉 지도의 속성을 지도 전체가 아니라 특정 지점에서의 속성으로 보아야 한다는 주장은 불가하다는 것이다. 이 점은 그의 '티소 지수의 신화(myth of Tissot's indicatrix)'에서의 논의와 일맥상통한다.

결국 페터스는 이러한 논의를 통해, 메르카토르 세계지도의 이른바 '정각성'이라는 속성은 일반도로서 세계지도가 지녀야 할 유용성이라는 측면에서 보면 단지 항해 시대에 요구되던 '항해 적합성(fidelity of navigation)'에 불과하며, 실제로 '정각성'이라는 지도적 속성은 결코 이루어질 수 없는 것으로 간주했다. 이와 더불어 '정거성', '정형성' 역시 3차원의 지구의를 2차원의 지도에 표현할 때 필연적으로 사라지는 속성이며, 이러한 허구의 속성이 존재한다는 기존 지도학의 잘못된 가정이 그 후 계속된 지도학적 오해와 실수의 근원이라고 주장했다. 이와 유사한 신화로 '양립 불가능성의 신화(myth of incompatibility)'와 '임의, 절충 지도의 신화(myth of the arbitrary or compromise map)'가 있는데, 이 모두가 메르카토르 지도가 지니는 '정각성'을 인정한다는 점에서 '정각성의 신화'와 대동소이하다고 그는 주장했다.

기존의 지도들은 모두 이러한 신화를 바탕으로 소통되고 있는데, 이러한 신화들에서 비롯된 결과가 바로 유럽 중심의 제국주의적 지구관이라는 것이 페터스의 주장이다. 다시 말해 기존의 지도학계에서는 '정각성'을 '정적성'에 대비되는 중요한 개념으로 받아들이고, 이를 충족시키기 위해서는 극 쪽으로 갈수록 위선의 간격이 넓어져야 하며, 그 결과 고위도로 갈수록 면적이 확대되는 현상을 당연하게 받아들이고 있다고 페터스는 비판했다. 또한 메르카토르 세계지도에서는 극지방을 표현할 수 없으며, 메르카토르 세계지도의 탄생 당시 미개척(미확인) 지역인 남극을 제외하면 적도는 지도의 하단 1/3 지점에 위치하여 북반구의 중위도 지방이 지도의 중심에 놓이게 된다는 점도 지적했다.■10 결국 제3세계에 해당되는 적도 지역은 실제 지도의 중심에 놓이지 않게 되고, 지도의 중앙으로 적도 지역에 비해 지나치게 면적이 확대된 유럽 중심의 중위도 지역이 수평적으로 놓이게 된다는 사실을 지적했다.

한편 메르카토르 도법 이후 대부분의 세계지도(시누소이달 도법, 몰바이데 도법, 구드 도법 등등)는 비록 '정적성'을 확보하고 있지만, 이들 지도에서 볼 수 있는 원형의 격자망은 TO 지도와 같은 중세 기독교 세계관을 답습하고 있다고 지적했다. 또한 지도의 중앙에 놓인 유럽에 비해 주변으로 갈수록 다른 대륙들이 왜곡되어 있다는 점에서 또 다른 유형의 유럽 중심 세계관을 반영하고 있다고 페터스는 주장했다. 그 밖에 기존 지도학의 신화로 '도법 교육의 신화(myth of the teaching of projection)', '티소 지수의 신화(myth of Tissot's indicatrix)', '축척의 신화(myth of the scale)', '적도 중심의 신화(myth of equatorial orientation)', '원형 격자망의 신화(myth of rounded grid system)', '그리니치의 신화(myth of Greenwich)', '주제도의 신화(myth of thematic cartography)'가 있다고 페터스는 지적했다. 이들 역시 유럽 중심의 세계관이 지배하는 비과학적이고도 불평등한 지도의 대명사인 메르카토르 세계지도가 지속적으로 사용되어 온 배경이라고 주장했다.

그렇다면 페터스는 어떠한 속성을 세계지도가 갖추어야 하는 기본적인 속성으로 제시했을까? 우선 그는 지도학이 과학으로 인정받기 위해서는 다음 세 가지 조건(법칙)을 갖추어야 한다고 주장했다. 즉 정확성(exactitude), 체계성(system), 객관성(objectivity)이 그것이다. 또한 3차원의 지구를 2차원으로 지도 위에 표현할 경우 '정각성', '정형성', '정거성'은 사라지지만, 그래도 보유할 수 있는 10가지 속성을 결정적인 수학적 속성 5개와 실용적 측면에서의 미적인 속성 5개

1569년 메르카토르 세계지도의 인문학

로 나누어 제시했다. 그중에서도 페터스는 '정적성'을 가장 중요한 속성으로 지적했다. 만일 '정적성'이 확보되지 못한다면 지구 표면의 상대적 형태가 왜곡되므로 정확성의 법칙에 위배되고, 지표면의 여러 부분들이 다양한 축척으로 표현되어 비교가 불가능해 체계성의 법칙에 위배되며, 마지막으로 우리 시대가 요구하는 지구상의 모든 국가들을 공평하게 표현하지 못하므로 객관성에 위배된다고 주장했다. 실제로 페터스 지도의 장점을 부각시키는 대부분의 글에서는 〈그림 9-4〉와 유사한 그림을 제시하면서 메르카토르 도법의 엄청난 면적 왜곡을 강조하고 있다.

페터스가 제시하는 가장 중요한 지도 속성인 정적성과 더불어 나머지 9개의 속성을 간략하게 정리한 것이 〈표 9-1〉이다. 이러한 기준을 근거로 페터스는 Mercator(1569), Bonne(1752), Hammer(1892), v. d. Grinten(1904), Winkel(1913), Goode(1923), Briesemeister(1948), Peters(1974) 각각이 만든 세계지도를 비교하였다(표 9-2). 그 결과 자신의 도법이 다른 도법에 비해 탁월한 것으로 판명되었다고 주장했다(Peters, 1983). 그러나 그가 제시한 기준 중 2, 3, 5, 8, 9는 장방형 도법인 경우 거의 해소될 수 있는 기준이며, 1, 4, 6의 경우 정적성을 갖춘 도법이라면 모두 만족할 수 있는 기준에 불과하다. 한편 7번 기준인 '완전성'은 심사 도법이나 메르카토르 도법과 같이 특별한 지도학적 속성을 만족시키기 위해서는 포기할 수밖에 없는 기준이다. 마지막으로 적응성은 매우 모호한 주관적 기준으로 그 스스로도 이를 인정했다.

무언가 복잡한 이야기 같지만 페터스의 주장을 한마디로 요약하면, 자신의 지도는 객관적이라는 것이다. 즉 자신의 지도가 나오기

표 9-1 | 페터스가 제시한 세계지도를 평가하는 10가지 기본적인 속성

세계지도에 요구되는 속성		설명
수학적 속성	1. 정적성 (fidelity of area)	지구의에서 두 지역의 면적 비율이 지도에서도 동일하게 나타나는 지도.
	2. 축의 신뢰성 (fidelity of axis)	한 지점에서 북쪽에 위치하는 모든 사상들이 지도에서 수직 위에 위치하며, 남쪽에 위치하는 것은 모두 수직 아래에 위치하는 지도. 그 결과 모든 자오선은 수직선이 된다.
	3. 위치의 신뢰성 (fidelity of position)	지구의에서 적도로부터 동일한 거리에 있는 사상들 모두가 지도에서 적도로부터 같은 거리에 위치하는 지도. 결국 위선은 적도와 평행한 수평선이 된다.
	4. 축척의 신뢰성 (fidelity of scale)	거리에 대한 축척의 신뢰성은 단지 일부 지도나 특정 지점에서만 실현된다. 따라서 면적의 신뢰성은 축척 신뢰성의 기본 요건이 된다.
	5. 비례성 (proportionality)	경선을 따라 지도 최상단의 왜곡 정도가 지도 최하단의 왜곡 정도와 일치하는 지도.
미적인 속성	6. 일반성 (universality)	지구 전체뿐만 아니라 일부 지역에 대해서도 격자망을 구성할 수 있는 지도. 이 속성이 갖추어진다면 하나의 도법으로 다양한 지도학적 요구에 응할 수 있다.
	7. 완전성(totality)	지구 전체 표면을 한 장의 지도에 담을 수 있는 지도. 메르카토르 세계지도의 한계로 지적된다.
	8. 호완성 (supplementability)	예를 들어 지도의 왼쪽 일부분을 잘라내 오른쪽에 붙여도 형태의 왜곡이 없는 지도. 지구의 어느 부분을 중심 지역으로 해도 형태의 왜곡이 없다.
	9. 명료성(clarity)	특정 국가, 대륙, 해양이 극단적으로 일그러지지 않는 지도.
	10. 적응성 (adaptability)	지도 내용에 대한 전문가적 요구에 대응할 수 있는 도법의 융통성, 예를 들어 특별한 지역의 왜곡을 줄이기 위해 표준위선의 이동이 가능한 지도.

전의 모든 지도, 특히 정적 지도는 정적성을 확보하기 위해 메르카토르 세계지도가 지닌 장점마저 포기해 버렸다는 것이다. 자신의 도법과 같은 장방형 지도들이 가지는 '축의 신뢰성', '위치의 신뢰성', '호완성', '명료성'을 포기하다 보니, 이 지도들은 메르카토르 지도마

저 대체할 수 없었다는 것이다. 결국 페터스는 고위도 면적 확대와 유럽 중심주의라는 메르카토르의 최대 약점을 극복한 자신의 지도만이 과학의 시대에 요구되는 객관성을 확보한 지도라고 주장했다. 특히 유럽 중심주의를 극복하는 것이야말로 세계지도를 통해 평등과 객관성이 확보될 수 있을 것이라는 그의 주장은 다음과 같은 글에서도 확인된다(Peters, 1983, p.149).

철학자, 천문학자, 역사학자, 주교, 수학자 모두는 기존의 지도학자들보다 먼저 세계지도를 그렸다. 지도학자들은 '발견의 시대'에 등장했는데, 이 시대는 유럽의 정복과 약탈의 시대로 발전했으며, 그들이 지도 제작의 과업을 떠맡았다. 그들은 자신들 직업의 권위에 의해 그 직업의 발달을 방해했다. 메르카토르는 400년도 더 이전에 유럽의 세계 지배를 위해 자신의 세계지도를 만들었기 때문에, 지도학자들은 그 지도가 여러 가지 사건들로 구식이 되어 버렸는데도 그 지도에 매달리고 있다. 그들은 외양만 적당히 수정해 계속해서 그 지도의 생명을 유지하려 하고 있다. ……원시인들의 주관적 세계관의 마지막 흔적인 유럽 중심의 세계관은 객관적 세계관에 그 자리를 양보해야 한다. 지도 전문가들이 유럽 중심의 세계관에 근거한 낡은 교훈을 유지하는 바람에 지구상 모든 인류의 동등함을 입증할 수 있는 인류평등주의적 세계지도를 개발할 수 없었다.

표 9-2 | 페터스의 기준에 따라 Mercator(1569), Bonne(1752), Hammer(1892), v. d. Grinten(1904), Winkel(1913), Goode (1923), Briesemeister(1948), Peters(1974) 등 8가지 세계지도에 대한 평가

기준 \ 도법	Mercator (1569)	Bonne (1752)	Hammer (1892)	v. d. Grinten (1904)	Winkel (1913)	Goode (1923)	Briese— meister (1948)	Peters (1974)
정적성	×	○	○	×	×	○	○	○
축의 신뢰성	○	×	×	×	×	×	×	○
위치의 신뢰성	○	×	×	×	×	×	×	○
축척의 신뢰성	×	○	○	×	×	○	○	○
비례성	×	×	×	×	×	×	×	○
일반성	×	×	×	×	×	×	×	○
완전성	×	○	○	○	○	○	○	○
호완성	○	×	×	×	×	×	×	○
명료성	○	×	○	○	○	○	×	○
적응성	×	×	×	×	×	×	×	○
평점	4	3	4	2	2	4	3	10

자료: Peters 1983, p.114 표에서 일부 수정

기존 지도학계의 반격

앞 장에서 살펴본 바와 같이 페터스는 자신의 저서 *The New Cartography*에서 이상적인 세계지도에 대한 10가지 기준을 제시했다. 실제로 몇몇 개념과 기준을 제외하고는 모호하기 짝이 없는 것들이며, 현실적으로 이들 기준 모두를 만족시킬 수 있는 세계지도는 모든 세계지도이거나 어쩌면 그 자신의 지도뿐일 수도 있다. 하지만 페터스는 이들 기준으로 기존의 세계지도를 평가하면서 자신의 것이 가장 우수한 것이라고 주장했다.

페터스의 지도가 세상에 나오자 그것에 대해 즉각적으로 반응한 지도학자는 잉글랜드의 도법 전문가 데릭 메일링(Derek Maling)이었

다. 메일링(Maling, 1974)은 *Geographic Journal*이나 *Geographical Magazine*과 같은 전문 학술서에 페터스의 회견문에 대한 반박 글을 게시했다. 여기서 그는 "세계 정치 지도의 바탕으로서 메르카토르 도법의 가치를 부정하는 유서 깊은 행위에 근거한 궤변과 지도학적 사기극의 전형적인 예", "만 10년이 걸린 경이적인 업적이 조잡한 초보산수의 도움으로 10분 만에 완성될 수도 있구나" 등 원색적인 비난을 퍼부었다. 이러한 조롱에도 불구하고 페터스 지도의 인기는 날이 갈수록 높아져만 갔다. 이에 당황한 지도학계는 다양한 수단을 통해 반격하기 시작했다. 독일지도학회(German Cartographical Society)는 페터스의 지도와 그의 지도학에 대해 공식적인 반응을 보였다(1985). 다음은 독일지도학회가 페터스의 주장을 비난하는 글의 서두이다.

지도학적 문제에 관한 진실성과 순수 과학적 논의를 위해 그리고 역사학자 아르노 페터스 박사의 계속되는 논쟁적 선전 때문에, 독일지도학회는 다음과 같이 소위 페터스 도법에 관한 최초의 그리고 비판적인 의견을 제시해야만 한다고 인식하게 되었다.

이와 함께 독일지도학회는 페터스의 기준들은 제멋대로 만든 것일 뿐만 아니라, 수학적 지도학의 기존 연구 결과에 배치되고 페터스의 객관성에 의문을 갖는다고 주장했다. 주로 페터스 도법과 그의 기준이 갖는 비과학성에 초점을 맞추었으며, 자신의 도법으로 지도학이 안고 있는 모든 문제를 해결할 수 있을 것이라는 페터스의 주장은 시대착오적 발상이라고 일축했다. 결론적으로 "페터스의 도법은 왜곡된 세계관을 전할 뿐만 아니라 결코 현대적 지도가 아니며 우리 시대의 다양한 지구적·경제적·정치적 관계를 전혀 전달할 수 없다."라고 밝혔다.

한편 유명한 지도학자인 로빈슨(Robinson, 1985)은 페터스의 도법에 관해 다음과 같이 지적하면서, 투영법 개발이란 전문가 고유의 영역임을 강조했다.

투영법은 여러 가지 이유로 매력적인 분야이지만, 그 주제에 전혀 지식이 없는 페터스 박사와 같은 사람이 정기적으로 새롭고 경이적인 무언가를 계속해서 고안하기 때문인 것은 아니다. 이러한 '발견들'의 일부는 곧 잊혀지는데, 왜냐하면 개발자가 투영법에 관해 인정받는 지도학자와 함께 자신의 아이디어를 점검해 보려는 훌륭한 생각을 가졌기 때문이다.

이어서 로빈슨은 〈그림 9-5〉와 같은 그림과 함께 "페터스 도법에서 육지들은 북극권에 널려 있는 축 처진 누더기 모양의 기다란 겨울 내의를 연상시킨다."라면서 페터스의 지도를 혹평했다.

이러한 비난에 덧붙여 페터스 도법에 대해 가장 강하게 비난했던 지도학자인 몬모니어(Monmonier, 1995)는 아틀라스나 교과서용으로 전문 지도학자들이 만든 대부분의 지도는 대륙의 형태를 보다 정확하게 표현하는 데 주력하고 있으며, 람베르트 정적 도법(1772) 이래 개발된 수많은 정적 도법은 페터스의 도법에 비해 대륙의 형태가 훨씬 정확하다고 지적했다. 또한 페터스의 지도는 주기적으로 신문 편집자나 기자들로부터 환영을 받고는 있지만, 단지 엉터리 지도에 지나지 않는다고 주장했다.

1569년 메르카토르 세계지도의 인문학

그림 9-5 | 페터스 지도에 대한 로빈슨의 비난을 재해석하여 제시한 부자코빅의 그림

몬모니어(1998)는 저서 『지도와 거짓말』에서 많은 지면을 할애하며 지도가 정치적 선전의 도구로 이용되는 예로 페터스 도법을 들었다. 그는 페터스 도법의 성공 원인을 몇 가지로 요약했다. 첫째는 페터스가 대중과 미디어를 어떻게 이용하는가를 알고 있었다는 점이고, 둘째는 메르카토르 도법이 지니고 있는 약점을 과대 선전하면서 메르카토르 도법을 희생양으로 활용했다는 점이며, 셋째는 평등에 기반한 제3세계 국가에 대한 호의는 종교 단체와 국제 개발 기구로부터 호평을 받을 수 있다는 점을 이용한 것이고, 넷째는 저널리스트들은 대개 약자를 옹호하고 흥미 있는 싸움은 말리지 않는다는 점을 최대한 활용했다는 점이며, 마지막으로 제3세계 문제에 민감한 유네스코(UNESCO)와 다른 기구들이 '인간에 관한 지도는 면적을 정확

하게 나타내야 한다'는 페터스의 의심스러운 가정을 무비판적으로 수용했다는 점이다. 도법에 관한 최고의 전문가인 미국지질조사소 (USGS)의 존 스나이더(John Snyder) 박사는 정적 도법이 최상의 지도 가 아니라는 동료들의 주장을 지지하면서 또 다른 정적 도법인 '모래 시계 도법'을 제안했다(그림 9-6). 그는 이 도법에서 정적성을 확보하고 있다 하더라도 형태의 왜곡이 극심하다면 지도로서 가치가 극감한다는 점을 극적으로 표현했다.

하지만 전문 지도학자들의 대응은 큰 성과가 없었다. 페터스 지도의 인기는 시들 줄 몰랐고, "페터스 도법을 사용하는 것 자체가 바로 하나의 선언이다."라고 인식할 정도로 페터스 지지자들의 체계적인 선전전에 기존 지도학계는 속수무책이었다. 어쩌면 페터스가 의도했던 지도의 정치적 함의를 기존의 지도학자들이 제대로 읽지 못한 데에 그 원인이 있었던 것은 아닐까? 브로턴(2014)의 지적은 이러한 점에서 시사하는 바가 크다.

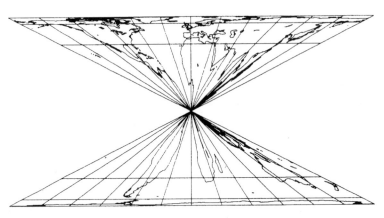

그림 9-6 | 존 스나이더가 우스개로 만든 모래시계 정적 도법으로, 면적은 충실하나 형태는 극단적으로 왜곡되어 있다.

지리학자 중에서 세계 불평등을 이처럼 복잡하고 심오한 차원에서 이해할 사람은 거의 없었지만, 페터스는 달랐다. 독일민주공화국(동독)에서 나치즘과 스탈린주의 정권의 부당성을 모두 경험한 그는 불평등을 거창하게 설명하고 평등을 선으로 제안할 적임자였다. 이때 지리학으로 불평등을 다루고 더 나아가 지도의 불평등에 반대한다는 뜻을 표시할 수 있었다(p.559).

페터스 논쟁의 지도학적 함의

이제 페터스 도법을 둘러싼 논쟁의 지도학적 의미를 되새길 차례이다. 페터스는 지도학자가 아니고 그가 발명했다는 페터스 도법 역시 기존의 골 도법과 유사한 것에 지나지 않으며, 저널리스트, 인권 단체, 국제기구, 종교 단체들의 무지로 페터스 도법이 과대 포장되었다는 것이 전문 지도학자들의 주장이다. 다시 말해 전문 지도학자들의 반응은 기존의 지도학적 업적에 대한 정당한 평가 없이 수백 가지에 이르는 도법 가운데 하나에 불과한 페터스 도법이 지나치게 과대 평가를 받는 데 대한 반작용으로 볼 수 있다. 그 결과 그들은 페터스와 페터스 도법을 폄하하고 과학성과 객관성을 근거로 페터스 도법이 지닌 또 다른 측면(지도의 사회·정치적 측면)을 무시하려 들었다.

페터스 도법에 대한 저명한 지도학자들의 병적인 반응이나 페터스 지도에서 볼 수 있는 지도 왜곡에 대한 서구 지도학자들의 우월감은, 객관성과 합리성을 기반으로 한 자신들의 '블랙박스'는 보호

되어야 하고 사회적 원류나 함의는 제외되어도 괜찮다는 생각에 따른 것으로 볼 수 있다. 하지만 예외가 있으니 그것은 브라이언 할리(Brian Harley)였다. 할리(Harley, 1989)는 "Deconstructing the Map"이라는 유명한 글에서 "지도는 대단히 중요해서 지도 제작자들에게만 맡겨 놓을 수 없다."라고 주장했다. 이는 지도란 투명하고 객관적인 실체라는 계몽주의적 믿음을 부정해야 하고, 과학적 지도라 할지라도 그것은 기하학과 합리성의 산물일 뿐만 아니라 사회 규범과 가치의 산물이며, 지도학을 구조화한 사회적 힘을 찾아 그 힘의 존재와 그것의 영향을 모든 지도학 지식에 접목시켜야 한다는 의미로 해석할 수 있다. 다시 말해 해체주의적 시각에서 지도를 바라보아야 한다는 것이다.

한편 할리(Harley, 1991)의 또 다른 글 "Can There Be a Cartographic Ethics?"에서 페터스가 지향하는 정치적 의도와 이에 대응하는 전문 지도학자들 사이에 이른바 코드가 완전히 다름을 지적하고 있어 흥미를 끈다.

윤리에는 정직이 따라야 한다. 페터스 논쟁에서 진짜 문제는 권력이다. 페터스가 내놓은 의제는 두말할 것 없이, 그가 역사적으로 지도 제작에서 차별을 받았다고 생각하는 국가에 권력을 이양하는 문제이다. 그러나 지도 제작자는 그들대로 자신의 권력과 자신이 주장하는 진리가 위태로운 상황에 놓였다고 생각한다. 이들은 세계를 표현하는 기존 방법을 지키려고 똘똘 뭉친다.

결국 페터스는 유럽 중심주의를 상징하는 메르카토르 도법을 하나의 허수아비로 간주하고 이를 베어 넘기면서 세계 인민과 모든 국가의 평등이라는 자신의 정치적 지향점을 추구했던 것이다. 하지만 지도 제작자들은 페터스의 지도학을 자신들만의 세계라고 여기고 있던 학문적 질서에 대한 도전으로 바라보면서 전전긍긍했던 것인지 모르겠다. 어쩌면 서로 코드가 달라도 한참은 달랐다.

페터스 사후 잉글랜드에서 발간되는 지도학 잡지인 *The Cartographic Journal*의 제40권 1호(2003년)에는 Observation Paper의 형식으로 그의 지도, 인간됨, 메시지에 관한 여러 편의 단보가 실려 있다. 이 글들의 논지는, 페터스 지도의 가치는 그 지도의 속성에서 비롯되는 것이 아니라 공간 표현의 정치학을 지도학에 도입했다는 점과 세상을 보는 또 다른 방법의 가능성을 대중에게 선보였다는 점이다. 하지만 페터스와 그의 추종자들이 주장하는 것처럼 과연 메르카토르 도법이 유럽 중심의 제국주의적 세계관을 형성하는 데 얼마만큼 기여했는가는 대중들이 알 수 없다. 또한 페터스 도법이 유일한 정적 도법이라는 주장에 무한정 신뢰를 보내는 일반 대중 역시 과연 이 지도를 통해 평등의 원리에 입각한 세계관을 얼마나 갖게 되었는가도 알 수 없다.

　페터스 논쟁에서 주목해야 할 사항은 이 논쟁이 가지는 의미와 그것이 지도학의 발전에 미치는 영향일 것이다. 페터스 도법의 열렬한 지지자인 부자코빅(Vujakovic, 2003)의 지적처럼, "당신이 페터스의 아이디어에 찬성을 하든지 안 하든지 간에, 지도학이 페터스 논쟁을 통해 지도의 중요성에 대한 대중적 이해라는 측면에서 논쟁의 중심 무대에 올려진 것만은 의심의 여지가 없다." 그렇다면 페터스 도법과 그의 지도학에 대해 극도로 비난하던 기존의 전문 지도학자들은 이를 통해 무엇을 얻었을까? 이 점에서 스나이더(Snyder, 1988)의 지적은 의미하는 바가 크다.

전문 지도학자들은 수십 년 동안 메르카토르 도법의 오용에 대해 넋 놓고 있었던 반면, 대부분의 지도학자들이 꿈꾸어 왔던 바로 그 일을 성취한(메르카토르 지도의 부적절함과 그의 대한 대안 제시라는 면에서) 이가 바로 페터스이다. 만약 전문 지도학자들이 페터스의 도법이 제대로 된 대안이라 여기지 않는다면, 적어도 페터스 도법은 그들더러 더 나은 것을 만들라는 제안일 수 있다. 만약 그들이 이번 논쟁에서 마련된 무대를 이용하지 않는다면, 그것은 기권자는 정권을 잡은 자에게 동의하는 것과 마찬가지로 페터스 도법에 동의하는 꼴이 된다.

하지만 스나이더의 지적처럼 결국 이 논쟁은 의미 있는 생산적인 논쟁으로 이어지지 않고 두 진영의 감정의 골만 깊어졌다. 왜냐하면 양 진영 모두 수사적인 논쟁을 통해, 상대방이 주관적 그리고 내재적인 분열주의적 성향을 갖고 있음을 비난하고 자신의 과학적 그리고 객관적인 속성만을 강조하는 데 머물렀기 때문이다. 하지만 페터스의 지도는 20세기 후반 가장 영향력 있는 지도였으며, 무지의 소산이든 언론 때문이든 아니면 권력 때문이든, 지도학이 논쟁의 무대에 서서 대중의 관심을 끌었고 기존 지도학계에 충격을 준 것만은 사실이다. 기존 지도학계의 입장에서 페터스 도법은 분명 이단임에 틀림없다. 어쩌면 기존 학계는 마녀사냥하듯이 페터스 도법의 비과학성을 매도했으나, 페터스 세계지도는 보란 듯이 1970년대와 1980

년대를 풍미하면서 지도가 지니고 있는 사회·정치적 의미와 상징성에 대한 숙제를 기존 학계에 던졌던 것이다.

어쩌면 제리 브로턴(2014)의 지적처럼, 지도 제작에 관한 서양의 지적 문화에서 눈에 띄는 그 어떤 변화를 페터스가 포착했던 것은 아닐까? 다시 말해 모든 세계지도는 영토를 묘사할 때 불가피하게 선택적이고 불완전하며, 그러한 묘사는 언제나 개인의 편견과 정치적 술수에 영향을 받게 마련이라는 사실. 하지만 페터스의 논쟁에서 간과해서는 안 되는 것은 메르카토르 지도는 유럽 중심 시대에 제작된 유럽 중심의 지도였다는 테일러(2007)의 지적이다. 분명 페터스의 지도는 새로운 지도가 아니며, 그가 주장하는 10가지 신지도학 기준 역시 정적성과 장방형 경위선망을 만족할 경우 대부분 충족시킬 수 있는 것이고, 나머지 역시 모호하고 주관적인 기준임에 틀림없다. 그러나 페터스는 메르카토르 도법이 지닌 약점을 집요하게 과대 선전하면서 자신의 지도가 지닌 평등성을 메르카토르 지도의 유럽 중심 식민제국성과 극적으로 대비시켰다. 단지 선전에 탁월한 페터스의 개인적 능력이나 당시의 시대적 분위만으로 페터스 도법의 대유행을 설명할 수 없다. 어쩌면 페터스는 지도가 지니는 상징성을 훌륭하게 간파하여 이를 통해 자신의 세계관을 전파하려고 노력했던 용의주도함에서 이 논쟁의 의미를 찾을 수 있을지 모른다.

이제 마지막으로 부자코빅(Vujakovic, 2003)의 글을 제시하면서 이 논쟁이 가지는 지도학적 의미와 이와는 무관하게 지도와 지도 제작, 지도학의 사회·정치적 의미에 대해서도 다시 숙고하는 기회가 되길 희망한다.

슬프게도, 아니 오히려 늦은 감은 있지만, 이제 지도학자들은 지도화의 사회·정치적 의미에 대한 논쟁을 대중적 관심사로 돌려 놓았다는 점에서 페터스에게 신세 진 것을 인정해야만 한다. 즉 우리들은 그가 자신의 지도를 통해 지도학에 기여했다는 그의 주장을 아직까지 받아들이지 않고 있다. 그러나 우리들이 이 기회를 창조적으로 이용하길 거부한다면 도리어 지도학을 학대하는 꼴이 되고 말 것이다.

1. 몬모니어(2006)는 이 지도학적 논쟁을 지도전쟁(map wars)이라고 명명하면서, 자신의 저서 제목으로 채택하였다. *Rhumb Lines abd Map Wars: A Social History of the Mercator Projection*

2. 제임스 골(James Gall, 1808~1895) 역시 페터스와 마찬가지로 지도학자는 아니었다. 그는 스코틀랜드의 복음주의 목사로, 빅토리아 시대의 전형적인 신사이자 학자였다. 신앙심이 깊고 대단히 박식했으며, 사회 복지에 관심이 많은 약간 별난 기질의 소유자였다. 그는 자신이 새로 만든 지도를 '골 정사 도법(Gall's Orthographic Projection)이라는 이름으로 1855년 잉글랜드과학진흥협회에 제출했다. 골은 이외에도 몇 가지 도법을 제안하기도 했다.

3. 메르카토르는 정각성을 위해 고위도록 갈수록 위선 간격을 넓혀야 했지만, 페터스는 정적성을 위해 고위도로 갈수록 위선 간격을 좁혀야 했다.

4. 독일 사회당 기관지 『페리오디쿰(Periodikum)』

5. 브로턴(2014)은 특별한 논거를 제시하지는 않았지만 페터스와 메르카토르의 공통점을 이야기하며 자신의 논의를 이끌어 나갔다. 이를 소개하면 다음과 같다. "페터스가 메르카토르 도법에 반감을 보였고 두 사람 사이에는 역사적 간극이 있지만, 페터스의 삶을 보면 비록 그는 인정하고 싶지 않겠지만 그와 메르카토르 사이에는 공통점이 많다. 페터스도 메르카토르와 마찬가지로 정치적, 군사적 충돌의 시기에 라인 강 동쪽 독일어권 땅에서 태어났다. 1920년대의 바이마르 공화국과 1930년대의 나치 독일에서 자라고, 서독과 동독이 정치적으로 나뉜 제2차 세계대전 이후의 상황에서 사회를 경험한 페터스는 지리학이 국가와 민족을 나누는 데 어떻게 사용되는지를 누구보다 잘 알았다."(브로턴, 2014, p.543)

6. 이 책은 1952년에 『통시적 세계사(Synchronoptische Weltgeschichte)』라는 제목으로 발간되었다. 일부 독일 신문에서는 이 교과서에 대해 세계사를 통시적으로 보려는 훌륭한 시도였지만 성공을 거두지 못했다고 우호적으로 평가하기도 했다. 하지만 실제 자금을 댄 미국의 입장은 달랐다. 우익 성향의 잡지인 *The Freeman*은 같은 해 12월자 기사에서 "책의 저자들이 공산주의자들이며, 책 자체는 친공산주의, 반민주주의, 반가톨릭, 반유대주의"라며 맹비난을 퍼부었다.

7. 이 기사는 1973년 6월 5일자 기사로 "새 지도와 수학적 투영법은 이제까지 나온 세계지도 투영법 가운데 가장 정직한 투영법"이라고 소개하였다.

8. 어떤 경로를 통해 자료가 입수되었는지 알 수 없으나, 1973년 5월 16일자 경향신문에는 그날의 기자 회견을 소개하면서 '달라진 새 세계지도'라는 제목으로 페터스 지도를 소개하는 기사가 게재되었다. 페터스를 서독의 지질학자로 소개하는 실수도 있었지만, 그 신속함에 놀라움을 감출 수 없다. 여기서는 메르카토르 도법의 문제점을 낱낱이 지적하면서 페터스의 주장을 옹호하고 있는데, 기사 전문을 옮기면 다음과 같다.

"세계의 각 지역을 실제 크기에 따라 표현한 새로운 세계지도가 서독의 역사가이며 지질학자인 아르노 페터스에 의해 제작되었다. '페터스의 구형(球型) 세계지도'란 이름의 이 지도에서는 유럽이 아프리카나 남아메리카에 비해 울긋불긋한 조각으로 때워진 소대륙으로 오그라들었으며 중공은 종전에 소련이나 북아메리카에 비교되던 크기보다 더욱 크게 그려졌다. 지난 4세기 동안 메르카토르식 세계지도로 지리를 공부한 학생들이 본다면 어리둥절해질 정도로 새 지도는 여러 면에서 많은 처리점을 가지고 있다. 페터스 씨는 약 100명의 기자들에게 그의 새 지도를 공개하면서 지난 1569년 메르카토르가 세계지도를 만들 때 사용한 방식에서 처음으로 크게 이탈, 새로운 측정 방법에 따라 실제 크기를 그대로 반영한 정확한 세계지도를 만들었다고 말했다. 그러나 그는 세계를 새로 창조한 것은 아니라고 강조하고 새 지도에서는 실제의 지역이 그 크기에 따라 지도에 나타나 있다고 말했다. 철저한 반식민주의자이기도 한 당년 63세의 페터스는 백인의 유럽을 중심으로 그려진 메르카토르 지도가 많은 오류를 담고 있

1569년 메르카토르 세계지도의 인문학

다고 지적하면서 그 예로 구 지도에서는 유럽이 실제보다 크게 나타나 있다고 말했다. 그는 새 지도에서는 메르카토르 지도와 뒤에 나온 타원 지도에서 발견된 왜곡 사항들이 정정되었다 말하고 그 결과 앞서 발전된 유럽을 중심으로 세계가 둘러싸여 있던 이미지가 갱신되고 개발도상국들이 응분의 면적을 차지하는 균형된 지도가 됐다고 밝혔다. 그는 실제는 유럽보다 거의 두 배나 큰 남아메리카가 유럽보다 오히려 작게 그려진 구 지도의 오류를 지적함으로써 그의 이론을 뒷받침했다. 새 지도에서는 인도가 스칸디나비아보다 3배 크기로 돼 있으나 메르카토르 지도에서는 같은 크기로 그려져 있다. 페터스 씨는 또 중공이 소련에 비해 비교적 소홀히 취급된 구 지도를 가리키면서 이것을 보면 소련이 어째서 중공을 함부로 위협해 왔는가를 짐작할 수 있을 것이라고 지적했다. 페터스 씨의 주장에 따르면 새 지도는 지도상의 모든 지역이 동일한 자로 측정되고 모든 지역 간의 거리가 정확한 치수로 그려진 장점을 가지고 있다고 한다."

9. 1942년에 설립되었으며, 현재 100여 개국에서 3,000여 개의 제휴 협력사와 함께 활동하는 세계적인 사회 운동 단체이다. 주로 빈곤 문제와 불공정 무역에 대항하는 캠페인을 추진하고, 자연 재해와 분쟁 지역의 구호 활동에 참여하고 있다.

10. 메르카토르 세계지도의 유럽 중심주의를 비난할 때 "적도가 지도의 하단 ⅓에 위치"라는 표현이 흔히 등장한다. 그 결과 지도의 중심에 유럽이 표현된다는 논리이다. 하지만 실제 메르카토르의 세계지도에서 측정해 보면 적도를 중심으로 북반구와 남반구의 비율은 3:2 정도이며, 결코 2:1은 아니다.

Why Mercator?

이 책은 지난 2009년 필자가 한국연구재단의 인문 저술 지원 사업에 선정되면서 시작되었다. 사업에 지원하기 전 메르카토르와 관련된 지도학 책 3권을 번역했고 논문도 한 편 썼던 것이 계기가 되었다. 인문학과는 거리가 멀어도 한참이나 먼 자연과학자가 인문 저술 사업에 지원한 것은 연구비도 매력적이었지만, 기왕 이 길로 접어든 이상 정년 전에 나만의, 아니 내 식의 학술 서적을 한 권이라도 써보고 싶다는 욕심도 한몫했다. 이 과제의 출판 마감이 2014년 6월인지라, 이제 어떤 모습이 될지라도 이 책은 세상 밖으로 나와야 하고 누군가의 평가를 받아야만 한다. 두렵다.

500년도 더 지난 옛날 옛적, 그것도 한적한 서유럽 시골마을에서 태어난 지도학자의 삶이 오늘날 이곳 대한민국에 사는 우리에게 무슨 의미일까? 더 솔직히 말해 이 책의 타깃은 누구이며, 설령 제대로 된 이야기로 꾸며진다 한들 과연 독자들이 내 이야기에 수긍하면서 고개를 끄덕일까? 한동안 원고 파일을 꺼낼 때마다 다가오던 회의와 좌절은 늘 이 같은 질문에서 시작되었지만, 늘 해답을 얻지 못한 채 컴퓨터를 꺼야만 했다. 어쩌면 16세기 유럽의 지도학자에 대해 나만이 아는 것, 나도 아는 것, 남들은 다 아는데 나만 모르는 것, 우리 모두 모르는 것 등을 구분해 글을 쓴다는 것 자체가 불가능한 도전이었는지 모르겠다. 이제 출판사에서 보내 온 교정본을 살펴보고 있다. 호랑이를 그리려다 고양이도 못 그린 것 같다. 답답하다.

회의와 좌절의 이유가 다른 데 있었다는 것을 아는 데 많은 시간을 보내야만 했지만, 실제로 깨달음은 한순간이었다. 벨기에 신트니클라스 시에 있는 메르카토르 박물관에서 관장을 만나 한참을 이야기하던 중이었다. 그동안 읽었던 지식을 자랑삼아 어설픈 영어로, 하지만 진지한 표정으로 메르카토르의 이력과 업적에 대해 이야기했고, 그도 답하기 어려울 것 같은 질문을 마구 쏟아냈다. 한참을 듣고 있던 그는 필자에게 말했다. "도대체 왜 메르카토르에 관심을 가지나요?(Why Mercator?)" 필자는 망설임도 없이 마치 준비를 단단히 하고 있었던 양, "16세기라는 세계사적 전환기를 메르카토르라는 사람의 눈으로 보기 위해서"라고 말했다. 하지만 이 대답은 위기를 모면하려는 임기응변에 불과했다. 원고를 쓰는 내내 한 번도 이런 식으로 생각해 본 적이 없었다. 부끄럽다.

"그는 누구일까?"라는 질문은 이런 식의 글을 쓰는 작업에서 응당 있을 기본적인 질문이다. 박물관장의 질문은 이를 넘어서는, 아니 차원이 다른, 이런 식의 글을 쓰는 행위 자체에 대한 본질적인 질문이었던 것이다. "왜 어느 특정인에 대한 이야기를 쓰려 하는가?", "더군다나 그 특정인이 왜 메르카토르인가?" 지금까지 필자는 이 문제에 대해 진지하게 고민하지 않았고 지난 수년 동안 마주쳤던 회의와 좌절이 바로 이러한 본질에 대한 고민의 부재에서 비롯되었다는 것을 깨닫는 순간이었다. 물론 자신이 쓰려는 전기나 평전의 주인공이 지닌 인간적 매력에 빠지지 않았다면 처음부터 시작할 수도 없는 작업이었겠지만, 세상에 책을 내놓는다는 사회적 행위가 그런 개인적 욕구만으로 설명될 수 있는 것일까? 하물며 원고는 이제 완성되었는데. 안타깝다.

저술 과제의 연구비는 2009년 6월부터 2012년 6월까지 3년간 지원되었고 출판과 관련된 후반부 작업을 2년 더 인정해 주어, 실제 허락된 기간은 최대 5년이었다. 3년이면 충분할 것이며, 탄생 500주년이 되는 2012년에 당당하게 책을 내겠노라 호언장담도 했지만, 결과는 참담했다. 지금까지 나온 메르카토르 책과의 차별성은 고사하고, 담은 내용 자체만으로도 함량 미달이었다. 16세기 서유럽 이야기와 상업지도학, 존 디와 잉글랜드의 북방 항로 탐험 이야기, 게다가 남들 하듯이 페터스 이야기까지 끌어들였지만 결국 그저 그런 이야기로 끝을 맺고 말았다.

이제 기댈 데라고는 학자들의 마지막 피난처인 현지 자료 조사뿐이었다. 하지만 국내 도서관과 인터넷의 도움만 받으면 세상 그 어느 문서도 볼 수 있는 시대에 이것은 시대착오였다. 더군다나 현지 연구자들도 보지 못한 자료를 외국인이 찾는다는 것은 애초에 불가능한 일이었다. 그래도 불안감에 지푸라기라도 잡는다는 심정으로 현지 조사 계획을 몇 번이나 세웠지만 그마저 이런저런 핑곗거리를 대면서 차일피일 미루고 지냈다. 그런데 작년(2013년) 가을 인터넷을 검색하던 중 2012년 『과학동아』에 실렸던 기사를 보고는 한동안 부끄러움에 누가 이를 알까 좌불안석이었다. 그 기사를 쓴 기자는 메르카토르 탄생 500주년을 맞아 그의 인생 여정을 찾아 떠났던 것이다. 안트베르펜-뤼펠몬데-신트니클라스-루뱅-뒤스부르크, 책 속

1569년 메르카토르 세계지도의 인문학

에서만 알고 있던 그 여정을 그는 소화했던 것이다.

이제 더 미룰 처지가 아니었다. 유럽에서 학위를 했다고 하나 이미 오래전의 일이고, 젊지 않은 나이에 낯선 이국땅을 홀로 찾아 나서는 것이 두렵지 않을 수 없었다. 결국 궁리 끝에 찾아낸 방편은 젊은 후배에게 구원의 손길을 내미는 것이었다. 필자에게는 직업적 불문율 같은 것이 하나 있다. 다름 아니라 교수 초년생이 학생 인솔 답사를 위한 예비 답사에 동행을 부탁하면 열 일 제쳐두고 따라 나서 주는 것이다. 사실 학생을 인솔해 야외에 나가 이것저것 설명하려면 어디에 차량을 주차하고 무엇을 설명해야 할지 막막하다. 더군다나 특정 지리 현상과 그것의 주변 환경과의 관계를 설명하자면 학생들이 향하는 방향이나 교수가 서서 말하고 설명하는 장소와 방향도 중요하다. 이런 노하우는 현장에서 어깨너머로 배울 수밖에 없다.

나이가 나이인지라 대개 부탁을 받는 편이지만, 이번에는 후배 교수에게 동행을 부탁했다. 혼자 낯선 나라에 간다는 막막함에다 방문할 대상이 변두리에 있었고, 또한 여러 군데라 렌터카를 이용하지 않고는 일정을 소화하기 어려웠기 때문이다. 혼자 간다고 할 때 하루하루 일정은 물론 매끼 식사까지 고민했지만, 막상 동행이 생기고 나니 언제 그랬냐는 듯이 모두를 잊어버린 채 비행기 표만 달랑 사서 암스테르담 행 비행기에 올랐다. 암스테르담 스히폴 공항에서 렌터카도 빌리고 과학동아 기자와 유사한 경로를 따라 대략 다음과 같은 일정으로 10박 11일의 벨기에 여행을 시작했다. 암스테르담-위트레흐트-헤이그-로테르담-안트베르펜-신트니클라스-뤼펠몬데-루뱅-겐트-브뤼헤-브뤼셀-룩셈부르크-쾰른-뒤스부르크-스헤르토겐보스-암스테르담.

2000년 우리나라는 국내 지리학계가 감당하기 어려운 일을 치렀다. 제국주의 경험은 차치하고 막 개발도상국 딱지를 뗀 작은 나라가 세계지리학대회를 치러 낸 것이었다. 3,000명에 가까운 국내외 지리학자들이 모인 이 학술 대회는 아셈(ASEM)을 위해 지은 코엑스에서 아셈을 치르기도 전에 열렸다. 아셈이나 코엑스 입장에서 보면 코엑스 컨벤션센터의 기능을 점검한 파일럿 행사였던 셈이었다. 88올림픽, 월드컵 등에서 확인되었듯이 판을 벌리고 축제를 이어 가는 데 천재적인 DNA를 지닌 민족이라는 사실은, 우리 지리학자들에게도 예외는 아니었다. 기대 이상으로 성황리에 끝났고 이후에도 세계 지리학자들로부터 칭찬이 끝이지 않았다. 조직위원회 사무총장으로 2000년 세계지리학대회의 총책임자였던 서울대 류우익 교수는, 그 일 이후 승승장구해 서울대 교무처장, 세계지리학대회 사무총장, 대통령실 비서실장, 주중 대사, 통일부 장관을 역임했다. 메르카토르가 윌리히 공국의 우주지학자였듯이, 그는 대통령의 지리학자였던 것이다.

당시 필자는 진주 경상대학교에 근무하고 있던 터라 대회 전 답사(pre-congress excursion)를 맡아 부산에서 목포까지 5박 6일간의 남해안 답사를 준비할 정도였고, 조직위원회 본부 행사와는 무관했다. 하지만 당시 40대 중반인지라 내 생애 최대의 지리학 잔치를 보다 가까이에서 보고 싶다는 욕심에, 대학 당국에 조직위원회 6개월 파견 출장 신청서를 제출했다. 민간 조직에 공무원을 파견하는 일은 지금 생각해 보아도 가당치 않은 일이었으나, 당시 총장님과 처장들은 웬일인지 선뜻 허락해 주었다. 좋은 구경, 좋은 경험을 하라는 배려였던 모양이다. 그 다음날로 서울로 가 조직위원회 사무차장을 맡아 동분서주하면서 6개월을 보냈다. 대회 전 답사, 학술 대회, 대회 후 답사까지 무려 3주에 걸친 일정이었지만 무사히 마쳤다. 대회 기간 동안 유학 시절 지도 교수였던 켄 그레고리 교수와도 반갑게 만나 소주잔을 기울였는데, 그분은 4년 후에 열릴 글라스고 대회 조직 위원장 자격으로 서울에 왔던 것이다.

세계지리학대회는 1871년 벨기에 브뤼셀에서 처음 열렸다. 당시 벨기에 국왕은 무자비한 콩고 식민 정책으로 악명 높은 레오폴트 2세였지만, 아직 콩고로 마수를 뻗치기 전이라 평화주의자로서의 이미지 관리에 열중하던 시절이었다. 그는 콩고 식민화의 정지 작업으로 리빙스턴을 찾는다는 명분을 내세워 스탠리를 콩고로 파견했다. 또한 1876년에는 레오폴드 2세가 직접 별도의 지리학 회의를 브뤼셀에서 개최하였다. 이 모임에 베를린 지리학회장 페르디난트 폰 리히트호펜도 참가했는데, 19세기 유럽 탐험계의 저명인사들이 한꺼번에 모이기는 당시가 처음이었다. 결국 이 지리학 회의는 레오폴트 2세의 콩고 식민화 계획을 위장하는 국제아프리카협회로 발전했다. 레오폴드 2세와 제1회 세계지리학대회 사이에 어떤 커넥션이 있지 않았을까 여러모로 살펴보았지만 별무소득이었다. 하지만 1871년 세계지리학대회 개최를 기념하면서, 메르카토르 고향인 뤼펠몬데에 그의 동상이 세워졌고, 안트베르펜에는 오르텔리우스의 동상이 세워졌다. 뤼펠몬데 성당을 배경으로 약간 고개를 옆으로 한 채 광장을 바라보고 있는 메르카토르 동상이 당시에 세웠던 바로 그 동상이다.

메르카토르 박물관은 고향 뤼펠몬데도, 전문 지도 제작자로 입지를 확보한 루뱅도, 성공적인 말년을 보낸 뒤스부르크도 아닌 메르카토르 이력과 거의 무관한 안트베르펜 인근의 작은 도시 신트니클라스에 있다. 이 도시는 고향 뤼펠몬데와도 20km 정도 떨어져 있다. 어째서 메르카토르 박물관이 이곳 신트니클라스에 있느냐고, 이곳 박물관장에게 물었다. 그는 답하길, 19세기 후반 이 도시의 유력인사들이 모여 무언가 의미 있는 일을 하려고 했는데, 이때 결정된 일 중의 하나가 메르카토르 관련 사업이었다고 한다. 메르카토르 관련 자료를 모으던 중 메르카토르의 원본 지구의와 천구의가 프랑스와 에스파냐에 각각 매물로 나와 있다는 소식을 듣고 이를 구매하였다고 한다. 정확한 연대는 관장 본인도 잘 모르다면서 대략 1890년대였을 것이라고 말했다. 또한 국왕으로부터 일부 후원을 받아 구매했다는데, 당시 국왕 역시 레오폴트 2세였다. 이 구매를 계기로 메르카토르 박물관 건립 사업이 본격화되었다고 한다. 압제와 학살로 콩고에서 빼앗은 상아와 고무가 자기 나라 박물관의 전시물로 바뀐 것이다. 권력이란 원래 그런 것이지만.

이런 식의 후기를 쓸 때면 얼른 끝장을 보고 싶다. 새 책은 손자 얼굴 처음 대하는 것만큼 설레지만, 마지막 몇 달 동안 반복되는 퇴고에 몸도 마음도 지친다. 게다가 이를 쳐다보고 있는 가족도 지친다. 시험을 앞둔 집안 수험생이나 제자들에게 늘 하는 말이 하나 있다. "시험은 밑 빠진 독에 물을 붓는 것이다." 밑 빠진 독에 물을 채우려면 한꺼번에 그것도 왕창 붓지 않으면 결코 채울 수 없기에, 시험 공부란 몰아서 하는 것이며 마지막에 지쳐 느슨해지면 결코 좋은 결과를 맺을 수 없다는 말이다. 필자의 40년 전 대학 입시 실패 경험이 이런 공식의 좋은 증거이다. 이런 이야기도 있다. "마지막에 섬세하지 않으면 아무것도 이룰 수 없다." 본인은 전혀 모르시겠지만 필자에게는 공부에 관한 한 사표가 한 분이 계신데, 그분의 말씀이다. 어쩌면 그분은 이런 말씀을 한 것을 기억하지 못하고 계신지 모르겠다. 과연 마지막 순간까지 이 책에 최선을 다했을까? 메르카토르의 '메' 자만 봐도 손사래를 칠 정도인가?

2012년 메르카토르 탄생 500주년을 맞아 그의 고향 뤼펠몬데 광장에는 동상이 하나 더 세워졌다. 성당을 배경으로 서 있는 노학자 메르카토르를 길 건너편에서 바라보고 있는 열 살쯤 되는 메르카토르의 소년상이 그것이다. 소년상에 붙어 있는 동판에 별다른 설명이 없어 궁금하지만, 왜 하필 소년상이냐고 어디 물어볼 데도 없다. 두 동상이 서로 대화할 수 있다면 소년은 노학자에게 뭐라 여쭐까? "나 이제 당신이 걸었던 길을 가려 하는데, 그래도 괜찮겠습니까?" 뭐 이 정도 질문에 대해 그는 뭐라 대답할까? "아니, 너무 힘들어. 다른 길로 가", 혹은 "그래, 힘은 들지만 도전해 볼 만해." 이런 대답이 선택을 앞둔 소년의 인생 역정에 얼마나 도움이 될까? 하지만 결코 범접할 수 없는 높은 산이라도 그런 산이 있다는 그 자체가 소년에게는 목표가 될 수 있지 않았을까? 그렇다면 우리는 지금까지 누군가의 사표, 목표가 되어 본 적이 있는가? 아니, 되려고 스스로를 절제하며 살아왔던가?

"왜 메르카토르냐?"라는 질문에 대한 답변은 여전히 궁색하다. 그는 저작권을 보호받기 위해, 그리고 자신의 지도를 하나라도 더 팔기 위해 귀족들에게 헌정하고 황제에게 바치는 속물의 모습도 보였다. 하지만 자신의 꿈과 가족의 안녕을 위해 최선을 다했으며, 그에 대한 보답으로 메르카토르 도법이라는 행운도 안게 되었다. 400년이 더 지났지만 원형 그대로의 모습으로 인류 생활 깊숙이 자리 잡고 있는 것이 얼마나 될까? 가공할 만한 기술 발전에도 불구하고 그의 투영법이 여전히 그 빛을 발하고 있기 때문만은 아니다. 지금 필자가 앉아 있는 커피숍 벽에는 폭이 2m가 넘는 메르카토르 세계지도가 그려져 있다. 단순히 대륙의 외곽선만 그려 놓은 것이 아니라 열대 지방의 주요 커피 산지를 주제도 형식으로 그려 놓았다. 브라질, 에티오피아, 콜롬비아, 코스타리카, 케냐, 인도네시아, 인도와 같은 지명과 함께. 결국 메르카토르가 시도했던 '네모에 지구 담기'는 21세기 현재에도 여전히 유효하다.

학자가 좋은 주제를 만나 제법 긴 시간을 보낼 수 있었던 것은 행운이다. 더군다나 메르카토르와 같은 거인의 삶을 추적할 수 있는 기회를 가질 수 있었고, 나태하기 쉬운 50대의 틈틈을 그와 함께 메울 수 있어 영광이었다. 그러나 라틴 어 원전을 읽지 못하는 한계는 원고 집필 과정 곳곳에서 발목을 잡았고, 노력에 비해 미미한 결과를 내놓게 된 원인의 하나가 되었다. 불비한 원고에 대해 라틴 어 탓만 할 수는 없다. 지난 10년간 주변 책들을 제법 많이 읽는다고 읽었지만 인문학의 높은 벽을 깨기에는 모자랐나 보다. 이제 겸손한 마음으로 제자리로 돌아가 지리학자로서 비켜 갈 수 없는 마지막 과제에 도전하고자 한다. 메르카토르도 5권으로 된 대우주지를 꿈꾸었고, 존 디도 4권으로 된 대영제국을 구상했지만 모두 미완으로 그쳤다. 필자 역시 미완으로 그칠 공산이 크다. 하지만 이렇게 공개적으로라도 밝혀 두지 않으면 슬그머니 비켜 갈 것 같아 스스로에게 다짐해 본다. 그건 다름 아닌 한국지리.

이제 의례적으로 보일지 모르겠으나 감사의 이야기를 해야겠다.

이런 기회가 아니면 누군가에게 고맙다고 말하는 것이 아직도 쑥스럽다. 우선 시계추처럼 따분하고 융통성 없이 움직이는 가장을 말없이 지켜봐 주는 아내와 큰애, 작은애, 그리고 며느리에게 고맙다는 말 전한다. 그리고 열 살 더 아래지만 늘 어른스럽게 격려해 주는, 그리고 벨기에 여행 때 장거리 운전을 마다 않고 동행해 준 전북대 이강원 교수와 신라대 김성환 교수에게 진심으로 감사의 말씀 드린다. 그들에게는 이 정도의 책이 그냥 쉽게 넘을 수 있는 언덕이길 기대한다. 또한 점심시간이면 하루도 빠지지 않고 서양 고지도 이야기를 나누는 동료 정인철 교수에게도 고맙다는 말 전한다. 그가 계획하고 있는 카시니 이야기가 조만간에 세상 빛을 보길 기대해 본다.

이제 푸른길에서 낸 책이 제법 된다. 출판사에 제법 큰 손실을 끼친 책도 있다. 이번에도 만만하지 않다. 까다로운 편집 주문에도 귀찮은 기색 보이지 않고 묵묵히 그리고 꼼꼼히 오류를 찾고 이렇게 예쁘게 책을 만들어 준 최성훈 이사님과 김란 편집장에게 고맙다는 말씀 전한다. 무엇보다도 어려운 출판 환경에서 기꺼이 책을 내주신 푸른길 김선기 사장께 또다시 큰 신세를 졌다. 잘 팔리지 않는 지리책을 무모하리만치 찍어 내는 그녀의 배짱이 도대체 어디서 나오는지 궁금하기만 하다. 여기 이분들 이외에도 감사드릴 사람이 많다. 일일이 이름을 대지 못하지만 까칠한 성격을 참고 지켜봐 주신 주변 모든 이에게 감사드린다. 곧 닥칠 평가는 두렵지만, 이 굴레에서 벗어나 우선 홀가분하다. 선후배 제현들의 질책을 겸손한 마음으로 기다리겠으니, 많은 질책 부탁드린다.

손 일

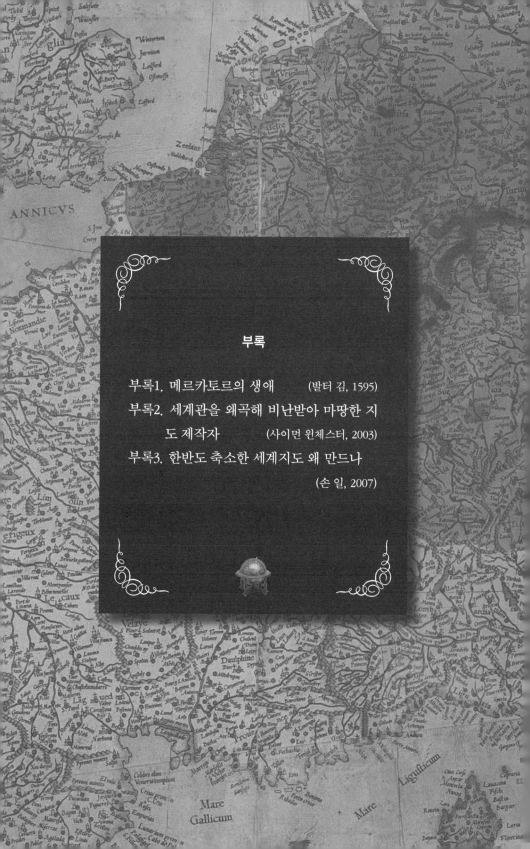

부록

메르카토르의 생애

발터 김, 1595

헤르하르뒤스 메르카토르는 그 유명한 윌리히·클레베·베르크
(Jülich·Cleve·Berg) 공국의 제후가 고용했던 가장 뛰어난 재주를 가
진 지도학자 중의 한 사람이었다. 그는 1512년 3월 5일 아침 6시에
태어났다. 윌리히 공국 출신인 아버지 휘베르트 메르카토르와 어머
니 에머렌시아나는 당시 뤼펠몬데에 살고 있었는데, 이곳은 플랑드
르 백작의 영토였으며 그곳에 메르카토르의 삼촌인 기스베르트 메
르카토르가 이 도시의 활동적인 수도사로 일하고 있었다. 어릴 적
아버지가 돌아가시고 뤼펠몬데에서 겨우 라틴 어 기초를 익히자, 그
의 삼촌은 스헤르토헨보스로 메르카토르를 보냈는데, 그곳 프란체
스코 수도원■1에서 문법 공부를 끝내고는 논리를 배우기 시작했다.
그는 삼촌의 후원을 받으면서 헤오르히우스 마크로페디위스(Georgius
Macropedius)■2의 지도 아래 이 과목들을 3년 반 동안(내 기억이 틀리지
않았다면) 공부했다. 그 후 삼촌 기스베르트는 당시 유명한 대학이던
루뱅 대학교로 그를 보내, 포르쿠스(Porcus) 대학■3의 학생이자 기숙
생으로 석사 학위를 받을 때까지 인문학을 수학하도록 후원했다.

그는 학위를 받은 후 개인적으로 철학을 공부했으며, 그로부터 커
다란 즐거움을 얻었다. 그러나 이러한 공부가 향후 한 가정을 유지

하는 데 큰 도움이 되지 않는다는 사실을 깨닫자, 그리고 이로부터 자신과 딸린 식구들을 위한 안정된 수입을 얻자면 그 이전에 공부를 위해 더 많은 비용을 지불해야 한다는 사실을 알게 되자, 그는 철학을 포기하고 천문학과 수학을 선택했다. 그는 전력으로 이 학문에 몰두한 결과 단지 몇 년 만에 수많은 학생들에게 이들 학문의 기초를 개인 교섭할 수 있게 되었고, 때때로 과학 기구(예를 들어 지구의나 천구의 혹은 아스트롤라베), 천문학자용 고리, 이와 유사한 기구들을 동으로 고안하고 제작하였다. ■4

1536년 9월 초순 그의 나이 24세 때 바르바라 쉘레켄스라는 루뱅의 아가씨와 결혼을 했는데, 그 후 그녀는 3명의 아들과 3명의 딸, 모두 6명의 아이를 낳았다.

메르카토르는 수학 공부에 큰 진전이 있음을 알고는 자신의 재능을 좀 더 개발할 목적으로 지도 판각에 관심을 돌리기 시작했다. 그는 지도 판각에 능숙해지기 위해 루뱅에서 성지 지도를 제작하는 일에 착수했다. 많은 사람들의 찬사 속에서 1537년 그 일을 완성했고, 그는 지도 제작에서 자신의 첫 번째 작품인 이 지도를 카를 5세의 고문관인 그 유명한 프란스 크라네벨트(Frans Craneveld)■5에게 헌정했다. 그가 나에게 자주 이야기했듯이, 이처럼 앞선 분야에서 그를 지도할 만한 스승은 거의 없었고 단지 당시 유명했던 헤마 프리시위스 박사로부터 개인적인 사사를 받았다고 했다. 프리시위스는 당시 독일 북부에서 가장 뛰어난 수학자 중의 한 명으로 알려져 있었다. 메르카토르는 수많은 상인들의 급한 요청에 충심으로 부응하여 플랑드르 지방의 지도■6를 계획했고, 착수하고는 아주 짧은 기간 만에 완성했다.

플랑드르 지도를 완성한 후 1541년에 그는 안트베르펜에서 이탤릭 체『서체교본(Literarum latinarum quas Italicas cursoriasque vocant)』[7]을 발 간했다. 도제 신분으로 제작한 작품들이 전문가들로부터 널리 각광 을 받고 있다는 사실을 깨닫고, 지구의 판각이라는 또 다른 작업을 즉시 시작했다. 한두 해 만(내 기억이 정확하다면 같은 해인 1541년)에 그 는 훌륭한 결실을 맺게 되었다. 그는 그 지구의를 친애하는 니콜라 페레노 드 그랑벨(Nicolas Perrenot de Granvelle)[8]에게 헌정하는데, 이 지체 높은 귀족은 카를 5세 추밀원의 최고위직에 있었다. 한편 이 귀족의 추천 덕분에 메르카토르는 지금은 작고한 카를 5세의 눈에 띄게 되었고, 그를 위해 빼어난 솜씨를 발휘해 많은 과학 기구들을 제작했다. 황제가 독일에서 브뤼셀로 돌아오는 길에 메르카토르에 게 알렸듯이, 색손 전쟁 기간 동안 이 과학 기구들은 바바리아 공국 에 있는 잉골슈타트(Ingolstadt) 부근의 한 농가에서 적들이 몰래 놓은 불에 녹아 못쓰게 되었다. 따라서 황제는 메르카토르에게 새로 만들 라고 명령했다.

그로부터 10년이 지나 메르카토르가 천구의를 제작한 것은 그가 안트베르펜을 떠나기 1년 전의 일이었다. 천구의를 만들면서 거기 에 혹성들과 천체의 운행을 묘사했다. 1551년에 그는 루뱅에서 자신 이 친애하는 리에주(Liège) 교구의 오스트리아의 조지(George of Austria) 에게 천구의를 헌정했다. 또한 이 시기에 그는 카를 5세를 위해 지 구의 사용법에 관한 짧은 글과 천문학자용 고리 사용법에 관한 또 다른 글을 썼다.

다음 해, 즉 1552년에 그는 브라반트(Brabant) 공국의 루뱅을 떠나 사랑하는 아내와 아이들을 데리고 이곳 클레베 공국의 뒤스부르크

1569년 메르카토르 세계지도의 인문학

에 정착하였다. 이곳에서 우리와 함께 가정을 꾸리자마자 황제의 주문을 받고 두 개의 작은 천구의와 지구의를 제작했는데, 하나는 갈색의 순수 크리스털이고 다른 하나는 나무로 된 것이었다. 전자는 혹성들과 주요 천체를 다이아몬드를 이용해 판각하고 금으로 상감을 입혔다. 후자는 아이들이 가지고 노는 작은 공보다 크지 않았는데, 이 작은 크기가 허용하는 한 아주 정밀하게 세계를 새겨 넣었다. 다른 과학 기구들과 함께 이것들은 브뤼셀에 있는 황제에게 선물로 전달되었다.

그는 루뱅을 떠나기 전 유럽 지도를 만들기 시작했고, 이미 3개 내지 4개의 판을 완성했다. 그는 이곳으로 올 때 판각된 판을 가져왔으며, 2년 후인 1554년 10월에 유럽 지도를 완성해 발간했다. 그는 이 지도를 황제의 일급 참모이자 이미 칭송한 바 있는 니콜라의 아들인 아라스(Arras)의 주교 앙투안 페레노(Antoine Perrenot)■9에게 헌정했다. 이 지도의 헌정에 대한 보답으로 앙투안이 메르카토르에게 준 사례금에서 이 위대한 인물을 지닌 극도의 아량과 관대함의 실질적 풍모를 엿볼 수 있었다. 메르카토르는 1572년 3월 이곳 뒤스부르크에서 유럽 지도 수정판을 발간했다. 이 업적은 지금까지 이와 유사한 어떤 지리학적 업적보다 세계 곳곳의 학자들로부터 칭송을 받았다.

이 무렵 잉글랜드에서 유명한 한 인물■10이 메르카토르가 직접 판각해야 한다는 요청과 함께 영국 제도의 지도를 보냈는데, 그 인물은 엄청난 노력과 뛰어난 정확성을 발휘해서 그 지도를 편집했다. 메르카토르는 친구의 요청을 거절할 수 없었는데, 그는 이처럼 학자들 사이에서도 인정할 만한 뛰어난 품질과 가치를 지닌 작업에 관여하지 않는 것은 잘못된 일이라고 생각했다. 따라서 그는 이 임무를 맡아 완성한 후 1564년에 인쇄업자에게 넘겼다. 같은 시기에 황제로부터 측량을 허락받은 로렌 공작은 메르카토르에게 자신의 공국을 측량하게 했는데, 메르카토르는 도시에서 도시로, 마을에서 마을로 삼각측량을 이용해 로렌 공국을 아주 정확하게 측량했다. 돌아오는 길에 정밀한 펜화를 그려 낭시(Nancy)에 있던 자신의 의뢰인에게 제출했다. 로렌을 관통하는 이 여행 때문에 건강이 악화되어 목숨에 위협을 느낄 정도에 이르렀는데, 메르카토르는 이 끔찍한 경험 때문에 극도로 쇠약해져 정신착란을 일으킬 정도였다.▪11

이로부터 4년이 지난 1568년에 인쇄업자와 친구들의 압력에 못 이겨 자신의 『연대기』의 발간을 허락했는데, 이 책에 관해서는 뒤에서 좀 더 상세히 밝히겠다.

얼마 지나지 않아 그는 학자, 여행자, 선원들이 스스로 볼 수 있는 아주 정확한 대형 세계지도 제작에 착수했는데, 새롭고 편리한 방법으로 구를 평면에 투영했다. 이는 원을 사각형화하는 작업과 아주 흡사하기 때문에, 형식을 갖춘 증거가 부족한 것을 제외하고는 아무것도 부족한 것이 없다고 그가 이야기하는 것을 종종 들었다. 이 방대한 작업을 하면서 그는 아무런 도움이나 보조를 받지 않았으며, 가장자리 일부를 제외하고는 지도 전부를 스스로 판각했다. 그의 노력에 대한 신의 보답으로 그는 이 훌륭한 작업을 이곳 뒤스부르크에서 완성했다. 그는 이 지도▪12를 자신의 자애로운 주군인 클레베의 공작 윌리엄 공에게 헌정하는 것이 옳고 적절하다고 생각했다.

이 지도를 완성한 이후, 메르카토르는 안토니누스 피우스(Antoninus Pius) 황제 시절에 전성기를 구가한 클라우디오스 프톨레마이오스의 고지도를 되살려 수정했다. 그는 저자의 원래 의도에 따라 아주

1569년 메르카토르 세계지도의 인문학

조심스럽게 고전인『지리학』을 교정하고 수정한 결과, 예술계와 과학계에 있는 학자들로부터 이 작업에 대해 극도의 칭찬을 받은 것은 당연한 일이었다. 1578년 2월 메르카토르는 이 부담스러운 작업에 마침표를 찍고, 그 결과를 지금은 작고했지만 진지한 학문 세계의 진정한 후원자이며 우리의 가장 훌륭하고 관대한 군주에게 헌정했다.

게다가 아브라함 오르텔리우스보다 훨씬 이전에 메르카토르는 세계에 관한 좀 더 특별한 지도와 일반 지도를 작은 크기로 발간할 계획을 갖고 있었다. 그는 자신의 펜으로 수많은 모형을 그렸고 적절한 축척에 맞추어 장소들 간의 거리를 측정했는데, 그 결과 단지 판각만을 앞둔 상태였다. 그러나 오르텔리우스가 자신의 친한 친구였기 때문에, 메르카토르는 자신의 소축척 지도들을 발간하기 전에 그가『세계의 무대』를 많이 팔아 그 이익금으로 부자가 될 때까지 이미 시작했던 자신의 계획을 의도적으로 중단했다.

메르카토르는 많은 학자들의 기대를 더 이상 저버리지 않기 위해 독일과 프랑스 전역에 대한 자신의 지도를 1585년 이곳 뒤스부르크에서 인쇄했다. 그는 이 지도집을 고결하고 고귀한 현재 우리의 위대한 군주인 요한 빌헬름(Johann Wilhelm) 공에게 헌정했다.

메르카토르는 이 일을 마치자 이탈리아에 관한 일반 지도와 특수 지도를 판각하기 시작했고, 1590년■13에 완성하였다. 그는 이 지도집을 위대하고 고귀한 투스카니의 공작인 페르디난도 메디치(Ferdinando Medici)에게 헌정했다. 그 후 바로 순서에 따라 북부 지방에 관한 지도 제작에 착수하여 상당한 진전을 보였다. 그러나 운명은 그 작업의 완성과 발간을 허락하지 않았다. 이 글이 서문인 바로 이 책에서 그의 후손들이 이제 그 지도들을 일반인에게 공개했다. 또한 그는 자신의 『연대기』를 고대로부터의 설명과 함께 상당 부분 확장하였다. 또한 그는 "De Arte Geographica"라는 논문을 완성하였다. 그의 후손들은 조만간에 이 논문들이 출판되기를 고대하고 있다. 만약 신이 그에게 건강과 더 오랜 삶을 허락했다면 서유럽 국가들, 즉 에스파냐와 포르투갈의 소축척 지도를 제작하고 출간하기로 마음먹었을 것이다. 그는 수없이 많은 다른 지리학적 프로젝트를 구상하고 있었지만, 앞에서 지적했듯이 사망으로 그의 희망은 좌절되었고 그의 계획이 성공으로 이어지는 것이 허락되지 않았다.

내가 지금까지 이 뛰어나고 훌륭한 인물에 대한 찬사와 축하에서 말하려 했던 것은 지리학과 과학에서 보여 준 그의 업적과 관련이 있다. 이제부터는 자신의 의도대로 신학도들에게 제시하려던 실질적인 기여에 대해 이야기해 보자. 네덜란드에서 작금의 전쟁과 같은 혼돈의 시대가 시작되기 이전에 복음서의 『용어 색인집(Concordance)』을 만들었는데, 그는 여기서 어떤 독자든지 각 사도들이 집필한 차례에 따라 매 복음서의 전문을 빠르게 읽을 수 있는 방법을 제시하였다. 그러나 만약 독자가 4명의 사도들이 만든 역사들을 연속해서 한 번에 읽고자 한다면 한 번의 독서로 자신의 의도를 충족시킬 수 있다.■14 이 책이 그 후 널리 인정을 받고 유명한 신학자들로부터 찬사를 받았다는 사실을 내 귀로 들은 적이 있다. 1592년 가을 축제 직전에 그는 책 한 권을 발간했는데, 이 책은 뛰어나고 존경받는 신사인 클레베 공국의 재무장관 하인리히 폰 베제(Heinrich von Weze)■15에게 헌정되었다. 또한 「로마서」에 대한 주해서를 발간했는데, 여기서 그는 놀라운 재능을 발휘하면서 명쾌하고 단호한 주장을 바탕으로 자유 의지라는 주제뿐만 아니라 신의 예지와 운명예정설에 관한 우

1569년 메르카토르 세계지도의 인문학

리 시대의 일부 논쟁을 제거하고 잠재우는 데 최선을 다했다. 또한 그는 「에스겔」의 일부 장, 「요한계시록」, 그리고 그 밖의 여러 주제들에 대해 주석을 달았다. 내가 희망하는 것처럼 이것들이 조만간에 발간된다면 이 정직한 인물의 경건하고 격렬한 노력이 대부분의 학자들로부터 인정을 받을 것이라고 확신한다.

한편 역사학도들에 대한 메르카토르의 기여 범위는 자신의 『연대기』로 충분히 설명될 수 있는데, 이 책은 1560년[16]에 인쇄되었다. 그는 이 책을 존경받는 신사인 클레베 공국의 훌륭한 재무장관 헨리쿠스 올리베리위스(Henricus Oliverius)[17]에게 헌정했다. 이 책은 이탈리아와 독일 전역에서 대부분의 학자들을 즐겁게 했으며, 고대사 연구에 혁신적인 변화를 가져온 이탈리아 베로나(Verona) 출신의 오노프리오 판비니(Onofrio Panvini)[18](도처의 학자들이 이 위대한 업적에 아낌없이 주었던 칭송을 말할 것도 없고)마저도 메르카토르를 저명한 다른 과학자들이나 많은 고대사 교수들보다 상위 반열에 놓을 정도로 너무나 많은 칭송을 받았다. 독자들이 그의 공헌에 대해 완전히 이해하려면 그의 이야기를 이 글에 정확하게 인용하는 것이 중요하다고 판단된다. 나는 오노프리오가 뛰어난 학식과 정확한 판단력을 지닌 자신의 친구 요하네스 메텔루스(Johannes Metellus)[19]에게 보낸 편지에서 그것을 인용하고자 한다. 그는 말하길, "그러나 메르카토르에 관한 한, 나는 이 학문 분야에서 내가 만난 그리고 내가 읽은 그 누구도 메르카토르보다 앞에 놓을 수 없다고 감히 인정할 수 있다. 만약 다음 것들이 중요하다고 생각한다면 그의 책 내용이나 목차를 살펴보거나, 그의 판단과 근면성을 검토해 보거나, 천체 운동에 관한 그의 관찰을 깊이 생각해 보아도 그 결과는 마찬가지이다. 따라서 우리의 끈끈한 우정을 생각해서 당신이 그를 만나거나 그에게 편지를 쓸 때 연대기에 대한 우리의 공통된 관심을 이유로 한 명의 친구로서 나를 그에게 소개해 주길 진정으로 바랍니다."

지난 수년간의 독서 과정에서 창세기 이래 널리 융성하고 현재 유럽 전역에 남아 있는 가장 명망 있는 영웅들이나 귀족 가문의 족보를 추출하고 주석을 달고 정리하는 데 보낸 그 엄청난 노고를 누가 감히 적절하게 칭송할 수 있단 말인가? 만약 하늘이 그에게 좀 더 긴 인생을 허락하셨다면, 그는 그 작업의 발간을 이루었을 것임에 틀림없다. 그가 자신의 프랑스와 독일 지도에 서문으로 붙인 헌정문에서, 유고로서 후세에 남기려 했던 많은 짧은 글들을 집필하기로 결심하고 있었으며, 어느 정도까지 그 윤곽을 그려 놓고 있었음을 분명히 알 수 있다. 그의 대의는 다음과 같다.

"이 일을 나누고 정리하려면 우선 세계 탄생과 세계 각 부분들의 일반적인 차례, 둘째, 천체의 위치와 운동, 셋째, 천체의 특징, 진동, 점성학의 깊은 이해를 위한 천체들 간의 상호 작용, 넷째, 요소들, 다섯째, 세계와 세계의 영역들에 대한 설명, 여섯째, 창세기에서 최초 원시적 주거지로의 인간의 이동 시대, 발명의 시대, 고대 역사적 사건까지 제후들의 가계에 대한 연구를 시도해야만 할 것이다. 이것은 사물의 원인과 기원을 분명히 밝히기 위한 자연 질서이며, 진정한 지식과 지혜 등에 가장 쉽게 접근할 수 있는 통로이다."

이 이야기는 이 정도에서 끝내자. 그는 자신의 작업에 다음과 같은 제목을 붙였는데, 5권으로 된 아틀라스 혹은 우주지 연구가 그것이다. 제1권에서 그는 우리 세계의 창조와 구성에 대해 설명했다. 그는 자신의 왼팔에 마비가 온 것도 모르고 이 작업을 차례차례 완성했다. 제2권에서는 천문학을 다루기 시작했지만 완성하지 못했다. 제3권에서는 점성학을 다루려 했다. 제4권에서는 요소들의 탄생과 혹성들의 위치와 배열뿐만 아니라 해와 달의 운동을 다룰 계획이었다. 제5권에서는 시간만 허락한다면 세계의 지리에 몰두할 작정이었다. 그러나 그는 마지막 작업에서 지금까지 누구도 생각하지 못했고 누구도 시도하지 않았던 혁신적인 배치를 채택하기로 결정했다. 즉 세계를 3개의 동등한 대륙으로 나누었는데, 하나는 아시아, 아프리카, 유럽이고, 두 번째는 주변의 모든 왕국과 속령을 포함한 서인도이며, 나머지 하나는 그가 생각하기로 아직 알려지지 않았거나 발견되지 않은 곳이었다. 하지만 그는 세 번째 대륙이 자신의 확고한 논증과 주장으로 분명히 밝혀질 것이라고 생각했다. 그것은 나머지 둘에 비해 기하학적 비율, 크기, 무게, 중력 등에서 결코 작지 않을 것인데, 만약 작다면 세계는 지구 축을 중심으로 균형을 잡을 수 없다고 여겼다. 학자들은 이것을 남쪽의 대륙이라고 불렀다.

지금까지 우리는 메르카토르가 우리에게 알려 주었거나 알려 주었을 것으로 생각하는 발견에 대해 논의하고 설명해 보았다. 하지만 이 출중한 인물의 온화한 인품과 정직한 생활 태도를 칭찬해야 할 일도 남아 있다. 그는 조용한 기질에 아주 솔직하고 진지한 사람이었다. 그는 가족들과 함께 이곳 뒤스부르크에서 42년을 거주하면서 주변의 다른 시민들과 거친 언사를 나누는 것을 보지 못할 정도였으며, 어떤 사람과도 논쟁을 하지 않았고 다른 사람에 의해 고소당하지도 않을 정도로 공적인 일이나 사적인 일에서 평화와 평온함을 사랑하였다. 그는 시장들에게 당연히 자신이 보여 주어야 할 정직과 존경을 표했다. 그가 어디에 살든지 이웃들과 항상 잘 지냈는데, 그는 결코 다른 사람들을 앞지르지 않았고, 다른 사람들의 관심사에 적절하게 경의를 나타냈으며, 다른 사람들에게 자신을 인상 깊게 각인시키지 않았다. 그의 아내는 품위 있고 순종적인 여인이었으며, 그의 생활 방식에 잘 어울리는 훌륭한 가정주부였다. 그녀는 1586년 8월 24일에 숨을 거두었다. 그의 아이들은 순종적이고 재주가 뛰어났다. 그는 아이들이 어릴 적에는 요하네스 오토(Johannes Otho)[20]에게 자식들을 맡겼고, 나중에는 사위인 몰라뉘스(Molanus)[21]에게 인문학을 배우도록 했다.

1537년 8월 31일에 루뱅에서 태어난 첫 번째 아들의 이름은 아르놀트(Arnold)였다. 메르카토르는 큰아들이 인문학에 대해 조금 알자마자 그를 가르치기 시작해 수학에 몰두하게 했다. 몇 년 만에 아르놀트는 수학에 큰 진전이 있어 정확하고 아름다운 수학 기구를 제작하는 데 거의 경쟁자가 없을 정도였다. 그는 독일에서 가장 중요한 인물 중 몇몇을 위해 그 기구를 만들었다. 고귀하고 위대한 선거후 빌헬름 백작(그는 아르놀트의 노고에 대해 엄청난 사례금을 주었다)의 요청으로, 그는 각기 다른 계절에 트리어(Trier) 대교구와 카제넬렌보겐(Katzenellenbogen) 주의 측량을 맡았다. 그는 신속히 그 일을 완수하였고, 그의 극도로 섬세한 펜화는 극찬을 받았다. 또한 직접 측량을 해서 쾰른 시의 판각 지도를 발간했는데, 여기에는 로마 시대부터 그 도시의 역사를 설명하는 아름다운 판화가 포함되어 있었다. 1586년 백작의 요청으로 넓은 헤세(Hesse) 주를 측량하기 시작했다. 그러나 죽음은 이 일이 완성되는 것을 허락하지 않았다. 따라서 그의 장남 요한(Johann)이 나중이 그 일을 맡아 아주 정확한 도해와 함께 완성하였다. 또한 그는 동생 헤르하르뒤스와 함께 프톨레마이오스의 여러 지도들과 할아버지의 마지막 지리적 작업을 판각하였다.

아르놀트는 뒤셀도르프에서 엘리자베스 몬하임(Elizabeth Monheim)과 결혼했는데, 그녀는 그곳 공립 학교의 교장이자 학자인 오한 몬하임의 딸이었다. 그녀는 13명의 아이를 낳았는데, 9명이 아들이고 4명이 딸이었다. 아들 중 이미 이야기한 헤르하르뒤스와 그의 동생 미카엘은 지리학 연구에 놀랄 만한 재능을 보였다. 그들은 아프리카, 아시아, 아메리카와 같은 3개의 거대 대륙 지도를 낱장 종이 정도의 작은 공간에 축소시켜 기하학적 비례가 정확한 평면도를 대중에게 제공할 수 있었다. 그들의 노력과 칭송할 만한 수고에 신의 가호가 있기를.

수학 분야에서 아르놀트는 예리한 지적 능력과 뛰어난 판단력으로 동시대 인물들을 능가하였고, 이러한 능력은 매일매일의 연마로 놀라우리만치 향상되었다. 만약 신이 그가 더 오래 살도록 허락했다면 공공건물 건축가로서 명성을 얻었을 것이다. 그가 수학에 관한 모든 것을 열심히 읽고 그것에 정통했다는 사실 이외에, 그는 성곽·해자·벽·누벽에 대한 지식을 완벽하게 이해해 제후나 국가 지배자들에게 이런 유의 일을 맡겠다고 쉽게 제안할 수 있었고 인정도 받았다. 이러한 지식은 그가 조사하도록 허락을 받은 도시나 제후들의 성곽을 스케치하는 과정에서 얻었고, 그 그림들로 익명으로 펴낸 자신의 저서 *Theatrum urbium*을 장식했다. 그러나 애석하게도 1587년 7월 6일 꽃다운 나이에 늑막염으로 채 피지도 못하고 사망했다. 4년 후 아마 1591년 8월 17일로 알고 있는데, 그의 아내 역시 남편을 따라 자연으로 돌아갔다.

둘째 아들 바르톨로메오(Bartholomaus)는 하이델베르크 백작령에 있는 사피엔티에 대학(Collegium Sapientiae)에서 철학, 그리스 어, 히브리 어를 공부했다. 1563년 그는 *De Sphera*[22]라는 책을 써 하인리히 바르스에게 헌정했다. 전망이 아주 밝았던 이 청년은 28세에 병에 걸려 1568년에 사망하였다.

막내아들 뤼몰트(Rumold)[23]는 출판업자인 비르크만(Birckman)의 상속인으로 처음에는 런던에서, 나중에는 함부르크에서 오랜 세월 살았는데 후에 서적 판매상이 되었다. 그와 동시에 그는 지리학을 깊이 공부하여 아버지의 고국으로 돌아와서는(이미 이야기했듯이 그는 여러 중요한 연구와 깊이 관련되어 있었다) 지도를 그리면서 아버지를 도울 수 있었다. 그는 아버지의 세계 아틀라스와 유럽 지도의 축약본을 만들었으며, 관심 있는 자국민을 위해 대형 독일 전도를 발간했다. 그는 헤세의 백작인 저명한 빌헬름 공에게 이를 헌정하였다. 뤼몰트는 그로부터 많은 사례금이 올 것으로 기대하였다.

메르카토르는 가정에서는 개인적으로 하느님에 대한 신앙심과 두려움을 가지고 딸들을 양육했다. 장녀인 에머렌시아(Emerentiana)는 요하네스 몰라뉘스(이미 언급한 바 있다)가 이곳에서 교장으로 있을 때 결혼을 시켰다. 둘째 딸 도로시(Dorothea)는 처음에 안트베르펜의 상인인 알라르트 식스(Alard Six)와 결혼을 해 두 딸을 두었고, 남편이 죽자 베젤 출신 틸만 더 노이프빌레(Tilman de Neufville)와 재혼하였다. 막내딸 카타리나(Katharina)는 초등학교 교사인 테오도르 베르하에스(Theodor Verhaes)와 결혼했다.

메르카토르가 이곳으로 이주할 때부터 우리는 이웃이었고 친구였기 때문에 그에 대해 많은 것을 알고 있다. 그러나 나는 그가 게으름을 피우거나 빈둥거리는 것을 본 적이 없다. 그는 항상 훌륭하게 마련된 자신의 서재에서 역사학자나 다른 유명한 학자들의 책을 읽거나 집필하거나 판각하거나 아니면 깊은 명상에 감기면서 바쁜 시간을 보냈다. 비록 그는 적게 먹고 마셨지만 문명 생활의 필수품들로 잘 갖추어진 훌륭한 식단을 유지했다. 그는 자신의 건강에 극도로 유념했다. 만약 무언가 이상이 있을 경우 친구인 솔레난더르(Solenander)▪24 박사에게 부탁했다. 그는 항상 자신보다 가난하거나 운이 없는 사람들을 돕는 데 최선을 다했고, 일생 내내 자애심을 키우고 보존했다. 시장의 연회에 초대받거나 친구로부터 만찬에 초청을 받았을 때 혹은 스스로 친구들을 초대했을 때, 그는 자신의 건강이나 경건한 삶에 대한 염원이 허락하는 한 항상 유쾌하고 재치가 넘쳤고 다른 동료들과 잘 어울렸다. 친구 무리들과의 대화에서도 그는 편안하고 유머가 풍부했으며, 학자들과 함께 철학·물리·수학에 관한 일반적인 문제에 대해, 정신적·육체적 건강의 보전에 관해, 종교적 논쟁의 해결에 관해, 유명한 인물들의 업적에 관해, 외국의 관습·법률·상황에 대해 즐겁게 토의하는 것보다 그에게 더 많은 즐거움을 주는 것은 없었다.

그는 요한 에비히(Johann Ewich)▪25, 암브로시우스 마우루스(Ambrosius Maurus)▪26, 요한 오토(Johann Otho) 그리고 이곳 뒤스부르크에 사는 다른 학자들과 친밀한 우정을 지켜 나갔다. 그는 학자이자 유명한 시인인 요하네스 몰라뉘스를 특히 좋아했는데, 자신의 딸과 결혼을 시키기까지 했다. 그는 쾰른에서도 유명했고 많은 학자들의 친구였는데, 그들 중에는 프리즐란드의 알바다(Albada)▪27 박사, 요하네스 메텔루스(Johannes Metellus), 페터 지메니우스(Peter Ximenius)가 유명한 인물들이다. 여러 제후들 특히 이미 작고했으나 위대한 헤르만 반 노이에나르(Hermann van Neuenar) 백작이나 다른 백작, 남작, 귀족들로부터 존경과 명성이 자자해서 그들 스스로 메르카토르와의 우정을 만들고 유지하려고 할 당시, 나는 이곳 도시에서 친구들과의 모임을 가졌으며, 그와 나는 그들과의 친근함을 매일매일 즐겼다. 그의 주변에 있는 백작의 자문관들이나 유명한 외과 의사들과 같은 고위층들 중에서 메르카토르가 이 도시로 완전히 이주한 1552년부터 그와 친밀한 관계를 맺지 않거나 중히 여기지 않는 사람은 거의 없었다. 그는 이웃나라인 잉글랜드, 덴마크, 프랑스, 독일 저지와 고지, 이탈리아 등지에 뛰어난 친구들이 많았을 뿐만 아니라 전 세계에도 마찬가지였다. 많은 유명한 인물들이 그에게 개인적 편지를 보내 그와 친구가 되려고 했으며, 이러한 상호 유대를 발전시키고, 유지하고, 보호하려고 했다.

그의 명성은 점점 더 높아지고 더 널리 유명해져 심지어 멀리 인도에까지 전해졌다. 동양의 인도에서 가장 잘 알려진 나라인 고아에 사는 학자인 필리프 사세투스(Filip Sasseto)■28와 서신 논쟁을 하였다. 이런 서신들, 그리고 이와 비슷한 서신들 뭉치들이 그의 상속인 집에서 쉽게 발견할 수 있다. 그는 논쟁에서 아주 정확하고 제대로 훈련된 생각을 보여 주었고, 그의 직업과 관련된 작업에서는 지치는 법이 없었다. 행운이 따르고 부유할 때 그는 관대하게 행동을 했으며, 곤궁에 처하면 대단한 인내심을 보였다. 그의 건강 상태는 양호했고 신체 모든 부위가 건강했으나, 노년에 들면서 약간 통풍 끼가 있었다.

메르카토르는 그의 첫 번째 부인과 50년 3주 동안 함께 살았다.

메르카토르 나이 74세였던 1586년에 그의 부인이 사망했고, 그다음 해인 1587년에 한때 시장을 역임했던 암브로시우스 모에르(Ambrosius Moer)의 미망인 게르투데 비에를링스(Gertude Vierling)와 재혼했다. 1590년 5월 5일 그의 왼쪽이 중풍으로 마비가 왔다. 위대한 제후의 뛰어나고 경험이 풍부한 외과 의사인 솔레난더르 박사는 그가 할 수 있는 모든 치료를 하였지만, 나이가 많아 몸이 쇠약해져 완치가 될 수 없었다. 말하는 것이 완전히 회복되자 울면서 주먹으로 가슴을 두세 번 치는 것을 보았는데, 그는 "신이시여, 당신의 하인을 때리고 불태우고 칼로 베어 주소서, 그러고 나서 만약 당신이 나를 충분히 세게 때리지 못했다면 당신의 뜻에 따라 더 세고 날카롭게 때려 주시고, 남은 제 목숨을 살려 주십시오."라고 말했다. 그는 훌륭한 의사가 처방한 다양한 치료를 받은 덕분에 밤에는 평소대로 숙면을 취할 수 있게 되었고 쉽게 소화할 수 있는 것을 먹거나 포도주나 맥주 한 모금으로 기분 전환을 할 정도로 회복되었다. 하지만 자신의 며느리가 솜씨 있는 하인들과 함께 아침저녁으로 매일 한 시간씩 필요한 만큼 사지를 문질렀으나 그의 왼편 다리와 팔을 움직일 만큼 회복되지는 않았다. 따라서 가족들은 그가 원하는 대로 침실에서 따뜻한 방이나 부엌으로 옮겨 의자에 앉혔다. 그의 실제 건강 상태가 그를 방해할 정도가 아닐 때는, 마지막 남은 힘이 허락하는 한 이전처럼 자신의 일을 수행하였다. 진지한 저작물을 조심스럽게 읽거나 무언가 집필하거나 아니면 적어도 중요한 주제들에 대해 명상에 잡혔는데, 이러지 않고 흘려보내는 시간은 거의 없었다. 자신의 병에 대해 가장 화를 내는 이유는 다름 아닌 병이 지속되어 아까운 시간을 축내고 있다는 사실 때문이다. 간혹 마음속 깊이 슬퍼하면서 자신의 병 때문에 작업이 완성되지 않는다고 한탄했는데, 앞에서 이야기했듯이 그 작업 내용은 완전히 그의 머릿속에 있었고 당장에 해낼 수 있었다. 불행히도 이 작업들은 자신 스스로에게 이야기했듯이 가능했던 것으로 판명되었다. 인간의 유한함에 굴복하고 만 이 뛰어난 인물의 예기치 않은 죽음에 모든 학자들, 특히 수학자들이 비통해하면서 애도를 표했다는 사실에서 메르카토르가 한탄했던 이유를 찾을 수 있다.

3년 후 그는 뇌출혈로 고비를 맞았다. 그는 기도가 막혀 잠시도 말을 할 수 없었고, 그에게 제공되는 음식이나 음료도 아주 어렵게 삼킬 수 있을 뿐이었다. 그의 건강은 조금씩 나아졌으나 치명적인 문제는 계속 쌓여만 갔다. 죽기 전날 그는 자신의 목사와 친지들이 있는 앞에서 사지 모두에 고통이 심하다고 불평을 했으며, 수차례에 걸쳐 신의 가호(확신에 가득 차)를 기원했다. 죽는 날 그는 예배를 본 후, 다른 교인들이 교회에서 그를 위해 기도할 수 있게 해달라고 진정으로 요청했다.

이것이 그를 에워싸고 있던 사람들이 들을 수 있었던 마지막 말이었다. 그는 12월 2일 아침 11시에 82세 27주 6시간의 삶을 끝내고 하늘나라로 갔으며 증손자도 보았다. 최후의 심판의 날에 기쁜 부활이라는 신의 가호가 그에게 미치길.■29

📖 부록1 주

1. 공동생활형제회(The Brethren of the Common Life)

2. 요리스 판 랑벨트(Joris van Langhveldt, 1475~1558), 유명한 교사이나 문법학자. 라틴 어로 여러 편의 희곡을 썼으며, 공동생활형제회의 일원이다.

3. 이것은 오류로, 캐슬 대학(The College of the Castle)이 그가 다녔던 곳이다.

4. 김은 메르카토르가 안트베르펜을 방문했던 사실을 언급하지 않았다.

5. Frans Craneveld(1485~1564), 쾰른과 루뱅에서 교육을 받았고 율법학자이자 문학과 학문 애호가 에라스뮈스, 무어, 비베스를 비롯한 학자들과 교류했다. 메헬런 최고평의원회 의원으로 활동했다.

6. 실제로 플랑드르 지도는 결코 완성되지 못했다. 4개의 판 중에서 1판은 빈칸이었다. 김은 메르카토르의 1538년 이중 심장형 도법 지도에 대해 언급하지 않았다.

7. 초판은 루뱅에서 발간되었는데, 발간 연도는 1540년으로 되어 있다.

8. 카를 5세의 재상이자 메르카토르의 후원자. 다음에 언급할 앙투안 페레노 드 그랑벨의 아버지이다.

9. 메헬런의 대주교, 아라스(Arras)의 주교, 카를 5세와 펠리페 2세의 자문관. 파두아(Padua)와 루뱅에서 교육을 받았고, 메르카토르와는 캐슬 대학 동문이다. 펠리페 2세와 메리 튜더와의 결혼 성사에 중요한 역할을 했다. 메르카토르의 후원자였고, 1586년에 마드리드에서 사망했다.

10. 아마 존 엘더(John Elder) 혹은 리키필드(Lichfield)의 목사인 로런스 노웰 (Lawrence Nowell)일 것이다. R. A. Skelton, 1962, "Mercator and English Geography in the Sixteen Century", *Duisburg Forschung*, Band 6, p.167을 참 조할 것.

11. 이 기이한 사건에 대해서는 더 이상 알려진 것이 없다.

12. 1569년 세계지도를 말한다.

13. 이 지도집은 실제로 1589년에 발간되었다.

14. 『용어 색인집』은 원래 『연대기』의 제2장이었다.

15. 열 살까지는 하이츠호벨 판 베제(Haitzhovel van Weze)였으나 그 이후는 하인리 히 루돌프(Heinrich Rudolf)로 불렸고, 1521년에 태어났다. 루뱅에서 교육을 받았 고 법학 박사이며 바르스(Bars) 혹은 올리슬레거(Olisleger)가 죽자 클레베 공국의 재무상에 임명되었다.

16. 그 연대는 1568년임이 틀림없다.

17. 올리슬레거로도 알려진 하인리히 바르스(Heinrich Bars)는 쾰른, 오를레앙, 볼로 냐에서 교육을 받았고, 쾰른에서 법학 교수를 했다. 1554년 클레베 공국의 재무 상에 임명되었으며, 종교 문제의 조정관으로 추천되기도 했다.

18. 오노프리오 판비니(Onofrio Panvini, 1530~1568), 역사가이자 고고학자, 로마 골 동품의 대가.

19. 장 마탈(Jean Matal, 1520~1597), 주교이자 법률학, 지리학, 고대사에 관심을 가진 프랑스 학자. 판비니에게 골동품 연구를 권유하였다.

20. 요하네스 오토(Johannes Otho), 출생 연도는 모르나 1581년에 사망했다. 루뱅에 있을 때 메르카토르의 친구였고, 겐트(Gent)에서 문법학자와 교수로 활동했다. 1557년 종교적인 이유로 뒤스부르크로 이주했으며, 좋은 가문의 자제들을 위한 학교를 설립했다.

21. 몰라뉘스 얀 베르묄런(Molanus Jan Vermeulen, 1533-1585), 역사 연구에 특별한 관심이 있는 인문학자로, 루뱅에서 역사를 가르쳤다. 루뱅에서 메르카토르와 친구로 지냈으며, 종교 박해를 피해 피난처로 브레멘에 정착했다. 1559년 뒤스부르크로 왔고, 1561부터 1563년까지 김나지움의 교장을 지냈다.

22. *Breves in sphaeram meditatiunculae authore Bartholomaeo Mercatore Lovanien*, 이 책은 아버지 메르카토르가 뒤스부르크 김나지움에서 했던 강의 모음집이다.

23. 쾰른의 서적상 비르크만(Birkmann)의 대리인으로서 디(Dee), 해클루트 (Hakluyt), 캠던(Camden)과 같은 잉글랜드 지리학자들과 메르카토르 사이의 가교 역할을 한 것으로 알려져 있다. R. A. Skelton, 1962, "Mercator and English Geography in the Sixteen Century", *Duisburg Forschung*, Band 6, p.160을 참조할 것.

24. 라이너 솔레난더르(Reiner Solenander, 1524~1601), 루뱅에서 3년간 의학 공부를 했으며, 뒤셀도르프의 궁정 외과 의사.

25 요한 에비히(Johann Ewich), 브레멘 출신으로 외과 의사이자 몰라뉘스의 친구.

26 암브로시우스 마우루스(Ambrosius Maurus) 혹은 암브로시우스 모에르 (Ambrosius Moer), 뒤스부르크의 시장이나 상원의원이며 1587년에 사망했다. 메르카토르는 자신의 두 번째 아내로 그의 미망인 게르트루데 비에를링스 (Gertrude Vierlings)를 맞았다.

27. 아가에르스 데 알바다(Aggaers de Albada), 법률학자이자 신학자로 1588년에 사망했다. 그는 "De origine ligni vitae sive de deo"라는 논문의 저자로, 이 논문에 대해 메르카토르와 서신을 교환한 바 있다.

28. 필리포 사세투스(Filippo Sasseto, 1540~1588), 피렌체 출신의 상인이자 여행가, 학자로 말년을 고아(Goa)에서 보냈다.

29. 아르놀트 밀리위스(Arnold Mylius)는 오르텔리우스에게 친구의 죽음을 알리면서, 메르카토르는 잠들어 있는 양 난로 앞에서 의자에 앉은 채로 정오경에 사망했다고 전했다.

* <부록 1> 주는 라틴 어를 영어로 번역한 오슬리(A. S. Osley)가 붙인 것이다.

세계관을 왜곡해 비난받아 마땅한 지도 제작자[1]

사이먼 윈체스터, 2003

Nicholas Crane, 2002, *The Man Who Mapped the Planet*에 대한 Simon Winchester의 *New York Times*, 2003년 1월 23일자 서평

헤르하르뒤스 메르카토르(Gerhardus Mercator), 자신의 지도 제작으로 수많은 사람들의 세계관을 바꿔 놓은 이 인물은 1512년에 태어나 헤르하르트 크레머(Gerhard Cremer)라는 이름으로 자랐지만 18세가 되던 해에 상인(이 경우 서적 행상인)이라는 의미의 메르카토르로 자신의 성을 바꾸었다. 그는 저지 국가의 미천한 집안에서 태어났으며 다양한 관심과 재능을 가지고 있었다. 그러나 오늘날 그의 명성은 주로 지도학에 대한 기여 그리고 수많은 지구의, 천구의, 해도의 제작과 관련이 있다. 그는 이 특별한 분야에서 두 가지 기념비적 업적 때문에 세인들에게 널리 알려졌다.

첫 번째 업적에는 논란이 거의 없는데, 한 권의 지도 모음집에 대

---

1 기사의 제목은 서평의 대상이 된 책의 제목 *The Man Who Mapped the Planet* 이나 서평자의 책 Simon Winchester, 2001, *The Map That Changed the World*와 같은 운율로 되어 있다.

해 그가 아틀라스(이 신화적 폭군은 그의 어릴 적 영웅이었다)라는 이름을 붙였다는 사실이다. 두 번째 업적은 논란이 많은데, 어떤 이름의 시조가 되었다는 점에서 이 역시 언어적 유산을 지니고 있다. 니콜라스 크레인(Nicholas Crane)은 다음과 같이 간결하게 설명했다. "'헤르하르트 더 크레머'에서 '헤르하르뒤스 메르카토르'로 이름을 바꾼 한 젊은이는 20세기까지 '메르카토르 도법' 그 자체였다.

아주 단순하게 말해 오늘날 사람들은 메르카토르의 지도 제작 방법과 메르카토르 본인을 동일시하고 있다. 다시 말해 그는 자신의 탁월한 수학적·제도적 능력 그 자체로 인격화되었음을 의미한다. 그는 이러한 능력을 바탕으로 3차원의 우리 지구를 2차원의 평면에 펼쳐야 하는 아주 오래된 문제를 거의 완벽하게 해결할 수 있었다.

그러나 그에 대한 기억을 아주 고약한 음모와 관련지어 생각하게 만드는데, 그건 다름 아닌 '거의 완벽한' 자신의 투영법 때문이다. 그의 지도 제작 목적은 순수 그 자체였다. 그가 원했던 것은 16세기 항해사들을 오랫동안 괴롭혔던 한 가지 문제를 해결할 수 있는 지도를 제작하는 것이었다. 그 문제란 나침반에서 선택된 어느 일정한 항로를 지도에 그을 경우, 그것이 지구의 곡면 때문에 계속해서 달라진다는 점이었다. 이미 알고 있는 항로의 항정선이 직선이라면, 그리고 그것이 직선의 경위선과 같은 각도로 만난다면, 지도 제작자와 항해사들은 서로에게 도움이 될 것이며 무역과 탐험은 보다 간단하고 보다 민주적으로 이루어질 수 있을 것이다.

1569년 메르카토르는 이 문제의 복잡한 기하학적 과제와 무려 25년 동안 씨름한 끝에 마침내 자신의 지도를 완성하였다. 그 해법은 시컨트와 코사인의 절묘한 결합이었고, 만들어진 지도는 완벽하고 분명해서 대단한 인기를 얻었다. 그 지도는 해도로 전환되어 수 세대를 걸쳐 선원들이 애용하였다. 또한 지난 450년 동안 교실 벽걸이용 지도의 표준이 되면서 수많은 사람들에게 알려졌고, 지금까지 지구의 형상에 관한 우리들이 사고를 지배하고 있다.

하지만 여기에 한 가지 문제가 있다. 메르카토르는 직선의 항정선이라는 탁월한 속성을 제공하기 위해 지구의 일부를 해도로 옮기면서 엄청난 왜곡을 만들어 내고 말았다. 예를 들어 단지 12분의 1에 불과한 그린란드가 아프리카만큼 크게 그려져 있으며, 북아메리카도 지나치게 과장되어 있다. 반면에 남아메리카는 거의 무시될 정도로 작게 그려져 있다. (사실 뉴욕과 부에노스아이레스 간을 비행기로 날아본 사람은 브라질 상공을 너무나 오래 날고 있다는 사실에 놀라움을 감출 수 없을 것이다. 이는 메르카토르 도법 때문에 브라질이 너무 작게 그려져 있기 때문이다). 메르카토르 지도에서 유럽은 너무나 크고 러시아는 거의 괴물 수준이다. 한편 달랑 매달려 있는 인도 반도나 말레이 반도는 너무나 축소되어 있어 주의를 기울이지 않으면 눈에 띄지 않거나 모르고 지나칠 정도다.

이 모든 왜곡이 모자랐던지, 메르카토르는 북반구로 이 지도를 꽉 채웠다. 이는 순전히 그의 의도에서 비롯된 것이었다. 그는 위에서 3분의 2가 되는 지점에 적도를 놓아 자신의 조국 플랑드르가 해도에서 아주 위엄 있는 자리를 차지하도록 했다.

지난 수 세기 동안 수많은 정치적 입장을 만들어 냄에 있어 메르카토르의 영향은 놀라울 따름이다. 이 지도에서 유럽은 매우 인상적으로 자신을 드러내고 있고, 여기에 왜곡이 있음을 인정하지 않은 채 다른 대륙에 비해 우월함을 과시하고 있다. 메르카토르의 반대자들

(물론 크레인 씨는 아니지만)은, 유럽 인들이 지도학적으로 축복을 받았다고 느끼게 했으며 그리고 자신들의 제국적 욕망을 인정하고 추구하는 것을 정당화했다며 메르카토르를 비난한다. 잉글랜드는 메르카토르에 대해 남다른 입장을 갖고 있으며, 메르카토르 지도를 바탕지도로 삼아 멀리 떨어진 신비롭고 약탈 가능한 육지를 오가는 잠재적 무역로의 거대한 네트워크 한가운데 자신을 위치시켰다.

그렇다면 미국은? 마찬가지로 메르카토르로부터 축복을 받은 북아메리카는 지구 전체에서 중심에 있다고 보거나 그렇게 인식하고 있어, 무비판적인 메르카토르 지도 구매자들은 그러한 현상의 중요성에 대한 의문이 있을 리 없다. 더욱이 북아메리카 경계 밖의 나라들은, 항해의 편리함을 위한 계산 덕분에, 러시아와 같이 너무 커서 위협적으로 보일 수 있거나 중동이나 아프리카와 같이 보잘것없는 것으로 보일 수 있는데, 거의 대부분 가치가 없는 것으로 묘사되고 있다.

오마하(Omaha), 피닉스(Phoenix), 보이시(Boise)에 있는 고등학생이 카이로, 카라치, 바그다드가 어디에 있는지 모른다고 우리는 놀라워한다. 교실 정면에 걸려 있는 칠 벗겨진 메르카토르 지도에 이들 도시들이 별로 중요하지 않은 것으로 나타나 있는 것이 이 문제의 본질이다. 그 결과 이들 도시는 정녕 눈길조차 줄 가치가 없는 장소로 대중들에게 인식되고 말았다.

잉글랜드에서 지리학자와 여행가로 잘 알려진 크레인 씨는 이 모든 일을 저지른 인물에 대해 간혹 주의를 기울였다면 우리들에게 완벽한 책을 선사할 수 있었을 것이다. 그의 책은 아주 표준적인 책이 될 운명이었을지 모르겠다. 그러나 그는 메르카토르 지도의 사회적·정치적 함의에 대해 고려하지 않았다. 또한 그는 메르카토르가 지난 4세기 이상 동안이나 저질렀던 잘못을 해소하려고 노력하는 다른 투영법이나 지도 제작 사업에 대해 아무런 견해도 표명하지 않았다. 이런 이유로 이 책의 가치는 약간 줄어들고 말았다.

작가는 자신의 영웅을 조금 덜 신성한 인물로 묘사했다면, 또한 세상에 해악을 끼친 태도들을 강화하는 데 기여했던 메르카토르의 과실(물론 그것 대부분이 완전히 고의적인 것은 아니었겠지만)을 일부라도 우리들에게 일러 주었다면, 작가는 지리학에 더 많은 기여를 했을 것이다. 한 장 더 썼으면 좋았을 텐데. 그랬다면 크레인 씨는 그저 그런 정도의 책에서 아주 훌륭한 책의 저자로 바뀌었을 것이다.

한반도 축소한 세계지도 왜 만드나

손 일, 2007

중앙일보, 2007년 5월 10일자, 오피니언

건설교통부 산하 국토지리정보원이 교육용 세계지도를 30만 부 제작하는 사업을 추진한다. 총예산이 2억 3000만 원 남짓 되니 한 장에 800원이 조금 못 되는 값싼 세계지도를 만들어 전국의 각급 학교에 보급한다는 것이다. 1차 입찰에 1개 업체만이 참가해 유찰됐고, 5월 4일 재입찰 공고가 있었다.

국토지리정보원이 밝힌 사업의 목표는 첫째로 교육기관에 세계지도를 배포해 자라나는 세대에 바른 역사관 정립을 위한 자료로 활용하고, 둘째로 독도와 동해가 바르게 표기된 세계지도를 통해 올바른 국가관을 정립할 수 있는 기회를 제공하며, 셋째로 세계지리에 대한 이해를 돕기 위한 시각적 자료를 제공하고, 넷째로 우리가 사는 지구를 이해하는 데 도움이 되도록 한다는 것이다.

정확한 세계지도를 국가공인기관이 제작해 각급 학교에 무료로 공급한다고 하니 훌륭한 사업처럼 보일 수 있지만 몇 가지 우려되는 바가 있어 이를 지적하려 한다. 3차원의 지구 표면을 2차원의 평면 위에 펼치는 기술을 지도 투영법이라 하며, 어떠한 투영법을 사용하더라도 면적·거리·방향·방위 모두를 만족시키는 지도를 만들어 낼 수 없다는 것이 지도학의 상식이다. 기원전부터 프톨레마이오스를 비롯해 여러 학자에 의해 다양한 지도 투영법이 고안됐으며, 현재까지 제시된 지도 투영법은 수백 가지에 이른다.

국토지리정보원에서 만들려는 세계지도의 투영법은 메르카토르 투영법이다. 이는 네덜란드 지도학자 메르카토르가 1569년에 고안한 투영법으로, 당시 신대륙의 발견과 대항해 시대의 요구에 맞게 만든 항해용 세계지도다.

하지만 이 투영법을 사용한 지도는 면적·거리·방위가 지나치게 왜곡되는 치명적 결함을 갖고 있다. 한반도 북쪽의 중국이나 러시아의 면적 확대는 말할 것도 없고 한반도 면적의 단지 1.1배에 지나지 않는 잉글랜드나 루마니아가 이 지도에서는 각각 1.9배, 1.4배로 나타나며, 한반도 면적보다 작은 벨로루시마저 1.8배로 표현되고, 한반도 면적의 절반이 되지 않는 아이슬란드가 1.6배로 표현된다. 이처럼 고위도로 갈수록 면적이 확대되는 메르카토르 투영법을 굳이 사용해 우리 주변국들이나 우리의 경쟁 상대인 유럽 국가들보다 우리나라를 상대적으로 작게 표현할 이유가 없다. 20세기 초 서구에서도 메르카토르 투영법과 같은 장방형의 투영법으로 된 벽걸이용 세계지도 사용을 자제하자는 움직임이 일어났고, 그 결과 현재는 벽걸이 지도뿐 아니라 아틀라스에서마저 거의 사용되지 않고 있다.

새로 제작하겠다는 교육용 세계지도는 2006년에 이미 제작된 세계지도의 축소판임을 국토지리정보원은 밝히고 있다. 하지만 2006년 세계지도에도 몇 가지 문제점이 있다. 우선 한반도를 지도의 중앙에 놓아야겠다는 중압감에 러시아보다 조금 작은 남극대륙을 일부 흔적만 남겨 놓았고 북극해를 과대하게 표현해 북반구에 비해 남반구를 지나치게 축소시켜 놓았다. 한편 이 지도에서는 서울 혹은 부산 기점의 항로 혹은 운항 거리를 표시하기보다는 요코하마 기점 거리를 표시해 놓았다. 이는 우리 스스로 이 지도를 만들지 않았고, 일본의 지도를 모사한 것임을 암시하는 것으로 향후 저작권 문제까지 발생할 소지가 있다.

왜 이러한 지도를 국가가 나서서 보급하려 하는지 그 당위성을 찾을 수 없다. 국토지리정보원이 지리 교육을 위해 무언가 봉사하고 싶다면 무료로 자체 제작한 지도를 다양한 매체로 활용할 수 있도록 해 주면 된다. 그래도 부족하다고 생각되면 지구의 형상과 지리 정보를 동시에 이해하는 데 가장 효과적인 도구인, 제대로 만든 대형 지구본을 각급 학교의 교실로 보급하는 운동을 하면 어떨까?

●참고문헌

• 국내 •

CCTV 대국굴기 제작진, 2007a, 대국굴기 강대국의 조건(포르투갈/스페인), 서울: ag.

CCTV 대국굴기 제작진, 2007b, 대국굴기 강대국의 조건(네덜란드), 서울: ag.

KBS '문명의 기억, 지도' 제작팀, 2012, 문명의 기억, 지도, 서울: 중앙북스.

Slocum, T. A. 외(이건학 외 역), 2014, 지도학과 지리적 시각화, 제3판, 서울: 시그마프레스(Slocum, T. A., McMaster, R. B., Kessler, F. C., Howard, H. H., 2008, *Thematic Cartography and Geovisualization*, 3th ed., Pearson Education, Inc.).

Slocum, Terry A. 외(이건학 외 역), 2014, 지도학과 지리적 시각화, 제3판, 서울: 시그마프레스(Slocum, T. A., McMaster, R. B., Kessler, F. C., Howard, H. H., 2008, *Thematic Cartography and Geovisualization*, Third Edition, Pearson Education, Inc.).

골드스톤, 잭(조지형, 김서형 역), 2011, 왜 유럽인가, 경기 파주: 서해문집(Goldstone, J., 2008, *Why Europe? The Rise of the West in World History 1500-1850, 1/e*, McGraw-Hill Companies, Inc.).

권동희, 1998, 『지형도 읽기』, 서울: 한울아카데미.

그라탈루, 크리스티앙(이대희, 류지석 역), 2010, 대륙의 발명, 서울: 에코리브르 (Grataloup, C., 2009, *L'invention des continents*, Paris: Editions Larousse).

기브슨, 월터 S.(김숙 역), 2001, 중세말의 환상과 엽기 히로니뮈스 보스, 서울: 시공사(Gibson, W. S., 1973, *Hieronymus Bosch*, London: Thames and hudson Ltd.).

기브슨, 월터 S.(김숙 역), 2007, 16세기 플랑드르 최고의 화가 브뢰겔, 서울: 시공사·시공아트(Gibson, W. S., 1977, Buregel, *The Painting of Cornelis Engebrechtsz*, London: Thames and hudson Ltd.).

기쿠치, 요시오(이경덕 역), 2010, 결코 사라지지 않는 로마, 신성로마제국, 서울: 다른세상(菊池良生, 2010, 神聖ローマ帝国).

김상근, 2004, 세계지도의 역사와 한반도의 발견, 경기 파주: 살림.

김장수, 2004, 서양근대사, 서울: 선학사.

김주환·강영복, 1982, 지도학, 반도출판사.

김현란, 2007, "엘리자베스 1세의 인선과 세력균형 정책－로버트 더들리와 윌리엄 세실을 중심으로－", 서양중세사연구 19, pp.161~192.

디어, 피터(정원 역), 2011, 과학 혁명; 유럽의 지식과 야망, 1500~1700, 서울: 뿌리와이파리(Peter Dear, 2001, *Revolutionizing The Sciences; European Knowledge and its Ambitions, 1500-1700*, London: Palgrave Macmillan).

래브, 시어도어(김일수 역), 2008a, 르네상스 시대의 삶, 경기 파주: 안티쿠스(Rabb, T. K. 2000, *Renaissance Lives portraits of an age*, Basic Books).

래브, 시어도어 K.(강유원, 정지인 역), 2008b, 르네상스의 마지막 날들, 서울: 르네상스(Rabb, T. K. 2006, *The Last Days of the Renaissance: And the March to Modernity*, Basic Books).

량얼핑(하진이 역), 2011, 세계사의 운명을 바꾼 해도, 서울: 명진출판(梁二平, 2011, 谁在地求的另一边).

로스, 발(홍영분 역), 2007, 지도를 만든 사람들, 서울: 아침이슬(Ross, V., 2009, *The Road to There*, Toronto: Tundra Books).

류강(이재훈 역), 2010, 고지도의 비밀, 경기 파주: 글항아리(劉鋼, 2009, 古圖秘密, GUANGXI NORMAL UNIVERSITY PRESS).

마이어 G. J.(채은진 역), 2011, 튜더스, 서울: 말글빛냄(Meyer, G. J., 2010, *The Tudors: The Complete Story of England's Most Notorious Dynasty*, Delacorte Press).

매팅리, 개릿(콜린 박, 지소철 역), 2012, 아르마다. 세상에서 가장 빼어난 전쟁 연대기, 서울: 너머북스(Mattingly, G., 1959, *The Armada,* Houghton Mifflin Harcourt Publishing Co.).

멘지스, 개빈(조행복 역), 2004, 1421－중국, 세계를 발견하다, 경기 파주: 사계절출판사(Menzies Gavin, 2002, *The Year Chin Discovered the World*, Transworld Publishers).

멘지스, 개빈(박수철 역), 2010, 1434, 경기 파주: 21세기북스(Menzies G., 2008, *1434*, HarperCollins Publishers).

몬모니어, 마크(손일·정인철 역), 1998, 지도와 거짓말, 서울: 푸른길(Monmonier, M. S., 1996, *How to Lie with Maps*, 2nd ed., Chicago: University of Chicago Press.)

몬모니어, 마크(손일 역), 2006, 지도전쟁: 메르카토르 도법의 사회사, 서울: 책과함께(Monmonier, M., 2004, *Rhumb Lines and Map Wars*, Chicago: The University of Chicago Press).

무어, 에드윈(차미례 역), 2010, 역사를 바꾼 운명적 만남: 세계 편 알렉산드로스

대왕부터 빌 클린턴까지 세계사를 수놓은 운명적 만남 100, 서울: 미래인
(Moore E., 2008., *Brief Encounters: Meetings Between(Mostly) Remarkable People*,
Chambers).미야, 노리코(김유영 역), 2010, 조선이 그린 세계지도, 서울: 소
와당(宮紀子, 2010, モンゴル帝國が生んだ世界圖: 地圖は語る).

미야 노리코(김유용 역), 2010, 조선이 그린 세계지도: 몽골 제국의 유산과 동아시아,
　　서울 : 소화당(宮紀子, モンゴル帝國が生んだ世界図: 地図は語る).

밀턴, 가일스(손원재 역), 2002, 향료전쟁, 서울: 생각의 나무(Milton, G., 1999, *Na-
　　thaniel's Nutmeg*, HODDER).

밀턴, 가일스(조성숙 역), 2003, 사무라이 윌리엄, 서울: 생각의 나무(Milton, G.,
　　2002, *Samurai Wiliam: The Adventure Who Unlocked Japan*, Penguin).

보싱, 월터(김병화 역), 2007, 히로니뮈스 보스, 서울: 마로니에북스(Bosing, W.,
　　2007, *Hieronymus Bosch*, TASCHEN GmbH).

부르크하르트, 야코프(이기숙 역), 2003, 이탈리아 르네상스의 문화, 경기 파주: 한
　　길사(Burckhardt, J., 1956, *Die Kultur der Renaissance in Italie*n, Phaidon).

부어스틴, 다니엘 J.(이성범 역), 1987, 발견자들 Ⅰ, 서울: 범양사 출판부(Daniel J.
　　Boorstin, 1985, *The Discoverers*, Vintage).

브로델, 페르낭(주경철 역), 1995, 물질문명과 자본주의 1-1 일상생활의 구조 上, 서
　　울: 까치(Braudel, F., 1986, *CIVILISATION MATERIELLE, ECONOMIE ET
　　CAPITALISME. Tome 1. Les structures du quotidien*, Armand Colin Éditeur).

브로턴, 제리(이창신 역), 2014, 욕망하는 지도: 12개의 지도로 읽는 세계사, 서울:
　　알에이치코리아(Brotton, J., 2012, *A History of the World in 12 Maps*, Penguin
　　Books).

블랙, 제러미(박광식 역), 2006, 지도, 권력의 얼굴, 경기 고양: 심산출판사(Black,
　　Jeremy, 1997, *Maps and Politics*, Reaktion Books).

서머싯, 앤(남경태 역), 2005, 제국의 태양 엘리자베스 1세, 서울: 들녘(Somerset A.,
　　1991, *Elizabeth I*, Alfred a Knopf Inc..)

설혜심, 2007, 지도 만드는 사람 근대 초 영국의 국토·역사·정체성, 서울: 길.

소벨, 데이바·앤드루스, 윌리엄(김진준 역), 2005, 해상시계, 우리가 아직 몰랐던 세
　　계의 교양 007, 서울: 생각의 나무(Sobel, D. and Andrews, W. J. H., 1996, *The
　　Illustrated longitude*, William Morris Agency, Inc.).

손 일, 1998, "커뮤니케이션 이론에 대한 대안과 지리적 시각화", 한국지역지리학회
　　지 4(1), pp.27~41.

손 일, 2012, "1570년대 잉글랜드의 북방항로 개척과 지리학의 기여−존 디를 중심으

로-", 한국지도학회지 12(1), pp.63~84.

쇼트, 존 레니(김희상 역), 2009, 지도, 살아 있는 세상의 발견, 서울: 작가정신 (Short, J. R., 2003, *The World Through Maps: A History of Cartography*, Firefly Books).

스켈톤, R. A.(안재학 역), 1995, 탐험지도의 역사, 서울: 새날(Skelton, R. A., 1960, *Explorer's Maps, chapters in the Cartographic Record of Geographical Discovery*, 2nd ed., London: Routledge and Kegan Paul Ltd.).

시오노 나나미(정도영 역), 1996, 바다의 도시 이야기 하, 경기 파주: 한길사(塩野七生, 1995, 海の都の物語, Chuokoron-Sha, Inc.).

시오노 나나미(정도영 역), 2013, 바다의 도시 이야기 하, 르네상스 저작집 6, 서울: 한길사(Nanami Shiono, 1995, UMI NO MIYAKO NO MONOGATARI, Chuokoron-Sha, Inc.).

알레그레티, 피에트로·아르피노, 조반니(이지영 역), 2010, 브뤼헐, 서울: 예경(Allegretti, Pietro and Arpino, Giovanni, 2004, Brueghel, Milano: RCS Libri Spa).

애크로이드, 피터(한기찬 역), 1998, 디 박사의 집, 서울: 프레스 21(Ackroyd, P., 1994, *The House of Doctor Dee*, Penguin Books Ltd.).

야마모토 요시타카(이영기 역), 2005, 과학의 탄생, 서울: 동아시아출판사(Yamamoto Yoshitaka, 2003, JIRTOKU TO JURYOKU NO HAKKEN 1, 2, 3, Tokyo: MISUZU SHOBO, LTD.).

야먀모토 요시타카(남윤호 역), 2010, 16세기 문화혁명, 서울: 동아시아(Yoshitaka Yamamoto, 2007, *16SEKI BUNKA KAKUMEI 1·2*, Japan: MISUZU SHOBO).

양철준, 2006, "유럽의 3대 항구도시, 앤트워프," 국토연구, 통권 299호, pp.74~79.

오지 도시아키(송태욱 역), 2010, 세계지도의 탄생, 알마(応地利明, 2007, 世界地圖の誕生, 일본경제신문출판사).

요켈, 닐스(노성두 역), 2006, 브뤼겔, 서울: 랜덤하우스코리아(Jockel, N., 1995, *Pieter Bruegel: Das Schlaraffenland*, Rowohlt Verlag GmbH).

월러스틴, 이매뉴얼(나종일 외, 역), 2006, 근대세계체제 I: 자본주의적 농업과 16세기 유럽 세계경제의 기원, 서울: 까치글방(Wallerstein Immanuel, 1974, *THE MODERN WORLD-SYSTEM I: Capitalist Agriculture and the Origins of the European World-Economy in the Sixteeth Century*, Academic Press, Inc.).

이상일·조대헌(2012), "대한민국 주변도 제작을 위한 최적의 지도투영법 선정: GIS-기반 투영 왜곡 분석", 한국지도학회지 12(3), pp.1~16.

1569년 메르카토르 세계지도의 인문학

이상일·조대헌·이건학(2012), "태평양 중심의 세계지도 제작을 위한 최적의 지도투영법 선정", 한국지도학회지 12(1), pp.1~20.

이영림·주경철·최갑수, 2011, 근대유럽의 형성 16-18세기, 서울: 까치.

이희연, 1995, 지도학, 서울: 법문사.

임영방, 2003, 이탈리아 르네상스의 인문주의와 미술, 문학과지성사.

채플린, 조이스 E.(이경남 역), 2013, 세계 일주의 역사, 서울: 레디셋고(Chaplin, J. E., 2012, *Round about The Earth*, Simon & Schuster).

츠바이크, 슈테판(김재혁 역), 2004, 아메리고, 서울: 삼우반(Zweig, S., 1944, *Amerigo. Die Geschichte eines historischen Irrtums*, Frnakfurt a. M. 2003).

츠바이크, 슈테판(김재혁 역), 2004, 아메리고, 서울: 삼우반(Zweig, S., 1944, *Amerigo. Die Geschichte eines historischen Irrtums*, Frnakfurt a. M. 2003).

치폴라, 카를로 M.(최파일 역), 2010, 대포, 범선, 제국, 서울: 미지북스(Cipolla, C. M., 1985, *Guns, Sails, and Empires: Technological Innovation and the Early Phases of European Expansion, 1400- 1700*, Sunflower Univ Pr.).

치폴라, 카를로 M.(최파일 역), 2013, 시계와 문명, 서울: 미지북스(Cipolla, C. M., 2003, *Clocks and Culture: 1300-1700(Norton Library)*, W. W. Norton & Company).

카, 레이몬드 외(김원중, 황보영조 역), 2006, 스페인사, 서울: 까치(Carr R., 2001, *Spain: A History*, Oxford University Press).

코완, 제임스(강은슬 역), 2008, 프라 마우로의 세계지도, 서울: 푸른길(Cowan, J., 1996, *A Mapmaker's Dream*, Shambhala).

쿨란스키, 마크(박중서 역), 2014, 대구, 서울: 알에이치코리아(Kurlansky, M., 1997, *COD*, Bloomsbury USA).

크로스비, 알프리드 W.(김병화 역), 2005, 수량화 혁명, 서울: 심산출판사(Alfred W. Crosby, 1997, *The Measure of Reality; Quantification and Westren Society, 1250-1600*, Cambridge university Press).

크롤리, 로저(우태영 역), 2012, 부의도시, 베네치아, 서울: 다른세상(Crowley, R., 2011, *City of Fortune: How Venice Won and Lost a Naval Empire*, DDWorld).

클라크, 존 외(김성은 역), 2007, 지도박물관: 역사상 가장 주목할 만한 지도 100가지, 서울: 웅진지식하우스(Clrak, J. O. E., Black, J., Cowper, M., Day, D., Hearn, C., Hutchinson, G., Lewis, P., 2005, *Remarkable Maps: 100 Examples of How Cartography Defined, Changed and stole the World,* Conway).

킨들버거, 찰스(주경철 역), 2004, 경제 강대국 흥망사 1500-1900, 서울: 까치글방

(P. Kindleberger, C. P., 1996, *WORLD ECONOMIC PRIMACY: 1500 to 1900*, Oxford University press, inc.).

테일러, 앤드류(손일 역), 2007, 메르카토르의 세계, 서울: 푸른길(Taylor, A., 2004, *The World of Gerald Mercator: The Mapmaker Who Revolutionized Geography*, New York: Walker & Company).

파머, R.R·콜튼, J.(이주영, 이재 역), 1988, 西洋近代史 1, 서울: 三知院(Palmer, R. R. and Colton, J., *History of the modern world*, McGraw-Hill Humanities).

하겐, 로제 마리·하겐, 라이너(김영선 역), 2007, 피터르 브뤼헐, 서울: 마로니에북스(Rose-Marie and Rainer Hagen, 2001, *Pieter Bruegel the Elder*, Köln: TASCHEN GmbH).

하르트, 마를욜레인트, 2009, "네덜란드 혁명 1566년-1581년: 근대 최초의 국민혁명", 파커, 데이비드 외(박윤덕 역), 혁명의 탄생: 근대 유럽을 만든 좌우익 혁명들, 서울: 교양인(Parker, David *et al.*, 2000, *Revolutions and the Revolutionary Tradition in the West 1560-1991*, Routledge.) pp.49-83.

하우드, 제러미(이상일 역), 2014, 지구 끝까지: 세상을 바꾼 100장의 지도, 서울: 푸른길(Harwood, J., 2012, *To the Ends of the Earth: 100 Maps that Changed the World*, Chartwell Books).

하위징아, 요한(이희승맑시아 역), 2010, 중세의 가을, 동서문화사.

호크쉴드, 아담(이종인 역), 2003, 레오폴드왕의 유령, 서울: 무수(Hochschild, A., 1998, *King Leopold's Ghost*, Georges Borchardt, Inc.).

홍익희, 2013, 유대 인 이야기, 서울: 행성비.

• 해외 •

Baldwin, R. C. D., 2006, "John Dee's interest in the application of nautical science, mathematics and law to English naval affairs", in *John Dee: Interdisciplinary Studies in English Renaissance Thought* (ed. by Clucas, S., Netherland: Springer), pp.97-130.

Baldwin, R. C. D., 2007, "Colonial cartography under the Tudor and early Stuart Monarchies, ca. 1480-ca. 1640", in *The History of Cartography* (ed. by Woodward, D., The University of Chicago Press, Chicago), Vol. 3, Part 2, pp.1754-1780.

Bagrow, L., 1985, *History of Cartography*, 2nd. edition, revised and enlarged by R. A. Skelton, Chicago: Precedent Publishing, Inc.

Barber, P., 2007, "Mapmaking in England, ca. 1470-1650", in *The History of Cartography* (ed. by Woodward, D., The University of Chicago Press, Chicago), Vol. 3, Part 2, pp.1589~1669.

Bawlf, S., 2003, *The Secret Voyage of Sir Francis Drake: 1577-1580*, New York: Penguin Books.

Berggren, J. L. and Jones, A., 2000, *Ptolemy's Geography: An Annotated Translation of the Theoretical Chapters*, Princeton: Princeton University Press.

Braudel, Fernand, 1961, "European Expansion and Capitalism: 1450-1650", in *Chapters in Western Civilization II* (3rd ed., New York: Columbia University Press), pp.245~288.

Brigitte Englisch, 1996, "Erhard Etzlaub's projection and methods of mapping", *Imago Mundi* 48, pp.103~123.

Brown, L. A., 1977, *The Story of Maps*, Dover Publications, Inc., New York.

Burke, P., 1987, *The Italian Rennaisance: Culture and Society in Italy*, Princeton: The Princeton University Press.

Cafero, W., 2011, *Contesting the Renaissance*, Wiley-Blackwell.

Cameron, E., 2009, *The Sixteenth Century*, Oxford: Oxford University Press.

Clulee, N. H., 1988, *John Dee's Natural Philosophy: Betwee Science and Religion*, London: Routledge.

Cosgrove, D., 2007, "Mapping the world", in Maps: Finding our Place in the World (eds. by J. R. Akerman and R. W. Karrow, Chicago: The University of Chicago Press).

Crampton, J., 1994, "Cartography's Defining Moment: The Peters Projection Controversy, 1974-1990", *Cartographica* 31(4), pp.16~32.

Crampton, J., 2003, "Reflections on Arno Peters(1916-2002)", *The Cartographic Journal* 40(1), pp.55~56.

Crane N., 2002, *Mercator: The Man Who Mapped the Planet*, New York: Henry Holt and Company.

Livingstone, D. N., 1994, *The Geographical Tradition: Episodes in the History of a Contested Enterprise*, London: Blackwell.

Dalché, P. G., 2007, "The reception of Ptolemy's Geography (End of the Fourteen to Beginning of the Sixteen century)", in *The History of Cartography* (ed. by Woodward, D., The University of Chicago Press, Chicago), Vol. 3, Part 1, pp.285~364.

Deacon, R., 1968, *John Dee: Scientist, Geographer, Astrologer and Secret Agent to Elizabeth I*, London: Frederick Muller.

Dekker, E., 2007, "Globes in Rennaisance Europe", in *The History of Cartography* (ed. by

Woodward, D., The University of Chicago Press, Chicago), Vol. 3, Part 1, pp.135–173.

Dorling, D. and Fairbairn, D., 1997, *Mapping: Ways of representing the world*, Harlow, England: Longman.

Englisch, B., 1996, "Erhard Etzlaub's projction and methods of mapping", *Imago Mundi* 48, pp.103–123.

Grafarend, E. W. and Krumm, F. W., 2006, *Map Projection: Cartographic Information Systems*, Berlin: Springer-Verlag.

Hall, E. F. and Brevoort, J. C., 1878, "Gerard Mercator: His Life and Works", *Journal of the American Geographical Society* 10, pp.163–196.

Harley, J.B., 1989, "Deconstructing the map," *Cartographica* 26(1), pp.1–20.

Henry, J., 2008, *The Scientific Revolution and the Origins of Modern Science* (Studies in European History), 3rd. ed., Palgrave Macmilland.

Hooker, B., 1993, "New Light on Jodocus Hondius' Great World Mercator Map of 1598", *Geographical Journal* 159, pp.45–50.

Kaiser, W.L. and Wood, D., 2001, *Seeing through Maps: The power of Images to shape our world view*, Amherst: ODT, Inc.

Kaiser, W.L. and Wood, D., 2003, "Arno Peters - The man, the map, the massage", *The Cartographic Journal* 40(1), pp.53–54.

Kaiser, W.L., 1987, *A new view of the world: A handbook to the world map: Peters projection*, Friendship Press.

Karrow, R. W., 1993, *Mapmakers of the Sixteenth Century and Their Maps: Bio-Bibliographies of the Cartographers of Abraham Ortelius, 1570*, Chicago: Speculum Orbis Press.

Karrow, R. W., 2007, "Centers of map publishing in Europe, 1472-1600", in *The History of Cartography* (ed. by Woodward, D., The University of Chicago Press, Chicago), Vol. 3, Part 1, pp.611–621.

Keuning, J., 1955, "The History of Geographical Map Projections Until 1600", *Imago Mundi* 12, pp.1–24.

Kirmse, R., 1957, "Die grosse Flandernkarte Gerhard Mercators (1540)-ein Politicum?", *Duisburger Forschungen* 1, pp.1–44.

Kish, G. (ed), 1979, *Bibliography of International Geographical Congress 1871-1976*, Boston: G. K. Hall.

Koeman, C. and van Egmond, M., 2007, "Surveying and Official Mapping in the Low

Countries, 1500-ca. 1670", in T*he History of Cartography* (ed. by Woodward, D., The University of Chicago Press, Chicago) Vol. 3, Part 2, pp.1246-1295.

Koeman, C., Schilder, G., van Egmond, M., and van der Krogt, P., 2007, "Commercial cartography and map production in the Low Countries, 1500-ca. 1672", in T*he History of Cartography* (ed. by Woodward, D., The University of Chicago Press, Chicago) Vol. 3, Part 2, pp.1296-1383.

Kümin, B. (ed.), 2009, *The European World 1500-1800: An Introduction to Early Modern History*, New York: Routledge.

Livingstone, D. N., 1994, *The Geographical Tradition: Episodes in the History of a Contested Enterprise*, Oxford: Blackwell.

Monmonier, M.S., 1995, *Drawing The Line: Tales of maps and cartocontroversy*, New York: Henry Holt and Company, Inc.

Nebenzahl, K., 1990, *Maps from the Age of Discovery: Columbus to Mercator*, London: Times Books.

Nordenskiöld, A. E., 1973, *Facsimile-Atlas: To the early history of cartograohy with reprodictions of the most important maps printed in the XV and XVI centuries*, New York: Dover Publications Inc.

Nuttall, Z. (trans. and ed.), 2012, *New Light on Drake, a Collection of Documents Relating to His Voyage of Circumnavigation 1577-1580*, Forgotten Books.

Orenstein, N. M. (ed.), 2001, *Pieter Bruegel the Elder: Drawings and Prints,* The Metropolitan Museum of Art, New York, Yale University Press, New Haven.

Osley, A. S., 1969, *Mercator: A monography on the lettering of maps, etc. in the 16th century Netherlands with a facsimile and translation of his treatise on the italic hand and a translation of Ghim's VITA MERCATORIS*, New York: Watson-Guptill Publications.

Parsons, E. J. S. and W. F. Morris, 1938, "Edward Wright and his Work", *Imago Mundi* 3, pp.61-71.

Peters, A., 1983, *Die neue kartography/The new cartography*, New York: Friendship Press.

Pretty, F., "Sir Francis Drake's Famous Voyage Round the World", in *Voyages and Travels Ancient and Modern: Part 33 Harvard Classics* (ed. by C. W. Elliot, Kessinger Publishing, LLC.)

Robinson, A.H., 1985, "Arno Peters and his new cartography", *American Cartographer* 12, pp.103-111.

Robinson, A. H., Sale, R. D., Morrison, J. L., and Muehrcke, P. C., 1984, *Elements of Cartography*, 5th ed., New York: John Wiley & Sons.

Schnelbogl, F., 1966, "Life and work of the Nuremberg cartographer Erhard Etzlaub", *Imago Mundi* 20, pp.11-26.

Schulten, S., 1998, "Richard Edes Harrison and the Challenge to American Cartography", *Imago Mundi* 50, pp.174-188.

Sherman, W. H., 1998, "Putting the British seas on the map; John Dee's imperial cartography", *Cartographica* 35(3/4), pp.1-10.

Silver, L., 2011, *Pieter Bruegel*, New York: Abbeville Press Publishers.

Skelton, R. A., 1962, "Mercator and English geography in the 16th century", *Duisburger Forschungen* 6, Band, pp.158-170.

Smet, A. de, 1983, Gerard Mercator, National Biografisch woordenboek 10, pp.431-455.

Snyder, J. P., 1988, "Social consciousness and world map", *The Christian Centrury* (Feb. 24.), pp.190-192.

Snyder, J. P., 1993, *Flattening the Earth: Two Thousand Years of Map Projections*, Chicago: The University of Chicago Press.

Stevenson, E. L., 1932, *Geography of Claudius Ptolemy*, New York. (Reprint, 1991)

Taylor, E. G. R., 1930, *Tudor Geography: 1485-1583*, New York: Octagon Books. INC.

Taylor, E. G. R., 1955, "John Dee and the North-East Asia", *Imago Mundi* 12, pp.103-106.

Taylor, E. G. R., 1956, "A letter dated 1577 from Mercator to John Dee", *Imago Mundi* 13, pp.56-68.

Tellier, Luc-Normand, 2009, "Urban world history: an economic and geographical perspective", PUQ. p.308

The International Hydrographic Bureau, 1932, "Text and Translation of the Legends of the Original Chart of the World by Gerhard Mercator, Issued in 1569", *Hydrographic Review 9* (november 1932): pp.7-45.

Tyacke, S., 2007, "Chartmaking in England and Its Context", in *The History of Cartography* (ed. by Woodward, D., The University of Chicago Press, Chicago) Vol. 3, Part 2, pp.1722-1753.

Vujakovic, P., 2003, "Damn or be damned: Arno Peters and the struggle for the 'New Cartography'", *The Cartographic Journal* 40(1), pp.61-67.

Wilford, J. N., 2000, *The Mapmakers: The Story of the GreatPioneers in Cartography from*

Antiquity to the Space Age, New York: Alfred A. Knopf.

Wallis, H. M. and Robinson, A. H., 1987, *Cartographical Innovations: An International Handbook of Mapping Terms to 1900*, Tring, Hertz, U.K.: Map Collector Publications.

Woodward, D., "Cartography and the Renaissance: Continuity and Cange", in *The History of Cartography* (ed. by Woodward D., The University of Chicago Press, Chicago) Vol. 3, Part 1, pp.3-24.

Woolley, B., 2002, *The Queen's Conjurer: The Science and Magic of Dr. John Dee, Advisor to Queen Elizabeth I*, New York: An Owl Book, Henry Holt and Company.

●색인